Lüdenbach • IAS/IFRS

IAS/IFRS

Der Ratgeber zur erfolgreichen Umstellung von HGB auf IAS/IFRS

von Norbert Lüdenbach

Haufe Mediengruppe
Freiburg • Berlin • München • Zürich

Bibliographische Information Der Deutschen Bibliothek

Die Deutsche Bibliothek verzeichnet diese Publikation in der Deutschen Nationalbibliographie; detaillierte bibliographische Daten sind im Internet über http://dnb.ddb.de abrufbar.

ISBN 3-448-06037-2 Best.-Nr.: 01145-0003

1. Auflage 2001 (ISBN 3-448-04407-5)
2., überarbeitete und erweiterte Auflage 2003 (ISBN 3-448-05555-7)
3., überarbeitete und erweiterte Auflage 2004 (ISBN 3-448-06037-2)

Produktidee und Projektleitung: Michael Bernhard
Assistenz: Gabriella Bruck

Desktop-Publishing: Agentur: Satz & Zeichen, Karin Lochmann, 83119 Obing
Umschlaggestaltung: 102prozent design, Simone Kienle, Stuttgart
Druck: Bosch-Druck GmbH, 84030 Ergolding

Das Papier ist aus chlorfrei gebleichtem Zellstoff hergestellt. Zur Herstellung der Bücher wird nur alterungsbeständiges Papier verwendet.

Vorwort zur 3. Auflage

Die Neugierde ist weniger als Untugend denn als Tugend zu interpretieren, als Trieb, etwas zu erfahren, was uns nützen kann. Von solcher Art positiver Neugier getriebene Leser haben dem IAS-Ratgeber auch in der zweiten Auflage wiederum einen ungewöhnlichen Erfolg beschert.

Inzwischen ist ein knappes Jahr mit einigen wichtigen Neuerungen ins Land gegangen. Die EU hat im sog. Endorsementverfahren die meisten Standards offiziell anerkannt und sie erstmals amtlich ins Deutsche übersetzt. Überdies liegt zur deutschen Umsetzung der EU-IAS-Verordnung nunmehr der Entwurf des Bilanzrechtsreformgesetzes vor.

Aber auch beim IASB selbst sind einige Projekte fortgeschritten. Ein besonders wichtiges Beispiel ist die Verabschiedung von IFRS 1, dem Standard zum Übergang vom nationalen Recht (HGB) auf IAS/IFRS. Er bringt gegenüber den Vorgängerregelungen wesentliche Erleichterungen und Wahlrechte, die im grundlegend überarbeiteten Kapitel L „Einführung von IFRS" erläutert werden.

Schließlich hat der IASB im Dezember 2003 große Teile des *Improvement Project* abgeschlossen und die folgenden 15 Standards revidiert:

IAS 1	Darstellung des Abschlusses
IAS 2	Vorräte
IAS 8	Bilanzierungs- und Bewertungsmethoden, Schätzungen und Fehler
IAS 10	Ereignisse nach dem Bilanzstichtag
IAS 16	Sachanlagen
IAS 17	Leasingverhältnisse
IAS 21	Währungsumrechnung
IAS 24	*Related Parties*

IAS 27	Konzernabschluss und Anteile an Tochterunternehmen im Einzelabschluss
IAS 28	Assoziierte Unternehmen
IAS 31	*Joint Ventures*
IAS 32	Finanzinstrumente: Angaben und Darstellung
IAS 33	Gewinn pro Aktie
IAS 39	Finanzinstrumente: Ansatz und Bewertung
IAS 40	*Investment Properties*

Dieses Buch berücksichtigt bereits die revidierten Fassungen. Aus ihnen ergeben sich spannende Fragen. An dieser Stelle nur eine kleine Auswahl:

- Wie sind bilanzielle Ermessensentscheidungen im Anhang offen zu legen? (IAS 1)
- Sind nach dem Komponentenansatz zukünftig für einen einzigen Pkw drei Abschreibungsinventare (Karosserie, Motor, Sonstiges) zu führen? (IAS 16)
- Darf im *Related-Party*-Bericht weiterhin angeben werden, ob die Geschäfte mit nahe stehenden Personen zu fremdüblichen Bedingungen abgewickelt wurden? (IAS 24)
- Hat die *equity*-Methode noch Bedeutung für den IFRS-Einzelabschluss? (IAS 27)
- Wie sind die neuen Definitionen des Fremdkapitals zu interpretieren? Können Personengesellschaften in der IFRS-Bilanz zukünftig kein Eigenkapital mehr ausweisen? (IAS 32)
- Wie ist das Factoring von Forderungen zu behandeln, wenn das Bonitätsrisiko nur zum Teil übertragen wird? (IAS 39)
- Kann das Wahlrecht beim Übergang nach IFRS so ausgeübt werden, dass nur „Filet"-Grundstücke begutachtet und mit dem Neuwert angesetzt werden? (IFRS 1)

Neben der Anpassung an geänderte Bestimmungen enthält die 3. Auflage viele sonstige Verbesserungen, z. B. neue Prüfschemata. Sie sollen helfen, sich im Vorschriftendschungel zurechtzufinden.

In der Hoffnung auf eine weiterhin neugierige Leserschaft

Brühl/Rheinland, im Januar 2004 *Norbert Lüdenbach*

Vorwort zur 1. Auflage

Die ersten Seiten dieses Buches wurden nicht in der Rheinischen Tiefebene, sondern auf den Höhen der Seiser Alm geschrieben. Dabei fiel mir ein ungeschriebenes Gesetz ein: Während der Sommerfrischler, der vor einem Ochsen flüchtet, immer behaupten wird, dass es ein Bulle gewesen sei, wird der Bauer, dem er dies erzählt, immer nur an ein Kalb, allenfalls an eine Kuh glauben.
Damit ist eine Spanne markiert, in der dieses Buch seinen Platz finden muss. Vom Standpunkt des Experten aus weist die in nur vierzig Standards niedergelegte Rechnungslegung nach IAS gegenüber dem sich nur durch gewichtige Kommentare erschließenden HGB ein hohes Maß an Transparenz und Einfachheit aus. Vom Standpunkt des bislang nur im HGB Geübten muss das anderen Philosophien folgende IAS-System hingegen ungetüm erscheinen.
Solche Ängste ernst zu nehmen, um sie dadurch überwinden zu helfen, ist ein Hauptanliegen dieses Buches und zugleich Vorgabe für seine Methode. Der Leser soll auf ihm bekannten Terrain des HGB abgeholt und in die IAS-Rechnungslegung eingeführt werden. Methodisch bedeutet dies eine dem handelsrechtlichen Abschluss folgende Gliederung im Hauptteil dieses Buches. Probleme der Rechnungslegung bei Leasingverträgen werden beispielsweise nicht wie in IAS 17 separiert von sonstigen Fragestellungen der Bilanzierung von Anlagevermögen dargestellt, sondern im ersten Unterabschnitt des Hauptteils, beim Sachanlagevermögen, dort also, wo sich die Frage in der Bilanzierungspraxis stellt und wo man sie nach handelsrechtlicher Gliederungssystematik erwarten würde.
Diese Orientierung an der „natürlichen Übersetzungsrichtung“ – von HGB nach IAS – bestimmt dieses Buch noch in einem zweiten wichtigen Punkt. Auch bei theoretischer Kenntnis der Abweichungen zwischen HGB und IAS bleibt die Überleitung eines handelsrechtlichen Abschlusses in einen IAS-Abschluss eine Herausforderung. Die Überleitung muss geplant, strukturiert und organisiert werden. Eigene Erfahrungen beim Prozess der Überleitung nach IAS

zeigten, dass eine rechtzeitige Strukturierung dieses Prozesses zu entscheidenden Erleichterungen und Zeitersparnissen führt. Der Rahmenplan für eine IAS-Umstellung ist deshalb ein weiterer wichtiger Bestandteil dieses Buches.
Bei allem soll dieses Buch nicht nur für den Praktiker im Unternehmen und seinen Berater von Nutzen sein. Die vielen praktischen Beispiele und die konsequente Strukturierung sollen es auch für Studierende oder die Bilanzbuchhalterausbildung zum Gewinn machen. Ein ambitioniertes Unterfangen, das zunächst Bescheidenheit, d. h. Verzicht, verlangt: Grundlagentheoretische Ausführungen über die sozio-ökonomischen Ursachen unterschiedlicher Rechnungslegungssysteme finden sich in diesem Buch ebenso wenig wie eine vollständige Synopse sämtlicher Abweichungen vom HGB. Zu beiden Bereichen liegen mit PELLENS und HAYN/WALDERSEE hervorragende Darstellungen vor.
Ebenso wenig ist aber als dritte Variante ein Auflistungsbuch gewollt. Dieses Buch soll gerade nicht unbewertet und ungewichtet aufzählen, was sich ohnehin in der IAS-Textausgabe selbst wiederfindet. Um es an einem Beispiel deutlich zu machen: Es ist eine Sache, 50 oder mehr Vorschriften zur Erläuterung des Sachanlagevermögens im IAS-Anhang aufzulisten, eine ganz andere Sache aber, zu erklären, dass Groß-Konzerne tatsächlich ihre milliardenschweren Sachanlagen in ein paar kurzen Zeilen erläutern, weil von den vielen Vorschriften offenbar nur wenige wirklich wichtig sind.
So wird das vorliegende Buch – um das alpenländische Ausgangsbild wieder aufzunehmen – sich bemühen, nur den Bullen Bullen zu nennen und das Kalb Kalb sein zu lassen. Seinen Zweck hat es erreicht, wenn auch der Leser am Ende die Fähigkeit erlangt hat, das eine vom anderen zu unterscheiden.
Mein Dank gilt Frau Müdder für die kompetente Niederschrift des Diktats sowie Herrn Bernhard, der das Buch in bester Mischung aus professionellem Sachverstand und persönlichem Engagement redigierte und prägte.

Brühl/Rheinland, im März 2001 *Norbert Lüdenbach*

Inhaltsverzeichnis

Abkürzungsverzeichnis

ADS	Adler/Düring/Schmalz, Rechnungslegung und Prüfung der Unternehmen (HGB-Kommentar), 6. Auflage Stuttgart ab 1995
APB	1. Accounting Principles Board (Vorgängerorganisation des FASB) 2. Verlautbarungen des Accounting Principles Board
BilReG	Bilanzrechtsreformgesetz
DRS	Deutsche Rechnungslegungs Standards (des DSR)
DRSC	Deutsches Rechnungslegungs Standards Committee e. V.
DSR	Deutscher Standardisierungsrat
ED	Exposure Draft (= Entwurf eines Standards)
FASB	Financial Accounting Standards Board (= US-Körperschaft, die aufgrund Ermächtigung durch die SEC verbindliche Verlautbarungen zur Rechnungslegung erlässt)
G4+1	Gruppe Rechnungslegungsstandards setzender Körperschaften der USA (FASB), Australiens, Kanadas, Neuseelands und des Vereinigten Königreichs
HFA	1. Hauptfachausschuss (des IdW) 2. Stellungnahme des Hauptfachausschusses
IASB	International Accounting Standards Board
IASC	International Accounting Standards Committee

IdW	Institut der Wirtschaftsprüfer e. V.
IFRS	International Financial Reporting Standard (= neue bzw. Nachfolgebezeichnung für IAS; alte weiterhin gültige Standards = IAS; neue Standards = IFRS)
IFRIC	1. International Financial Reporting Interpretations Committee (= Nachfolger des SIC) 2. Verlautbarungen des IFRIC (= neue bzw. Nachfolge-Bezeichnung für SIC)
NYSE	New York Stock Exchange (= Börse New York)
SFAS	Statements of Financial Accounting Standards (= Verlautbarungen des FASB) (auch als FAS abgekürzt)
SEC	Security Exchange Commission (= US-Börsen- und Wertpapieraufsichts-Behörde)
SIC	1. Standing Interpretations Committee (des IASC) 2. Verlautbarungen des Standing Interpretations Committee
WFA	1. Wohnungswirtschaftlicher Fachausschuss (des IdW) 2. Stellungnahme des Wohnungswirtschaftlichen Fachausschusses
(US-)GAAP	Generally Accepted Accounting Principles (= GoB, d. h. Grundsätze ordnungsmäßiger Buchführung und Bilanzierung) US-GAAP = GoB der Vereinigten Staaten

A Strategien einer Anpassung der Rechnungslegung

1 Gesunder Konservativismus

Wenn man sich die Geschwindigkeit anschaut, mit der neue Marketing- oder Managementphilosophien im Allgemeinen in die Unternehmenspraxis eindringen, so kann man sich des Eindrucks nicht erwehren, dass die diesbezüglichen Strategien vieler Unternehmen zuweilen eher von einem olympischen als von einem ökonomischen Geist beseelt sind: dabei sein ist alles und die Teilnahme wichtiger als der Sieg.

IASC schon seit 1973

Das Finanz- und Rechnungswesen scheint weniger modeanfällig, ist es doch nach Personen und Zielsetzungen durch einen durchaus gesunden Konservativismus geprägt. So vergingen seit der Gründung des International Accounting Standards Committee (IASC) in 1973 um die 20 Jahre, bis die Frage der Internationalen Rechnungslegung in der zweiten Hälfte der neunziger Jahre in die deutsche Bilanzierungspraxis und -theorie wirklichen Eingang fand.

Angefangen mit Daimler Benz in 1993 haben inzwischen die meisten börsennotierten Unternehmen ihre Konzernabschlüsse internationalen Bilanzierungsregeln angepasst.

§ 292a HGB

Die rechtliche Möglichkeit hierzu eröffnete das Gesetz vom 24. April 1998 zur Verbesserung der Wettbewerbsfähigkeit deutscher Unternehmen an Kapitalmärkten (Kapitalaufnahmeerleichterungsgesetz – KapAEG) mit der Einführung eines § 292a in das Handelsgesetzbuch. § 292a HGB sieht vor, dass Konzerne, die Wertpapiere (Aktien- und/oder Schuldverschreibungen) an einer Börse notiert haben, durch die Aufstellung eines Konzernabschlusses nach Internationalen Rechnungslegungsgrundsätzen von der Aufstellung eines den deutschen Konzernrechnungslegungsbestimmungen entsprechenden Abschlusses befreit werden. Für börsennotierte Unternehmen war die Frage der Anpassung der Rechnungslegung seither keine Frage mehr des „Ob“, sondern nur noch des „Wann“.

EU: IAS ab 2005 Pflicht

Auch die Zeitpunktfrage ist inzwischen entschieden: Die EU hat mit Datum vom 27. Mai 2002 eine Verordnung betreffend die Anwendung internationaler Rechnungslegungsstandards erlassen. Danach sind die bisher lediglich berechtigten börsennotierten Unternehmen ab 2005 verpflichtet, ihren Konzernabschluss nach IAS (und nicht nach HGB oder US-GAAP) zu erstellen. Die Verordnung ist unmittelbares Recht und bedarf im Hinblick auf den Konzernabschluss börsennotierter Gesellschaften keiner Umsetzung mehr durch nationale Gesetze. Den Mitgliedstaaten wird im Rahmen eines Mitgliedstaatenwahlrechtes noch die Möglichkeit gegeben, die Anwendung der IAS auch auf nichtbörsennotierte Unternehmen und Einzelabschlüsse auszudehnen. Zur Ausübung dieses Mitgliedstaatenwahlrechtes bedarf es nationaler Transformationsgesetze. Die Bundesregierung hat mit ihrem am 15. Dezember 2003 vorgelegten Entwurf eines Bilanzrechtsreformgesetzes (BilReG) Klarheit über die deutsche Umsetzung des Mitgliedstaatenwahlrechtes geschaffen. Nach § 315 a Abs. 1 HGB-E können nichtbörsennotierte Konzerne ab 2005 wahlweise an Stelle des handelsrechtlichen einen IFRS-Konzernabschluss aufstellen und veröffentlichen. Für diese nichtbörsennotierten Unternehmen stellt sich daher die Frage,

Bilanzrechtsreformgesetz

- **ob und wann** eine Anpassung an internationale Rechnungslegungsgrundsätze erfolgen soll,
- in welcher Form die Anpassung vorgenommen werden soll, ob als Ersetzung des HGB-Abschlusses durch einen internationalen Abschluss oder in einer parallelen Form, d. h. als **Überleitungsrechnung oder** als **doppelter Abschluss.**

2 Erfolgspotenziale internationaler Rechnungslegung

Argumente pro Internationalisierung

Längst liegen neben theoretischen Arbeiten auch empirische Studien über die Motive von Unternehmen für eine Internationalisierung ihrer Rechnungslegung vor.[1] Nach deren Ergebnissen und eigenen Erfahrungen lassen sich im Wesentlichen sechs Argumente für eine Internationalisierung unterscheiden:

- Öffnung für internationale **Kapitalmärkte**,
- Orientierung an (Informations-)Bedürfnissen der ***shareholder***,
- **Image**vorteile,
- Vereinheitlichung des internen **Konzernreportings**,
- Abstimmung von externem und **internem Rechnungswesen**,
- verbesserte Information der **Kreditgeber**.

1. Kapitalmärkte

Der erste Punkt, die Öffnung für internationale Kapitalmärkte, muss nicht nur den Global Player betreffen, der ein Listing an einer internationalen Börse anstrebt. Aus der Praxis kann ich über folgendes Umstellungsprojekt berichten:

Beispiel

Ein größerer deutscher Krankenhauskonzern strebt den Börsengang im amtlichen Handel in Frankfurt an. Das den Börsengang begleitende Kreditinstitut leitet, wie inzwischen angesichts der Internationalisierung der Investmentabteilungen der Banken absolut üblich, das Börseneinführungsprojekt von London aus. Gegenüber einem deutschen Konzernabschluss hat die Londoner Mannschaft teils aus sprachlichen Gründen, teils wegen einer möglicherweise unberechtigten, aber jedenfalls vorhandenen inhaltlichen Skepsis eine starke Aversion. Zudem hat die Investmentbank Kontakte zu institutionellen Investoren in den USA und in Großbritannien. Wegen der noch stärkeren Sprachbarrieren und inhaltlichen Skepsis bei dieser Investorengruppe können diese Gespräche nur dann mit Aussicht auf Erfolg aufgenommen werden, wenn die Abschluss- und Planzahlen des Emissionsprojektes internationalen Rechnungslegungsgrundsätzen entsprechen.

---

[1] Z. B.: Kraitz/Albrecht/Büttgen, WPg 2000, S. 541 ff., und Peemöller/Finsterer/Neubert, BB 1999, S. 1103 ff.

2. *shareholder value*

Das zweite Motiv, die Information der Aktionäre, ist damit schon angesprochen. Nach zum Teil kritisierter, jedenfalls aber herrschender Ansicht ist die Rechnungslegung nach HGB in der Gewährung von Wahlrechten, in der späten Ertragsrealisation usw. nur ungenügend in der Lage, den Aktionär über Lage und Entwicklung des Unternehmens zu informieren. Eine *shareholder-value*-orientierte Unternehmensleitung wird gut daran tun, solchen Tatsachen oder Meinungen Rechnung zu tragen.

3. Image

Es wird dabei, und damit rückt der dritte Punkt ins Blickfeld, zugleich Imagenachteile vermeiden. Die Internationalisierung der Absatzmärkte ist auch für weite Teile des Mittelstandes längst Realität. In einem internationalen Umfeld auch international zu informieren, mit Web-Seiten etwa, die neben Produktdarstellung auch Unternehmenshistorie und -entwicklung darstellen, und dies nicht nur in englischer Übersetzung eines deutschen Systems, sondern auch nach internationalen Maßstäben, kann deshalb von Vorteil sein.

4. Konzernreporting

Dies leitet über zum vierten Punkt, der Vereinheitlichung des Konzernreportings. Der Autor kennt aus eigener Prüfungs- und Beratungserfahrung eine Reihe mittelständischer Unternehmen, die – sei es, weil sie Arbeitsplatzsubventionen in Irland oder am Polarkreis in Anspruch nehmen wollen, sei es, weil sie von dem geringeren Lohnniveau in den mittelosteuropäischen Staaten profitieren wollen, oder sei es, weil sie in westeuropäischen Nachbarstaaten vor Ort Vertriebsgesellschaften halten müssen – auf vor- und nachgelagerten Wertschöpfungsstufen ausländische Tochterunternehmen haben. Häufig ist dabei Folgendes zu beobachten: Fehlentwicklungen ausländischer Töchter werden erheblich später erkannt als vergleichbar bei deutschen Tochterunternehmen. Entsprechend verspätet fallen auch die notwendigen Anpassungsentscheidungen aus, vom Austausch des Country-Managers über eine Restrukturierung der Tochtergesellschaft bis zur ihrer Liquidation. Entsprechend höher sind die Kosten solcher Anpassungsentscheidungen. Eine der wichtigsten Ursachen derartiger Fehlsteuerung ist der Verzicht auf ein aussagefähiges, zeitnahes unterjähriges Konzernreporting. Jede ausländische Tochter berichtet nach ihrem nationalen Rechnungslegungssystem. Die inländische Zentrale eines mittelständischen Konzerns ist jedoch personell nicht so ausgestattet, dass sie jeweils die „Übersetzung" in das Berichtsformat der Muttergesellschaft vornehmen könnte. Fehlentwicklungen werden nicht richtig und nicht rechtzeitig interpretiert. Ihre zu späte Beseitigung kostet ein Vielfaches mehr, als die frühzeitige Einführung eines einheitlichen, an internationalen Grundsätzen orientierten Konzernreportings je hätte kosten können.

5. Internes Rechnungswesen

Auch der fünfte Punkt, die Abstimmung mit dem internen Rechnungswesen, reflektiert den Gedanken einer Effizienzsteigerung des Berichtswesens durch dessen Internationalisierung. Kurz gesagt geht es darum, dass die internationale Rechnungslegung im Vergleich zur durch das Vorsichtsprinzip limitierten HGB-Rechnungslegung stärker an Zeitwerten orientiert ist. Sie ist damit zugleich besser mit den immer schon an Wiederbeschaffungswerten orientierten Grundsätzen der internen Kostenrechnungen in Einklang zu bringen.

6. Banken

Es bleibt als sechster Punkt eine bessere Anpassung der Informationsbedürfnisse von Kreditgebern. Auch hierzu ein Beispiel aus eigener Beratungspraxis:

Beispiel

Bei langfristiger Auftragsfertigung, wie sie etwa für Anlagenbauer oder Bauunternehmen typisch ist, bestimmt die Zufälligkeit von Fertigstellungszeitpunkten, noch im alten Jahr oder bereits im neuen Jahr, über die bilanzielle Realisierung des entsprechenden Ertrags. Der Jahresabschluss ist unter diesen Umständen von stark schwankenden Umsätzen und Gewinnen geprägt. Eine kontinuierliche Realisierung von Umsatz und Gewinn, wie sie die internationalen Rechnungslegungsnormen vorsehen, würde zu einer Verstetigung des Gewinnausweises führen und zur Beruhigung der kreditgebenden Banken beitragen. Zwar war und ist es in Deutschland nicht unüblich, den Banken in einer Nebenrechnung zu erläutern, welches tatsächliche betriebwirtschaftliche Ergebnis sich hinter dem zufälligen handelsrechtlichen Ergebnis verbirgt. Dem mit dem Unternehmen vertrauten Firmenkundenberater vor Ort leuchten solche Nebenrechnungen grundsätzlich auch ein. Bereits er mag aber bemängeln, dass die Nebenrechnungen anders als der Jahresabschluss nicht vom Wirtschaftsprüfer des Unternehmens testiert sind. Die Irritation wird größer, je weiter die Bilanzzahlen in der Hierarchie der Bank nach oben gereicht werden und je entfernter der letztendlich Entscheidungsbefugte vom kreditnehmenden Unternehmen ist. Eine Umstellung auf einen internationalen, vom Wirtschaftsprüfer testierten Abschluss kann hier zur Beruhigung beitragen und das Standing und Rating des Unternehmens verbessern.

3 Notwendigkeit einer Harmonisierung der Rechnungslegung

Unternehmensperspektive

Die Globalisierung auf den Güter- und Kapitalmärkten ist längst Realität. Dieser Entwicklung trägt die Rechnungslegung derzeit noch nicht Rechnung.

Beispiel

Ein Lampenhersteller, der in irgendeinem deutschen Landstrich Lampen herstellt, die er in ganz Europa vertreibt, kann sich daran freuen, dass es einen Eurostecker gibt und er somit nicht für jedes Land andere Stecker an seinen Lampen anbringen muss. Der gleiche Lampenhersteller muss aber, wenn er Produktions- und Vertriebsgesellschaften in verschiedenen europäischen Ländern unterhält, in jedem Land nach einem anderen System Rechnung legen.

EU-Bilanzrichtlinien

Dies gilt selbst innerhalb der europäischen Gemeinschaft. Die EU-Richtlinien der 80er Jahre bzw. das Bilanzrichtliniengesetz 1987 haben keine wirkliche Vereinheitlichung der europäischen Rechnungslegung gebracht. Standardisiert wurde nur die Veröffentlichungs- und Prüfungspflicht für Kapitalgesellschaften. Die Regeln, nach denen diese Gesellschaften Rechnung legen, wurden hingegen kaum vereinheitlicht.

Beispiel

- Ein englisches Grundstück aus der Nachkriegszeit, Verkehrswert 1 Mio. EUR, steht mit 10.000 EUR in den englischen Büchern. Der Buchungssatz „Grundstück an Eigenkapital 990.000 wegen Neubewertung" befremdet den deutschen Buchhalter.
- Ein deutsches Gebäude wird 1996 für 1 Mio. hergestellt. Nach Fördergebietsgesetz werden 50 % sofort abgeschrieben, und zwar auch in der Handelsbilanz (§ 254 HGB). Der Buchungssatz „Abschreibung an Gebäude 0,5 Mio. EUR wegen FördG" ist für den englischen Buchhalter nicht minder befremdlich.

Die EU-Bilanzrichtlinien haben solche Unterschiede eher zementiert. Unterschiedliche Bilanztraditionen in den Mitgliedstaaten wurden nicht durch Einigung und Kompromiss, sondern durch Ausklammerung erledigt. Das Instrument hierzu war das Mitgliedstaatenwahlrecht, das im Beispiel den Engländern die Neubewertung und den Deutschen die Übernahme steuerlicher Abschreibungen zugestand.

Bankenperspektive

Ein Informationskostenproblem ergibt sich hieraus nicht nur für den international agierenden Mittelständler, sondern auch für seine Bank. Deren Branchenexperten für bestimmte Industrien sitzen z. T. längst in London. Wenn also im Beispiel der Lampenhersteller einen englischen Wettbewerber aufkaufen will und hierfür eine Konsortialfinanzierung braucht, werden vielleicht Bankexperten aus London einfliegen und das Unternehmen, seine Bilanzen und seine darauf fußenden Businesspläne untersuchen. Unwahrscheinlich, dass sie etwas vom HGB verstehen. Ab einer gewissen, nur noch konsortial aufzubringenden Finanzierungssumme werden sie daher auf IAS-basierten Planbilanzen und in den Kreditverträgen auf IAS-Quartals- und Jahresabschlüssen bestehen.

Basel II

Mit dem verpflichtenden Kreditrating nach Basel II werden sich derartige Tendenzen weiter verstärken. Für die Banken wäre es eine teure Angelegenheit, auf Dauer bei Bilanzauswertungen von großen und großen mittelständischen Unternehmen und deren Umsetzung in Kreditratings nach 2 Systemen zu fahren. Deshalb besteht aus Bankensicht ein Bedürfnis, IAS so früh wie möglich auch für nichtbörsennotierte Unternehmen und für den Einzelabschluss zuzulassen. Die Bundesrepublik Deutschland wird in Ausübung ihres Mitgliedstaatenwahlrechtes aus der EU-Verordnung auch den nichtbörsennotierten Unternehmen ab 2005 das Wahlrecht geben, den Konzernabschluss statt nach HGB nach IAS aufzustellen. Für den mittelständischen Konzern ergibt sich dann die Frage, ob er ab 2005 nach IAS oder weiter nach HGB bilanzieren soll. Es ist absehbar, dass Banken, die in ihren eigenen meist börsennotierten Häusern dann pflichtweise nach IAS bilanzieren, IAS bevorzugen werden, weil IAS – zu Recht oder zu Unrecht – als informationsrelevanter gilt, weil die international tätigen Branchenexperten der Bank nur noch dieses System beherrschen, weil zum *Benchmarking/Peergroup*-Vergleich ausländische Wettbewerber herangezogen werden müssen usw. Der Mittelständler wird dann gut daran tun, solchen Präferenzen Rechnung zu tragen, will er nicht durch Basel II vom HGB-Kunden zum B-Kunden werden.

4 Entscheidung zwischen IAS und US-GAAP

Wer sich für die Internationalisierung entschieden hatte, hatte bis jetzt die Qual der Wahl. Mit IAS einerseits und US-GAAP andererseits standen zwei prinzipiell gleichwertige, in den meisten Grundsätzen übereinstimmende Rechnungslegungssysteme zur Verfügung. Drei Fragen waren von Bedeutung:

3 Kernfragen

- Wie **akzeptiert** und angesehen sind die beiden Standards im Vergleich?
- Wie **komplex** und aufwändig ist ihre Handhabung?
- Welche Spielräume lassen sie der **Bilanzpolitik**?

1. Akzeptanz

Hinsichtlich der Akzeptanz der Systeme musste und muss man zwischen Nordamerika und dem „Rest der Welt" unterscheiden. Die immer noch ausstehende Anerkennung der IAS durch die amerikanische Börsenaufsichtsbehörde SEC ist nur Ausdruck eines allgemeinen Misstrauens Amerikas in die Qualität außeramerikanischer (Rechnungslegungs-)Normen. Dieses Misstrauen wird geringer. Schon 1996 hatte der dem deutschen Institut der Wirtschaftsprüfer vergleichbare amerikanische Financial Accounting Standards Board (FASB) eine Vergleichsstudie zur Qualität von IAS und US-GAAP

aufgestellt. Die Studie stellt bei der Mehrzahl der relevanten Rechnungslegungsfragen nur leichte oder durch Wahlrechtsausübung zu beseitigende Unterschiede zwischen beiden Systemen fest.
Für den Rest der Welt dürften beide Rechnungslegungssysteme hingegen auf gleiche Akzeptanz stoßen. Für den europäischen Raum haben sich alle derartigen Überlegungen durch die erwähnte EU-Verordnung erledigt, da spätestens ab 2005 Konzernabschlüsse von börsennotierten EU-Unternehmen verpflichtend nach IAS aufgestellt werden müssen. Im Übrigen verstärkt dies Tendenzen zu einer Konvergenz von US-GAAP und IAS. Das amerikanische FASB und der IASB haben am 29.10.2002 ein „*Memorandum of understanding*" veröffentlicht. Dieses so genannte „*Norwalk Agreement*" soll die Bemühungen um eine Konvergenz beider Systeme unterstreichen. Beide Organisationen wollen verstärkt mit Blick auf die europaweite Einführung von IAS am 1.1.2005 Unterschiede zwischen IAS und US-GAAP vermindern. Einen europaweiten Rechnungslegungsstandard werden dann auch die amerikanische Börsenaufsicht SEC (*Security Exchange Commission*) und die New Yorker Börse (*New York Stock Exchange, NYSE*), wollen sie nicht Wettbewerbsnachteile gegenüber London und Frankfurt riskieren, wohl anerkennen müssen.

2. Komplexität

Einen deutlicheren Vorteil weist IAS gegenüber US-GAAP bei dem zweiten Kriterium, der Komplexität des Rechnungslegungssystems, aus. Die IAS sind für weltweite Zwecke konzipiert. Sie kommen mit weniger Verlautbarungen aus, die sich auf die notwendigen Regelungsbereiche beschränken und deshalb übersichtlicher und verständlicher sind. Die US-GAAP reflektieren hingegen nationale amerikanische Regelungen und nicht selten auch die Zufälligkeiten politischen Lobbyismus. Wenn etwa die besonders rührige Fleisch verarbeitende Industrie für sich den bilanziellen Ansatz von Erzeugnissen zu Verkaufspreisen durchsetzen konnte oder die politisch nicht weniger aktive Kabelfernsehbranche für sich die umfangreiche Aktivierungsfähigkeit von Anlaufverlusten erreichte, so wird man fragen dürfen, ob der Rest der Welt seine Rechnungslegung von solchen inneramerikanischen Politikzufälligkeiten abhängig machen will. Die amerikanischen Regelungen sind in einem historischen Prozess von unterschiedlichen Institutionen, seit 1973 vom bereits genannten *Financial Accounting Standards Board*, entwickelt worden. Viele Rechnungslegungsstandards der Vorgängerorganisationen sind weiterhin gültig ist. Es existiert mit anderen Worten eine Vielzahl ganz unterschiedlicher Regelungen aus unterschiedlichen Quellen. Hieraus ergibt sich schon in der praktischen Beschaffung eine gewisse Schwierigkeit. Erst recht entsteht aber aufgrund des hohen, häufig zu hohen Detaillierungsgrades der amerikanischen Regelungen und einer häufig zu starken Orientierung an gesellschaftsrechtlichen und ökonomischen Besonderheiten der USA ein Mangel an Transparenz.

3. Bilanzpolitik

Aus Bilanzerstellersicht spricht für IAS auch, dass das System formell und faktisch mehr Wahlrechte eröffnet und deshalb größere bilanzpolitische Spielräume gewährt. Faktisch ergibt sich dies aus dem geringeren Detaillierungsgrad der Regelungen, der notwendig mehr Interpretationsspielräume lässt. Formell ist etwa auf das Wahlrecht der regelmäßigen Neubewertung von Anlagevermögen nach IAS zu verweisen. Diese Wahlmöglichkeit erlaubt es, gewichtige Bilanzrelationen wie etwa die Eigenkapitalquote deutlich zu beeinflussen.

Zwischenfazit

Als Zwischenfazit bleibt festzuhalten, dass die IAS-Regelungen weltweit (die USA ausgenommen) ebenso anerkannt sind, dass sie transparenter als US-GAAP sind und für die Bilanzpolitik größere Spielräume lassen.

5 Handelsrechtlicher Einzelabschluss, IAS/IFRS-Konzernabschluss

Zweigleisigkeit von Einzel- und Konzernbilanz

Das Bilanzrechtsreformgesetz hat den befreienden Einzelabschluss nach IAS/IFRS nicht zugelassen. Auf absehbare Zeit werden daher sowohl die börsennotierten Konzerne, die zwangsweise nach IAS Rechnung legen müssen, als auch die sonstigen Konzerne, die ihren Konzernabschluss freiwillig nach IAS aufstellen, doppelgleisig fahren müssen:

- Einzelabschluss nach HGB,
- Konzernabschluss nach IAS/IFRS.

Ein erstes Problem dieser Zweigleisigkeit sind mögliche Irritationen bei den Bilanzadressaten:

Irritationen bei Bilanzadressaten

Beispiel

Der XYZ-Konzern besteht aus der großen Muttergesellschaft X und den kleinen Tochtergesellschaften Y und Z. Die Tochtergesellschaften tragen gemeinsam nur zu weniger als 10 % zum Konzernergebnis bei. Der handelsrechtliche Einzelabschluss der X weist dennoch ein gravierend anderes Ergebnis aus als der Konzernabschluss. Ursächlich sind u. a. unrealisierte Gewinne aus Wertpapieren, die nur im Konzernabschluss als Erfolg berücksichtigt werden, außerdem geringere, da lineare Abschreibungen im Konzern, schließlich noch Umrechnungsgewinne bei Fremdwährungsforderungen, deren Ausweis das handelsrechtliche Imparitätsprinzip verbietet. Bei den Bilanzadressaten sorgen die großen Abweichungen zwischen Einzel- und Konzernabschluss für Irritation, Rückfragen, Unsicherheit.

Einen Ausweg aus diesem Dilemma bietet das Bilanzrechtsreformgesetz. Im Beispiel ist die X zwar weiterhin verpflichtet, einen handelsrechtlichen Einzelabschluss zu erstellen und beim Handelsregister zu hinterlegen. Sie kann jedoch von einer Veröffentlichung im Bundesanzeiger absehen, wenn sie dort stattdessen den IAS/IFRS-Einzelabschluss offen legt (§ 325 Abs. 2a HGB-E).

HGB-Einzelabschluss nur noch zur Hinterlegung

Es bleibt aber, wegen der Pflicht der Hinterlegung eines handelsrechtlichen Einzelabschlusses, der Aufwand einer „doppelten" Bilanzierung. Dieser Aufwand wäre dann besonders gering, wenn es gelänge, duale Einzelabschlüsse aufzustellen, d. h. Abschlüsse, die möglichst weitgehend sowohl deutschen als auch internationalen Grundsätzen genügen. Der HGB-Abschluss müsste danach durch Ausnutzung von Wahlrechten und durch eine mutige Interpretation der deutschen Vorschriften weitgehend an die IAS-Vorschriften angepasst werden. Im Sinne dieser mutigen Interpretation sind in den neunziger Jahren zum Beispiel verschiedene Unternehmen der chemischen Industrie dazu übergegangen, Pensionsrückstellungen neu zu bewerten und insbesondere in Übereinstimmung mit IAS 19 zu erwartende zukünftige Karrieretrends und Pensionstrends durch z. T. gegriffene jährliche Steigerungsannahmen rückstellungserhö-

hend zu berücksichtigen. Der Hauptfachausschuss des Instituts der Wirtschaftsprüfer hatte Bedenken gegen diese Vorgehensweise, sah es aber schließlich nicht als notwendig an, dass der Abschlussprüfer bei einer solchen IAS-orientierten Bewertung Einwendungen gegen den HGB-Abschluss erhebt (IdW-Fachnachrichten 1998, S. 292).
Bei näherer Betrachtung wollen die Bedenken des IdW nicht einmal einleuchten. Das Handelsrecht hält in § 253 Abs. 1 S. 2 HGB für die Pensionsanwartschaften lediglich fest, dass sie (wie andere Rückstellungen) in Höhe des Betrages anzusetzen sind, „der nach vernünftiger kaufmännischer Beurteilung notwendig ist“. Diese Formulierung ist so unbestimmt, dass sie einen weiten Interpretationsspielraum eröffnet, in dem auch eine Bewertung nach IAS 19 ihren Platz finden kann. Pensionsrückstellungen sind insofern ein dankbares Beispiel für einen dualen Ansatz.

EU-*fair-value*-Richtlinie

Ein undankbares Beispiel wären nach noch geltender Rechtslage Wertpapiere, die am Bilanzstichtag über den Anschaffungskosten notieren. Nach § 253 Abs. 1 S. 1 HGB sind Vermögensgegenstände höchstens mit den Anschaffungskosten anzusetzen. Nach IAS 39 ist für Wertpapiere und andere Finanzinstrumente hingegen der Ausweis zum Kurswert i. d. R. auch dann geboten, wenn er die Anschaffungskosten überschreitet. Einen Interpretationsspielraum bieten in diesem Fall weder die HGB-Regelungen noch die IAS-Regelungen. Eine duale Bilanzierung dieses Sachverhaltes ist nicht möglich. Die EU hat aus eben diesem Grunde am 27. Oktober 2001 die EU-Richtlinie 2001/65/EG veröffentlicht, mit der die 4. und 7. Bilanz-Richtlinie im Hinblick auf die so genannte *fair-value*-Bewertung von Finanzinstrumenten geändert werden.
Die Richtlinie sieht vor, dass die Mitgliedstaaten die *fair-value*-Bewertung von Finanzinstrumenten nicht nur für den Konzernabschluss, sondern auch für den Einzelabschluss erlauben können. Die Bundesrepublik Deutschland hat im Bilanzrechtsreformgesetz von der zweiten Möglichkeit noch keinen Gebrauch gemacht. Ob sie im für den Sommer 2004 vorgesehenen Bilanzrechtsmodernisierungsgesetz anders verfahren wird, ist zweifelhaft: Anders als der Konzernabschluss hat der Einzelabschluss Zahlungsbemessungsfunktion. Das einzelbilanzielle Ergebnis prägt einerseits die Ausschüttungsmöglichkeiten und bestimmt andererseits über die Maßgeb-

lichkeit die Steuerzahlungen. Veränderte Prinzipien der Einzelbilanzierung hätten daher Auswirkungen auf die Steuerlast und auf die zugunsten der Gläubiger gegen Ausschüttungen geschützte Substanz. In dieses empfindliche System wollte der Gesetzgeber (noch) nicht eingreifen.

Aus dem gleichen Grunde dienen auch die progressiven Interpretationen des Handelsrechtes durch den Deutschen Standardisierungsrat (DSR) nur begrenzt der Idee des dualen Abschlusses. Der DSR entwickelt Empfehlungen zur **Konzern**-Rechnungslegung, die mit Veröffentlichung durch das Bundesjustizministerium als Grundsatz ordnungsmäßiger Buchführung gelten (§ 342 Abs. 2 HGB). Kommt etwa der DSR zu dem Schluss, dass Erlöse aus periodenübergreifender Auftragsfertigung unter den in IAS 11 genannten Voraussetzungen auch handelsrechtlich nicht erst mit Fertigstellung, sondern fortlaufend nach Auftragsfortschritt zu realisieren sind (E-DRS 17), so bestehen mit Veröffentlichung dieser Auffassung durch das Ministerium keine Bedenken mehr gegen eine entsprechende Bilanzierung periodenübergreifender Aufträge. DSR

Dies gilt jedoch entsprechend der gesetzlichen Vorgabe nur für den Konzernabschluss. Unmittelbare Wirkungen für den Einzelabschluss haben die Empfehlungen des DSR nicht.

Für die pflicht- oder wahlweise von IAS betroffenen Unternehmen bleibt daher das Problem der zweigleisigen Rechnungslegung bestehen. Einzelfragen des Umgangs mit diesem Problem werden in Kapitel L „Einführung von IFRS" behandelt. An dieser Stelle ist nur eine grundsätzliche Entscheidungsfrage zu behandeln:

- Die betroffenen Unternehmen können entweder weiter nach Handelsrecht, d. h. in einem handelsrechtlichen Kontenplan, buchen und für Zwecke der Konzernbilanz eine Überleitung nach IAS/IFRS vornehmen
- oder sie können IAS/IFS zur führenden Buchhaltung machen und für Zwecke des zu hinterlegenden Einzelabschlusses eine Überleitung nach HGB bzw. sonstigem nationalen Recht vornehmen. führende Buchhaltung

In einem durch vor- und nachgelagerte Wertschöpfungsstufen international integrierten mittelständischen Konzern ist die zweite Überleitung nach HGB

Variante im Allgemeinen vorzuziehen. Aufgrund eines einheitlichen Bilanzierungshandbuchs wird das jährliche und unterjährige Berichtswesen einheitlich bei allen Tochterunternehmen und beim Mutterunternehmen nach IAS-Regeln ausgerichtet. Reibungs- und Zeitverluste, insbesondere beim unterjährigen Reporting, werden vermieden. Zur Erfüllung nationaler Rechnungslegungsvorschriften wird aus den konzerneinheitlichen Abschlüssen jeweils der nationale Einzelabschluss abgeleitet.

6 Zusammenfassung

Der Globalisierung der Waren- und Kapitalmärkte folgt die Internationalisierung der Rechnungslegung. Das amerikanische System der US-GAAP (*Generally Accepted Accounting Principles*) und das tatsächlich internationale System der IAS (*International Accounting Standards*) konkurrieren noch um die Vorherrschaft, bewegen sich aber im Rahmen eines Konvergenzprojektes schon aufeinander zu.

Europaweit ist die Entscheidung zugunsten von IAS/IFRS gefallen. Die EU verpflichtet börsennotierte Konzerne ab 2005 auf einen IAS/IFRS-Konzernabschluss. Das Bilanzrechtsreformgesetz bietet nicht börsennotierten Konzernen das Wahlrecht, an Stelle einer handelsrechtlichen Konzernbilanz eine Konzernbilanz nach IAS/IFRS (hingegen nicht nach US-GAAP) aufzustellen.

Eine Nutzung dieses Wahlrechts kann unter verschiedenen Aspekten Sinn machen:

- Öffnung für internationale **Kapitalmärkte,**
- Orientierung an (Informations-)Bedürfnissen der ***shareholder***,
- **Imagevorteile** im internationalen Wettbewerb,
- Vereinheitlichung des internen **Konzernreporting**,
- Abstimmung von externem und **internem Rechnungswesen**,
- verbessertes **Rating** bei Kreditgebern.

Für eine noch nicht absehbare Übergangszeit bleibt das **Nebeneinander** von verpflichtetem oder freiwilligem **IFRS-Konzernabschluss** und **handelsrechtlichem Einzelabschluss**. Die Idee des dualen, d. h. beiden Regimen gehorchenden, Abschlusses ist nur theoretisch dazu angetan, dieses Problem zu lösen. Praktisch bleiben zu viele, auch durch mutige Interpretation des Handelsrechts nicht auflösbare Unterschiede. Das demnach verbleibende Problem der Zweigleisigkeit wird in der Regel am besten durch eine vollständige Umstellung des Rechnungswesens auf IAS/IFRS gelöst. Sie bedingt einmal pro Jahr für die einzelbilanziellen Zwecke eine Überleitung in das nationale Recht. Der umgekehrte Weg, weiter nach nationalem Recht zu buchen und für die Konzernbilanzierung auf IAS überzuleiten, kann nur dann Sinn machen, wenn der Konzern ausschließlich im Inland vertreten ist und der Integration von internem und externem Rechnungswesen keine so hohe Bedeutung beigemessen wird.

B Struktur und Grundannahmen des IFRS-Regelwerks

1 Organisation des IASC/IASB

IASC professionalisiert

Das *International Accounting Standards Committee* (IASC) wurde am 29. Juni 1973 mit Sitz in London von Berufsverbänden der Accountancy Profession (mehrheitlich Wirtschaftsprüfer) aus neun Ländern, darunter Deutschland, gegründet. Das IASC bezeichnete sich selbst (in der Vergangenheit) als Low-Budget-Organisation. Seinen Ausdruck fand dies etwa darin, dass der Board als entscheidendes Gremium für die Verabschiedung von neuen Standards nur aus ehrenamtlichen Mitgliedern bestand und nur auf wenige hauptberuflich tätige Mitarbeiter des IASC zurückgreifen konnte. Mit der im Frühjahr 2000 verabschiedeten und am 01. Januar 2001 in Kraft getretenen Satzungsänderung ist es hier und an einigen anderen Stellen zu wesentlichen Änderungen gekommen. Die Grundstruktur des IASC ist nunmehr, wie in der nachfolgenden Abbildung dargestellt, durch drei Organe gekennzeichnet:

Trustees und Board

Die 19 *Trustees*, darunter Wirtschaftsprüfer, Analysten, Professoren, Bilanzersteller, nominieren und kontrollieren den Board IASB. Die *Trustees* sind ehrenamtlich tätig und bestimmen nach anfänglicher Auswahl durch ein Nominierungskomitee zukünftige neue Mitglieder durch Zuwahl (Kooptation). Der Board besteht hingegen überwiegend (12 von 14) aus hauptamtlichen Mitgliedern. Er nimmt Berichte des *International Financial Reporting Interpretations Committee* (IFRIC, früher SIC) betreffend die Interpretationen einzelner IFRS/IAS entgegen, entscheidet aber selbst über Veröffentlichung und damit Wirksamwerden dieser IFRIC. Ebenso entscheidet er über Veröffentlichung und Wirksamwerden der Standards (IFRS/IAS).

IASC: Struktur und *due process*

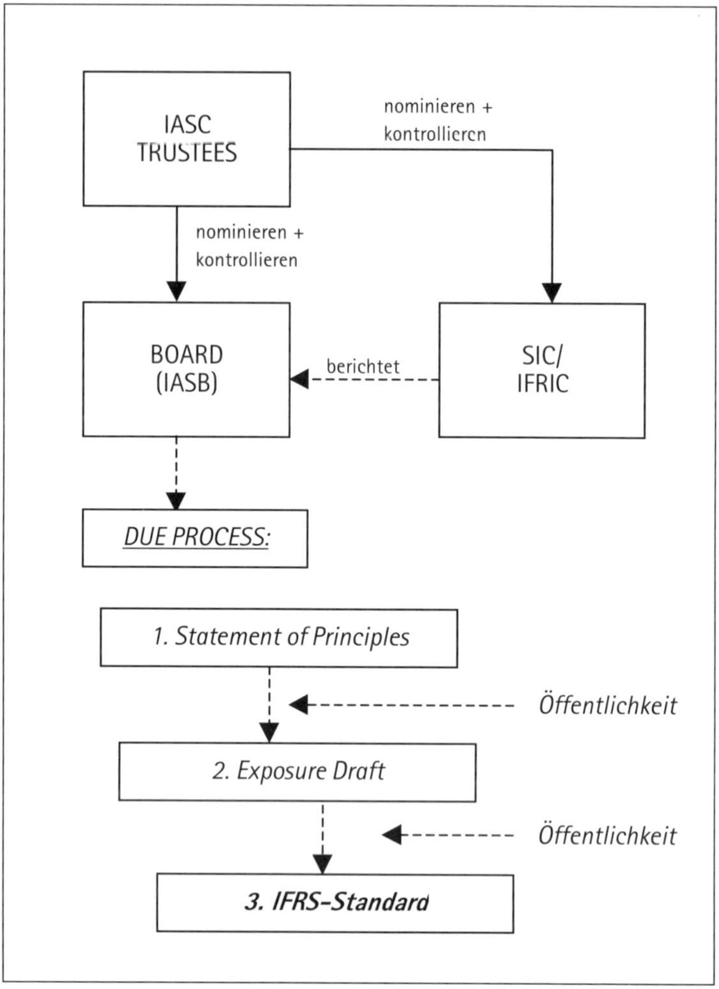

Für die Revision eines IAS-Standards und den Entwurf neuer IFRS ist ein formalisiertes Verfahren, der *standard setting process* oder *due process*, vorgesehen, in dem die interessierte Öffentlichkeit Gelegenheit zur Stellungnahme hat. Am Anfang des Prozesses steht als Diskussionspapier ein *Draft Statement of Principles.* Die interessierte Öffentlichkeit hat vier bis sechs Monate Zeit, dieses Diskussionspapier zu kommentieren. Es folgt sodann ein Entwurf des späteren Standards (*Exposure Draft*), der wiederum zur Kommentierung veröffentlicht wird, bevor der endgültige Standard verabschiedet wird.

Komitologieverfahren

Durch die EU-Verordnung zu IAS ist der *standard setting process* um ein Element erweitert worden. Der IASB ist eine privatrechtliche Organisation. Das Regelwerk einer solchen Organisation unmittelbar zu europäischem Recht zu machen begegnet verfassungsrechtlichen Bedenken. Die EU-Verordnung sieht daher ein sog. Endorsementverfahren (auch Komitologieverfahren genannt) zur europäischen Anerkennung der IAS/IFRS vor. Danach werden die einzelnen Standards des IASB bzw. deren Änderungen für die europäischen Anwender erst dann verbindliches Recht,

Endorsement

- wenn nach Übernahmeempfehlung durch *die European Financial Reporting Advisory Group* (EFRAG)
- das *Accounting Regulatory Committee* (ARC) der EU-Kommission die Übernahme billigt.
- Der Rat der europäischen Gemeinschaft kann dann nur noch mit qualifizierter Mehrheit ein Veto einlegen.
- Das Europäische Parlament ist in den Anerkennungsprozess nicht einbezogen.

Formell erhält im Endorsementverfahren jeder Standard seine „einzelgesetzliche" Anerkennung durch die EU. Faktisch bleibt es im Wesentlichen dabei, dass ein privates Gremium Rechnungslegungsnormen setzt. Dies scheint vertretbar, solange es nur um den Konzernabschluss geht. Sobald auch der Einzelabschluss und damit Ausschüttungsrechte und Steuerlasten betroffen wären, ergäben sich erhebliche Zweifel, ob ein solches Verfahren den Grundsätzen der Rechtsstaatlichkeit genügen würde.

Durch eine ausgewogene geographische und fachliche Mischung der Mitglieder der Organe und durch das standardisierte Normsetzungsverfahren unter Beteiligung der Öffentlichkeit will das IASC zu einer hohen Akzeptanz der IAS beitragen. Dieses Vorhaben kann bereits jetzt als im Wesentlichen erfolgreich beurteilt werden.

Die Professionalisierung des IASB hat ihren praktischen Ausdruck bereits in der Veröffentlichung einer ungeheuren Menge von Änderungsentwürfen (ED) gefunden. Die Praxis mag dies begrüßen oder bedauern. Sie wird sich jedenfalls darauf einstellen müssen, dass ein hauptberuflicher *Board* eine andere „Produktivität" als ein ehrenamtlicher hat. Wo in der Vergangenheit Rechnungslegungsvorschriften im Generationenabstand geändert wurden (AktG 1937, AktG 1965, BilRiLiG 1987), „drohen" zukünftig eher Jahresrhythmen, so wie sie der Steuerrechtler heute schon kennt.

2 Aufbau des IAS/IFRS-Regelwerks

3 Stufen

Das Regelwerk des IASB hat einen dreistufigen Aufbau:

- Stufe 1: die **Einzelstandards** (IFRS/IAS), von denen IAS 1 Ausweis- und Gliederungsfragen behandelt und IAS 2 bis 41 und IFRS 1 ff. Einzelfragen der Rechnungslegung,
- Stufe 2: Interpretationen des ***International Financial Reporting Interpretations Committee*** zu den IAS/IFRS (IFRIC, früher SIC);
- Stufe 3: ein ***Framework*** (F), in dem Ziele und Anforderungen der Rechnungslegung beschrieben sowie die Elemente der Rechnungslegung (insbesondere Aktiva, Passiva, Erträge und Aufwendungen) definiert werden.

Hierbei gehen die IFRS/IAS und die IFRIC/SIC als speziellere Regelungen im Konfliktfall dem *Framework* vor, wie F. 2 ausdrücklich klarstellt. Der Aufbau ist in der nachfolgenden Abbildung als Gebäude – „*House of IAS*" – symbolisiert. Die IFRS/IAS sind der tragende Unterbau, auf dem die IFRIC/SIC und das *Framework* als weitere Etagen mit nach oben hin abnehmender Verbindlichkeit ruhen.

„House of IAS/IFRS"

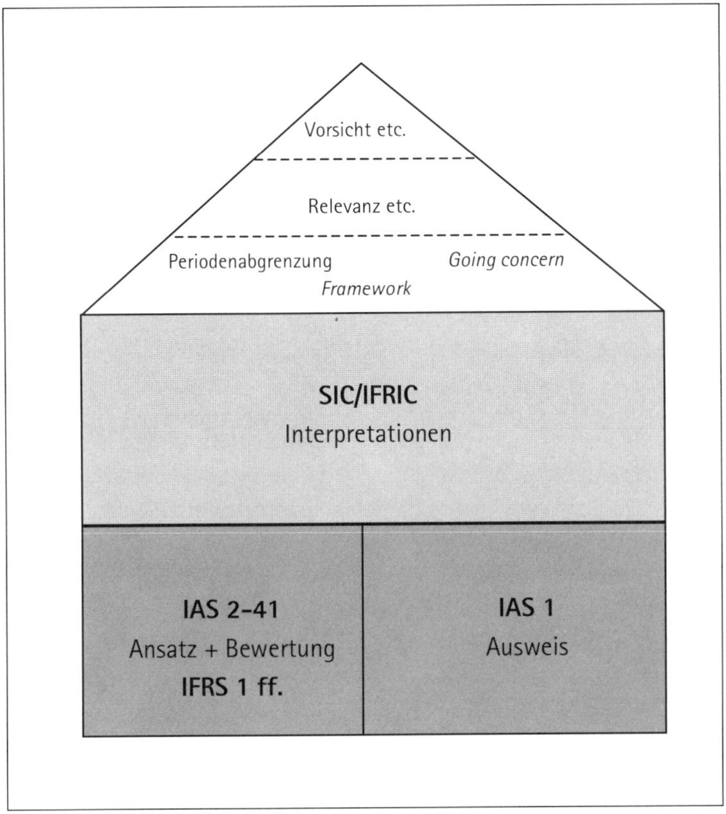

IFRS als neue Marke

Zu einiger Verwirrung hat die „Umbenennung" der IAS in IFRS (*International Financial Reporting Standards*) geführt. Der neue hauptamtliche Board hat sich entschieden, die von ihm verabschiedeten Standards IFRS zu nennen. In zeitlicher Betrachtung gilt daher:

- IAS sind die vom IASC verabschiedeten, weiterhin gültigen Standards.
- IFRS sind die vom IASB verabschiedeten neuen Standards.

Andererseits verwendet der Board die neue Bezeichnung IFRS aber auch als Oberbegriff. In begriffslogischer Betrachtung gilt daher:

- IFRS ist Oberbegriff für IFRS 1 ff. und IAS 1 ff.

Die nachfolgende Abbildung zeigt das offizielle Verhältnis der Begriffe heute und in x Jahren.

Verhältnis IFRS zu IAS

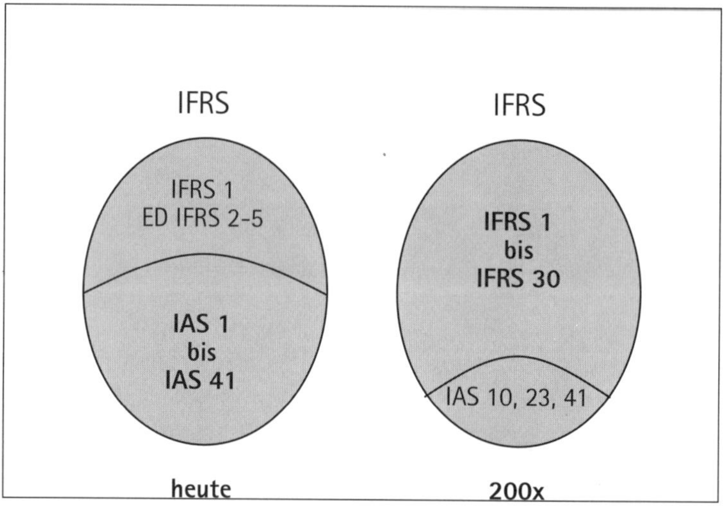

Die Praxis verfährt bislang häufig eher umgekehrt, indem sie mit „IAS-Bilanz" die nach IAS- und IFRS-Standards erstellte Bilanz bezeichnet. Es bleibt abzuwarten, welcher Sprachgebrauch sich durchsetzt. In diesem Buch wird der noch herrschenden Praxis folgend meist von „IAS-Rechnungslegung" gesprochen, es sei denn, ein spezieller neuer Standard („IFRS Nr. ...") ist gemeint.

Struktur einzelner IAS

Die einzelnen IAS folgen i. d. R. einer festen Struktur. Ihr Aufbau ist wie folgt:

- Zu Beginn jedes Standards wird dessen Zielsetzung (*objective*) und Anwendungsbereich (*scope*) beschrieben und werden die wesentlichen Begriffsdefinitionen gegeben.
- Es folgt die eigentliche Behandlung der Ansatz-, Bewertungs- und Ausweisfragen.

- Ausführungen zu den notwendigen Offenlegungen (*disclosures*) in den *notes* (entsprechen etwa den Anhangsangaben des HGB) schließen sich an.
- Der bei neuen bzw. revidierten Standards wichtige Zeitpunkt des Inkrafttretens der Neuregelung bzw. Änderung beschließt den eigentlichen Standard.
- Ein Appendix/Anhang ggf. auch ein *application* oder *implementation guide* gibt Beispiele und Illustrationen.

3 *Framework*: Konzeptionelle Grundlagen des IAS/IFRS-Abschlusses

3.1 Zielsetzung und Elemente des Jahresabschlusses

decision usefulness

Als Zielsetzung der mit Jahresabschluss etwas unvollständig übersetzten *Financial Statements* wird im *Framework* die Befriedigung von Informationsbedürfnissen durch entscheidungsnützliche Informationen definiert (*decision usefulness*). Hierbei wird unterstellt, dass die Informationsbedürfnisse von Anteilseignern, Darlehensgebern, Öffentlichkeit usw. sich nicht grundsätzlich unterscheiden.
Als entscheidungsnützlich gelten Informationen über

- die Finanzlage, dargestellt insbesondere in der Bilanz,
- die Ertragslage (*performance*), dargestellt insbesondere in der GuV und
- die Änderung der Finanzlage, dargestellt insbesondere in der Kapitalflussrechnung.

Ergänzt werden diese drei Kernelemente des Jahresabschlusses durch

- die *notes* (Anhang) sowie
- eine Eigenkapitalveränderungsrechnung.

3.2 Nachrangigkeit des Vorsichtsprinzips, periodengerechte Gewinnermittlung als Basisaufgabe

Bilanzzwecke nach HGB

Die handelsrechtliche Rechnungslegung dient unter anderem

- der Ermittlung des ausschüttungsfähigen Gewinns (Zahlungsbemessungsfunktion),
- der Ermittlung der Steuern,
- der Information von Gläubigern und Selbstinformation des Managements (Informationsfunktion) sowie
- der Rechenschaftslegung des Managements gegenüber den Aktionären und Gesellschaftern (Rechenschaftsfunktion).

Gläubigerschutz, Vorsicht

Hier von einer Pluralität der Bilanzierungszwecke zu sprechen würde in die Irre führen: Dominierender Zweck der handelsrechtlichen Bilanz ist die Ermittlung und Begrenzung des ausschüttungsfähigen Gewinns. Vor diesem Hintergrund spielen Gläubigerschutz und Vorsichtsprinzip ihre prägenden Rollen. Der Kaufmann soll sich eher zu arm als zu reich rechnen. Der Gewinn und damit jedenfalls bei Kapitalgesellschaften der ausschüttungsfähige Betrag soll eher zu niedrig als zu hoch ausgewiesen werden. Diese Grundentscheidung des Handelsrechts kann erklären, warum

- Aktivierungswahlrechten (statt Aktivierungspflichten) in Sachen Ingangsetzungsaufwendungen, Firmenwert, Disagio und aktive latente Steuern kaum relevante Passivierungswahlrechte (sondern Passivierungspflichten) gegenüberstehen,
- Anschaffungskosten nur unter- und nicht überschritten werden dürfen und
- Verluste bereits dann auszuweisen sind, wenn sie drohen, Gewinne hingegen erst dann, wenn sie endgültig realisiert sind.

Der Zusammenhang zwischen (1) Begrenzung des ausschüttungsfähigen Gewinns, (2) Gläubigerschutz und (3) Vorsichtsprinzip ist freilich weniger stringent, als es scheinen mag. Was zunächst die Ausschüttungsbegrenzung anbelangt, zeigen die Aktivierungswahlrechte der §§ 269 HGB (Ingangsetzungsaufwendungen) und 274 HGB (aktive latente Steuern), dass hierfür nicht zwingend der Bilanzansatz begrenzt werden muss. Werden Ingangsetzungsaufwendungen und latente Steuern in der Handelsbilanz aktiviert, so ist ein entsprechender Betrag im Eigenkapital gegen Ausschüttungen zu sperren. Analoge Regelungen wären auch für den Bereich der Bewertung denkbar. Z. B. könnte man den Ansatz von Wertpapieren zu ihrem über den Anschaffungskosten liegenden Stichtagskurs ohne Gläubigergefährdung erlauben, wenn mit dem Zuschreibungsbetrag eine Ausschüttungssperre einherginge.

Vorsicht HGB: Substanz

Überdies entspringt die Annahme, eine vorsichtige Bewertung würde dem Gläubigerschutz am besten entsprechen, einem statischen und substanzwertorientierten Gedankengut. Wenn es heißt, dass der Kaufmann sich eher zu arm als zu reich rechnen soll, so steht damit die Vermögenslage im Focus des Interesses. Die Diskrepanz zur Theorie und Praxis der Unternehmensbewertung ist offensichtlich. Die Bewertung eines Unternehmens konzentriert sich gerade umgekehrt auf Ertragskraft und Ertragsaussichten. Wenn aber bei Kauf- und Investitionsentscheidungen über ein Unternehmen der Ertragswert die entscheidende Größe ist und Cashflow-Betrachtungen auch die heutige Kreditvergabepraxis dominieren, so vermag nicht mehr einzuleuchten, dass ein substanzwertorientiertes Vorsichtsprinzip dem Gläubigerschutz am besten diene.

besserer Gläubigerschutz: Ertrag

Bereits Eugen Schmalenbach hatte 1919 (!) in diesem Sinne argumentiert, dass eine dynamische Bilanz, die nicht den Vermögensstatus in den Mittelpunkt stelle, sondern einen vergleichbaren Periodenerfolg nicht nur der Selbstinformation des Kaufmanns, sondern auch den Gläubigerschutzerfordernissen am besten genüge. Da nur ein nachhaltiger Periodenerfolg die Liquidität der Unternehmung sichere, diene eine die Erfolgsentwicklung in den Mittelpunkt stellende Bilanzierung auch den Gläubigern in besserer Weise. Sie setze diese und den Kaufmann in die Lage, rechtzeitig zu erkennen, ob der Betrieb in gleicher Weise fortgeführt werden könne oder ob gegensteuernde Maßnahmen einzuleiten seien.[2]

IAS-Basis: ertragsorientiert

Nach diesem „Ausflug" in die statische Bilanztheorie des HGB und deren Kritik mögen die andersartigen Grundentscheidungen der IAS-Rechnungslegung umso verständlicher werden. Nicht die Ermittlung und Begrenzung eines ausschüttungsfähigen Gewinns,

[2] Schmalenbach, Grundlagen dynamischer Bilanzlehre, ZfHF 1919, S. 1 ff. u. S. 55 ff.

sondern die Vermittlung entscheidungsnützlicher Informationen ist Zweck der Rechnungslegung (F. 9 ff.). Hierbei wird davon ausgegangen, dass ökonomische Entscheidungen, die Bilanzadressaten fällen, vor allem eine Beurteilung der Fähigkeit des Unternehmens, Cash zu generieren, voraussetzen (F. 15). Da sich in dieser Hinsicht der Informationsbedarf von Gläubigern nicht wirklich von dem von Investoren und anderen Bilanzadressaten unterscheidet (F. 10), kann weder der Gläubigerschutz noch das Vorsichtsprinzip ein übergeordneter Gesichtspunkt sein. Neben dem *going-concern*-Prinzip (Bewertung zu Fortführungswerten) hat die Rechnungslegung vielmehr nur eine Basisannahme: die Abgrenzung des periodengerechten Gewinns (*accrual basis*, F. 22). Dieser Grundsatz der periodengerechten Gewinnermittlung kann es gebieten,

- Kursgewinne, etwa bei Wertpapieren, bereits vor Umsatzrealisierung auszuweisen oder
- in Fällen langfristiger Auftragsfertigung Umsatz und Gewinn nicht erst bei kompletter Fertigstellung des Auftrages, sondern kontinuierlich über die Auftragsperioden zu realisieren.

Voraussetzung ist allerdings, dass der Gewinn ebenso wie jede sonstige Bilanzinformation hinreichend zuverlässig (*reliable*) ist. Denn um entscheidungsnützlich zu sein, müssen Informationen nicht nur relevant (und materiell bedeutsam), sondern auch zuverlässig sein, da sie sonst in die Irre führen können (F. 31).

Die Basisgrundsätze des *going concern* und der periodengerechten Gewinnermittlung finden daher im *Framework* ihre Ergänzung in qualitativen Zusatzanforderungen an die Rechnungslegung. Mit Relevanz (*relevance*) und Zuverlässigkeit (*reliability*) sind zwei qualitative Anforderungen bereits genannt. Verständlichkeit (*understandability*) und Vergleichbarkeit (*comparability*) sind die beiden anderen Prinzipien dieser Stufe. Entscheidungsnützlichkeit setzt voraus, dass die Informationen (für den fachlich Sachverständigen) verständlich sind und dass Rechnungslegungsnormen im Zeitablauf konsistent angewendet werden. Nur so können reale Trends identifiziert und von einer Änderung der Rechnungslegungsmethoden unterschieden werden.

Framework: Zweck, Basisannahmen und Anforderungen der Rechnungslegung

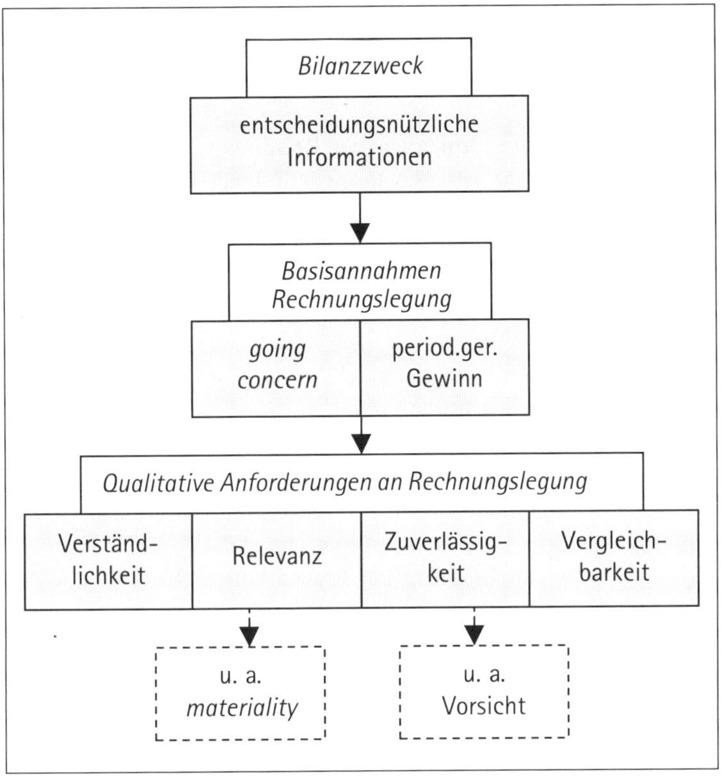

Das die handelsrechtliche Rechnungslegung dominierende Vorsichtsprinzip spielt, wie die vorstehende Abbildung zeigt, im IAS-System erst auf einer nachgelagerten Stufe eine Rolle. Zur Zuverlässigkeit (und damit Entscheidungsnützlichkeit) von Informationen gehört, dass sie neutral (zum Beispiel möglichst ohne Wahlrechte und Ermessensentscheidungen) und, soweit Ermessen und Beurteilungen unvermeidlich sind, möglichst vorsichtig ermittelt wurden. Vorsicht bedeutet dabei nur, dass bei notwendigen Schätzungen, etwa in Fragen der Werthaltigkeit von Forderungen oder in Fragen der Lebensdauer von Anlagen, Aktiva und Erträge nicht zu hoch, Verbindlichkeiten und Aufwendungen nicht zu niedrig ange-

Vorsichtsprinzip nachgelagert

setzt werden. Vorsicht markiert nur die Methode der Schätzung und Ermessensausübung. Das Vorsichtsprinzip erlaubt hingegen nicht die bewusste Unterbewertung von Aktiva oder Erträgen. Derartige Bilanzen würden keine neutralen und damit auch keine zuverlässigen und somit auch keine entscheidungsnützlichen Informationen vermitteln (F. 37).

Allerdings lassen die Prinzipien der Rechnungslegung keine zwingenden Schlüsse auf den substanziellen Inhalt des jeweiligen Bilanzsystems zu. Der Kontrast zwischen IAS und HGB kann auf der Prinzipienebene mit Entscheidungsnützlichkeit und *matching principle* einerseits vs. Gläubigerschutz und Vorsichtsprinzip andererseits beschrieben werden. Über den Inhalt der Rechnungslegungsregeln ist damit aber noch wenig gesagt. Nicht selten führen mehrere Wege nach Rom. Augenfällig wird dies etwa daran, dass nicht nur das vorsichtsgeprägte HGB ein Niederstwertprinzip für Vorräte, Sachanlagen und immaterielle Anlagen kennt. Auch das IAS-Regelwerk sieht unter vergleichbaren Bedingungen, d. h. bei Indikation einer Dauerhaftigkeit im Anlagevermögen, ohne eine solche Einschränkung im Vorratsvermögen den Ansatz des niedrigeren Stichtagswertes vor. Lediglich die Begründungswege unterscheiden sich. Während es aus der Sicht des Vorsichtsprinzips bilanzorientiert auf den nicht überhöhten Vermögensausweis ankommt, ist aus der Sicht des *matching prinicple* wichtig, Wertminderungen dann in der GuV zu erfassen, wenn sie entstehen. Das Ergebnis ist, wie die nachstehende Abbildung zeigt, in beiden Fällen gleich.

Systemunterschiede und ihre Folgen

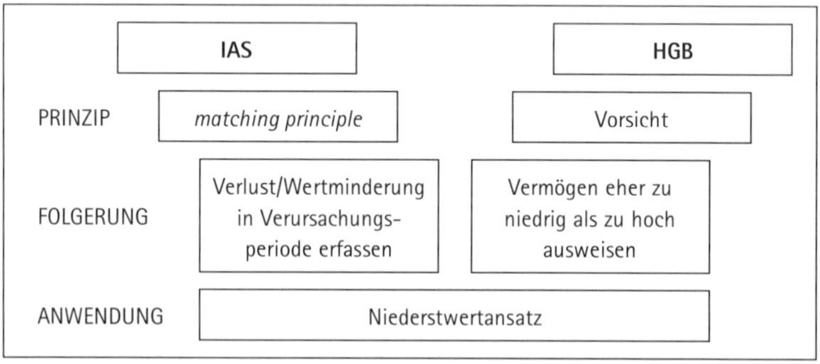

3.3 Bilanzierung dem Grunde nach: Vermögenswerte und Schulden

Die deutsche Diskussion zum Verhältnis vom Vermögensgegenstand (Handelsbilanz) und Wirtschaftsgut (Steuerbilanz) hat eine lange Tradition. In unterschiedlichen Facetten wurde dabei die handelsrechtliche Aktivierungsvoraussetzung der selbstständigen Verkehrsfähigkeit der steuerlichen Aktivierungsvoraussetzung der selbstständigen Bewertbarkeit gegenübergestellt. Die Diskussion hatte immer einen hohen theoretischen Reiz. Praktisch ließ sie sich freilich auf den Bereich der immateriellen Vermögensgegenstände/Wirtschaftsgüter des Anlagevermögens zurückführen. Eine zwangsläufige Konkretisierung ergibt sich hier dadurch, dass eine Aktivierung in beiden Bilanzen nur im Falle eines entgeltlichen Erwerbs zulässig ist (§ 248 Abs. 2 HGB, § 5 Abs. 2 EStG). Die theoretisch so reizvollen Unterscheidungen der ersten Stufe – Liegt überhaupt ein Vermögensgegenstand respektive Wirtschaftsgut vor? – werden damit auf der zweiten Stufe – Ist dieser eventuelle Vermögensgegenstand respektive dieses Wirtschaftsgut aktivierungsfähig? – weitgehend gegenstandslos.

Ein ähnliches Missverhältnis zwischen theoretischer Anstrengung und praktischer Bedeutsamkeit würde sich ergeben, wenn man das ebenfalls zweistufige Aktivierungskonzept der IAS und den Begriff des *asset* in ein Verhältnis zum Handelsrecht und zum Begriff des Vermögensgegenstandes setzen würde. Stattdessen hier die Begrenzung auf das Verständnisnotwendige:

asset

Das *Framework* definiert auf Stufe 1 ein *asset* (Vermögensgegenwert) als

- eine Ressource, über die ein Unternehmen **verfügen** kann und
- aus dessen Nutzung dem Unternehmen zukünftige ökonomische **Vorteile** zufließen werden (F. 49a). Der künftige Vorteil besteht in dem Beitrag zur Erhöhung des unternehmerischen Cashflows, etwa durch Veräußerung des *assets* selbst, durch Veräußerung anderer mit dem *asset* hergestellter Gegenstände, durch Tausch gegen andere *assets* usw. (F. 53).

ansatzfähiges *asset*

Ob ein *asset* bilanziert wird, ob es die Ansatzkriterien (*recognition*) erfüllt, entscheidet sich auf Stufe 2 danach,

- ob der zukünftige Nutzen **wahrscheinlich** ist und
- ob Kosten (oder andere Wertmaßstäbe, z. B. Nutzwert) zuverlässig festgestellt bzw. ge**messen** werden können (F. 83).

Ähnlich wie die meisten Unterscheidungsversuche zwischen Vermögensgegenstand und Wirtschaftsgut werden auch die meisten Differenzierungsversuche zwischen einem *asset* nach IAS und einem Vermögensgegenstand nach HGB (Stufe 1) auf der zweiten Stufe gegenstandslos. So würden etwa Werbeaufwendungen wegen ihres Potenzials, zukünftige Umsätze zu generieren, zwar ein *asset* nach IAS darstellen können, mangels Verkehrsfähigkeit bzw. Einzelveräußerbarkeit hingegen keinen Vermögensgegenstand nach HGB (Stufe 1). Dieser Unterschied ist jedoch praktisch bedeutungslos. Die durch Werbeaufwendungen generierten zusätzlichen Ertragspotenziale können nicht zuverlässig genug eingeschätzt werden. Auch nach IAS ist deshalb keine konkrete Aktivierungsfähigkeit gegeben (Stufe 2).

Tipp

Im Vergleich zwischen dem *asset*-Begriff und dem Begriff des Vermögensgegenstandes bleibt im Wesentlichen nur ein für den Ausweis bedeutsamer Unterschied: Der Begriff *asset* beinhaltet anders als der Vermögensgegenstandsbegriff des HGB auch Rechnungsabgrenzungsposten und Bilanzierungshilfen. Eine gesonderte Behandlung beim Bilanzausweis (und bei der Bewertung: Abschreibung auf den beizulegenden Wert) ist damit im Gegensatz zum HGB grundsätzlich nicht mehr geboten.

liability

Auch den Begriff der passivierungsfähigen *liabilities* (Schulden) fasst das *Framework* zweistufig, wobei sich hier allerdings materielle Unterschiede zum HGB ergeben. Eine *liability* ist definiert als

- eine gegenwärtige **Außenverpflichtung** eines Unternehmens,
- deren Erfüllung voraussichtlich zu einem **Ressourcenabfluss** führen wird (F. 49b).

ansatzfähige *liability*

Bereits auf der ersten Stufe entsteht damit ein Unterschied zum HGB. Insofern Aufwandsrückstellungen für unterlassene Instandhaltungen oder nach § 249 Abs. 2 HGB nicht den Charakter der

Verpflichtung nach außen haben, stellen sie nach IAS keinen Schuldposten dar. Eine weitere Unterscheidung zum HGB ergibt sich auf Stufe 2: Wie für die *assets* wird auch für die *liabilities* verlangt, dass der

- Mittelabfluss **wahrscheinlich** und
- zuverlässig **messbar** bzw. zu bestimmen ist (F. 91).

Die Wahrscheinlichkeits- und Messbarkeitsanforderungen sind höher als nach HGB. Der Kreis rückstellungsfähiger Außenverpflichtungen nach IAS ist daher kleiner. Im Einzelnen wird auf Kapitel G „Rückstellungen“ verwiesen.

3.4 Bilanzierung der Höhe nach: Bewertungsmaßstäbe nach IAS

Wertmaßstäbe im *Framework*

Für die Bewertung von Vermögensgegenständen und Schulden werden im *Framework* verschiedene Bewertungsmaßstäbe neutral und ohne Bezug zum Einzelfall angeführt und definiert. Im Einzelnen werden genannt in F. 100:

- historische Kosten (*historical cost*)
- Wiederbeschaffungskosten/Tageswert (*current cost*)
- Veräußerungswert/Rückzahlungsbetrag (*realisable value/settlement value*)
- Gegenwartswert (*present value*).

Wertmaßstäbe in einzelnen IAS-Standards

Die im *Framework* definierten Wertmaßstäbe werden in den einzelnen IAS-Standards bezogen auf den Einzelfall ergänzt. Von Bedeutung sind etwa der beizulegende Zeitwert bzw. Stichtagszeitwert (*fair value*) für bestimmte Bewertungen des Sachanlagevermögens (IAS 16.30) oder von Finanzinstrumenten (IAS 39). Einen Überblick über die wichtigsten Bewertungsmaßstäbe gibt nachfolgende Abbildung.

Das *Framework* liefert insgesamt eine eher vage Definition möglicher Bewertungsmaßstäbe. Welcher Bewertungsmaßstab im Einzelnen zum Zuge kommt, ergibt sich aus den einzelnen Standards. Insoweit scheint es nicht sinnvoll, die Abbildung an dieser Stelle tiefer zu erläutern. Eine Auseinandersetzung mit den Wertmaßstäben findet in den einzelnen Kapiteln statt.

Framework: Bewertungsmaßstäbe (F. 100)

	Vermögenswerte	Schulden
Historische Kosten	Zahlbetrag bei Tausch: *fair value* des hingetauschten *asset*	a) für Eingehen der Verpflichtung erhaltener Betrag b) ohne Gegenleistung (z. B. Steuern): Zahlbetrag
Tageswert *current cost*	Zahlbetrag bei fiktiver jetziger Beschaffung des *asset*	undiskontierter Zahlbetrag bei fiktiver jetziger Begleichung der Verpflichtung
Realisierb.W./ Erfüllungsw.	jetziger Veräußerungswert im normalen Geschäftsgang	undiskontierter Zahlbetrag bei Erfüllung im normalen Geschäftsgang
Gegenwartswert	Barwert erwarteter, im normalen Geschäftsgang generierter *cash inflows*	Barwert erwarteter, im normalen Geschäftsgang erforderlicher *cash outflows*

4 IAS 1: Ausweis- und Gliederungsvorschriften

4.1 Bestandteile des Jahresabschlusses und Grundregeln der Gliederung

Grundelemente des Jahresabschlusses

IAS 1 „*Presentation of Financial Statements*“ enthält Ausweisvorschriften für die folgenden Grundelemente des Jahresabschlusses:

- Bilanz (*balance sheet*),
- GuV (*income statement*),
- Eigenkapitalveränderungsrechnung (*statement of changes in equity*),
- Kapitalflussrechnung (*cash flow statement*),
- Anhang (*notes*).

Basisregeln für Gliederung

Für die Gliederung vorgegeben werden (alternative) Grundstrukturen. Ergänzende Ausweisvorschriften sind zum Teil in den einzelnen IAS enthalten. Als Basisvorschriften für die Gliederung hebt IAS 1 folgende Anforderungen hervor:

- Darstellungsstetigkeit (IAS 1.27)
- Wesentlichkeit (*materiality*) und Zusammenfassung von Posten (IAS 1.29)
- (eingeschränktes) Saldierungsverbot (IAS 1.32)
- Vorjahresvergleich (IAS 1.36)

1. Stetigkeit

Die Darstellungsstetigkeit ist ähnlich wie im Handelsrecht (§ 265 Abs. 1 HGB) der Normalfall. Eine Abweichung von der vorjährigen Gliederung ist zulässig, jedoch nur dann, wenn entweder ein neuer IAS eine geänderte Darstellung fordert oder die geänderte Darstellung, insbesondere aufgrund veränderter operativer Sachverhalte, eine bessere Präsentation verspricht.

2. *materiality*

Unter Wesentlichkeitsgesichtspunkten (*materiality*) kann eine Zusammenfassung von Sachverhalten ähnlicher Art und Natur geboten sein (vgl. ähnlich § 266 Abs. 7 HGB). Die Wesentlichkeit ist abgestuft zu beurteilen. Ein Betrag, der zu gering ist, um in der Bilanz oder der GuV separat ausgewiesen zu werden, kann noch wesentlich genug sein, um im Anhang gesondert erläutert zu werden.

3. i. d. R. unsaldiert

Die Saldierung von Aktiva und Passiva ist nur ausnahmsweise erlaubt, wenn eine entsprechende Regelung in einem Einzelstandard getroffen wird. In der GuV können bzw. sollen saldiert werden: Erlöse mit Erlösminderungen, Erlöse aus dem Abgang von Anlagevermögen mit dem Buchwertabgang, außerordentliche Posten mit den ihnen zuzuordnenden Steuern, Gewinne und Verluste aus ähnlichen Aktivitäten, z. B. Wechselkursgewinne mit Verlusten aus Finanzinstrumenten.

4. Vorjahr

Die Angabe von Vorjahreswerten ist abweichend vom HGB (vgl. § 265 Abs. 2 HGB) für alle Elemente des Jahresabschlusses, insbesondere auch für den Anhang, geboten.

4.2 Gliederung der Bilanz

Gliederung flexibel

IAS 1 schreibt anders als § 266 HGB und § 275 HGB kein bestimmtes Format für die Bilanz und die Gewinn- und Verlustrechnung vor. Festgelegt werden lediglich Mindestangaben und Gliederungsmöglichkeiten. Angesichts unterschiedlicher wirtschafts- und gesellschaftsrechtlicher Traditionen einzelner Länder scheint eine Harmonisierung auch schwer erzielbar. Es ist daher wenig wahrscheinlich, dass der IASB in absehbarer Zeit diesen flexiblen Ansatz völlig aufheben könnte.

... aber praktisch bedeutsam

Aus der Sicht des Anwenders ist diese Flexibilität nicht nur von Vorteil. Sie hat etwas Unübersichtliches und Undurchsichtiges, weil die allgemeinen Gliederungsregeln (s. o.) sowie die speziellen Vorschriften in den einzelnen IAS zu beachten bleiben. Für die praktische Anwendung ist aber die Frage, wo etwas auszuweisen und wie es zu bezeichnen ist, nicht weniger wichtig und komplex als die Frage nach Bilanzansatz und Bewertung. Ein Gliederungsschema gibt Sicherheit. Es hilft einen Umstellungsprozess zu strukturieren und die Probleme zu portionieren. So mag das Gliederungsthema zwar wissenschaftlich unergiebig sein, wofür die geringe Beachtung in der Literatur spricht, für die Praxis bleibt es aber von Interesse.

Hauptgliederung

Hauptgliederungsprinzip der Bilanz ist die Unterscheidung nach kurzfristigen und langfristigen Vermögenswerten bzw. Schulden. Eine Gliederung nach Liquiditätsnähe ist auf Ausnahmefälle (insbesondere Banken) beschränkt (IAS 1.51).

Die Unterscheidung in kurz- und langfristige Vermögenswerte und Schulden verlangt zunächst nach einer Definition der Kurzfristigkeit. Für Vermögenswerte liefert IAS 1.57 diese Definition wie folgt: Ein Vermögenswert ist kurzfristig (*current*), wenn

kurzfristige *assets*

- er zum Verkauf oder Verbrauch innerhalb des normalen Verlaufs des *operation cycle* (Geschäftszyklus) oder zu Spekulationszwecken gehalten wird oder
- es sich um Zahlungsmittel oder Zahlungsmitteläquivalente handelt oder
- er kurzfristig gehalten wird und seine Realisation innerhalb von 12 Monaten nach dem Bilanzstichtag erwartet wird.

Im Verhältnis der drei Möglichkeiten sind der erste und der dritte Punkt klärungsbedürftig. Entscheidend ist der Begriff des *operation cycle*. Er erfasst am Beispiel eines Produktionsunternehmens den Zeitraum zwischen dem Erwerb von Materialien, die in die Herstellung eingehen, und deren Realisation in Geld durch Veräußerung der Erzeugnisse. Insbesondere in Fällen langfristiger Fertigung, z. B. bei Bauunternehmen, kann dieser Zyklus mehr als 12 Monate betragen. Aber auch bei „normaler" Fertigung kann die Verbrauchszeit von Vorräten und die Laufzeit von Forderungen aus Lieferung und Leistung über den 12-Monatszeitraum hinaus reichen. Da die Vorräte und Debitoren aber gerade den *operation cycle* markieren, da sie als Teil des gewöhnlichen Geschäftszyklus verkauft, verbraucht und realisiert werden, greift die 12-Monatsregel bei diesem Posten nicht. Vorräte und Debitoren gelten folgerichtig auch dann als kurzfristig, wenn die Realisationsperiode mehr als 12 Monate beträgt. In allen anderen relevanten Fällen gelangt hingegen die 12-Monatsregel zur Anwendung.

12 Monate oder *operation cycle*

Schulden sind analog als kurzfristig zu klassifizieren, wenn ihre Tilgung

kurzfristige Schulden

- innerhalb des gewöhnlichen Verlaufs des *operation cycle* oder
- innerhalb von 12 Monaten nach dem Bilanzstichtag fällig ist (IAS 1.60).

Auch auf der Passivseite gilt als Grundregel die 12-Monatsfrist. Wichtige Ausnahmen sind Verbindlichkeiten aus Lieferungen und Leistung sowie Rückstellungen für operative Kosten, z. B. Gewährleistungs- oder Urlaubsrückstellungen. Sie werden nach dem Geschäftszyklus und somit unabhängig von den 12 Monaten beurteilt (IAS 1.61). Für Darlehensverbindlichkeiten ist eine Aufspaltung zwischen dem Tilgungsanteil der nächsten zwölf Monate, auszuweisen als kurzfristige Verbindlichkeiten, und dem längerfristigen Teil des Darlehens vorzunehmen. Bei Darlehen ist außerdem eine Sonderregelung für Revolvierungsfalle zu beachten: Ursprünglich langfristige Schulden, deren Tilgung innerhalb von 12 Monaten nach dem Bilanzstichtag fällig ist, dürfen ausnahmsweise dann weiterhin als langfristig ausgewiesen werden, wenn bis zum Bilanzstichtag eine Vereinbarung über Umschuldung, Revolvierung getroffen ist.

Eigenkapital

Für das Eigenkapital ist neben der Bilanz eine spezielle Veränderungsrechnung vorgesehen (vgl. Kapitel J „Weitere Abschlussbestandteile"). Eine Übernahme der Gliederung dieser speziellen Rechnung in das Bilanzschema ist sinnvoll und führt z. B. zu einer Aufgliederung des Eigenkapitals in:

- eingezahltes Kapital (Grundkapital und Kapitalrücklage),
- Überschüsse und Fehlbeträge aus Neubewertung (vgl. Kapitel C „Immaterielles und Sachanlagevermögen"),
- Überschüsse und Fehlbeträge aus der Zeitbewertung von Finanzinstrumenten (vgl. Kapitel D „Finanzvermögen"),
- Überschüsse und Fehlbeträge aus bestimmten Währungsumrechnungsdifferenzen (vgl. Kapitel K „Konzernabschluss"),
- angesammelte Ergebnisse (Gewinnrücklagen und Gewinnvortrag)
- Jahresüberschuss.

IAS-Praxis Deutschland

Die IAS-Praxis deutscher Konzerne orientiert sich hinsichtlich der Aktivseite der Bilanz im Wesentlichen an den vorstehenden Regelungen. Modifikationen finden sich insbesondere in der Beibehaltung eines gesonderten Ausweises der Rechnungsabgrenzungsposten. Auf der Passivseite wird außerdem die Trennung in kurz- und langfristige Schulden zum Teil nicht bzw. nur über die Anhangserläuterungen vorgenommen. Vergleicht man etwa die IAS-Abschlüsse großer Unternehmen, so fallen folgende Gemeinsamkeiten und Unterschiede auf:

- Untergliederung der Aktivseite in die Hauptposten Anlagevermögen, Umlaufvermögen, latente Steuern und Rechnungsabgrenzungsposten, dabei insgesamt wenig Unterposten.
- Bei Beibehaltung des für IAS eigentlich systemfremden Postens Rechnungsabgrenzung sollte mindestens die Restlaufzeit („davon bis zu 1 Jahr") angegeben werden. Eine entsprechende Erläuterung findet sich nicht immer.
- Auf der Passivseite fehlte anfänglich oft eine konsequente Untergliederung zwischen langfristigen und kurzfristigen Schulden. Finanzschulden (Darlehen) und Rückstellungen wurden nicht je nach Fristigkeit mit einem Teilbetrag unter der ersten, mit dem anderen Teilbetrag unter der zweiten Position ausgewiesen, sondern HGB-orientiert nach Rückstellungen und Verbindlichkeiten und innerhalb der Verbindlichkeiten nach Banken, Debitoren usw.

Gliederungsvorschlag Bilanz

Unter Berücksichtigung der Regelungen in IAS 1 (insbesondere IAS 1.68 sowie IAS 1. Guidance) sowie spezieller Regelungen in anderen IAS und der (inzwischen besseren) deutschen Praxis ergibt sich damit die nachfolgende Gliederung für Aktiv- und Passivseite der Bilanz. Die Gliederung ist als Vorschlag zu verstehen, der den Abstand zum HGB und damit den Umstellungsaufwand gering hält. Die Gliederung kann, muss aber nicht tiefer gestaffelt werden. So ist es im Angelsächsischen unüblich, Sachanlagen oder Vorräte in der Bilanz selbst zu untergliedern. Die Aufschlüsselung erfolgt im Anhang. IAS 1.74 ff. erlaubt ein solches Vorgehen. Entsprechende Informationen sind entweder *„on the face of the balance sheet"* oder in den *„notes"* offen zu legen.

Gliederungsvorschlag Aktiva

ANLAGEVERMÖGEN	
Immaterielle Vermögenswerte (*Intangible Assets*)	XX
Sachanlagen (*Property, Plant, Equipment*)	XX
Nicht betrieblich genutzte Grundstücke (*Investment Properties*)	XX
Finanzanlagen (*Financial Assets*) *	XX
Latente Steuern	XX
	XX
UMLAUFVERMÖGEN	
Vorräte (*Inventories*)	XX
Forderungen L+L (*Trade Receivables*)	XX
Übrige Forderungen und Vermögenswerte (*Other Receivables and Assets*)	XX
Tatsächliche Steuern (*Current Taxes*)	XX
Flüssige Mittel (*Cash and Cash Equivalents*)	XX
	XX
SUMME VERMÖGENSWERTE	**XX**

*) Falls wesentlich, in *equity*-Beteiligungen und übrige Finanzanlagen unterteilen.

Gliederungsvorschlag Passiva

EIGENKAPITAL		
Eingezahltes Kapital (*Issued Capital*)		
Gezeichnetes Kapital	XX	
Kapitalrücklage	XX	XX
Neubewertungsrücklage (*Revaluation Surplus*)		XX
Übersch. Zeitbewertung (*Cumulated Other Comprehensive Income*)		XX
Angesammelte Ergebnisse (*Accumulated Profit*)		
Gewinnrücklagen	XX	
Gewinnvortrag	XX	XX
Jahresüberschuss (Anteil Eigenkapitalgeber)		XX
		XX
Minderheitsanteile (Konzern)		XX
		XX
LANGFRISTIGE SCHULDEN		
Langfristige Finanzschulden (*Long-term Borrowings*)		XX
Übrige langfristige Verbindlichkeiten (*Other non-current Liabilities*)		XX
Pensionsverpflichtungen (*Pension Obligations*)		XX
Andere langfristige Rückstellungen (*Other non-current Provisions*)		XX
Latente Steuern		XX
		XX
KURZFRISTIGE SCHULDEN		
Kurzfristige Finanzschulden (*Current Portion of Borrowings*)		XX
Verbindlichkeiten L+L (*Trade Payables*)		XX
Übrige kurzfristige Verbindlichkeiten (*Other current Liabilities*)		XX
Kurzfristige Rückstellungen (*Current Provisions*)		XX
Tatsächliche Steuern (*Current Taxes*)		XX
		XX
SUMME EIGENKAPITAL UND SCHULDEN		**XX**

4.3 Gliederung der GuV

erhebliche Ausweiswahlrechte

Auch bei der Gewinn- und Verlustrechnung (*income statement*) bestehen erhebliche Wahlrechte, die in der praktischen Anwendung verwirren können. Als Minimum muss die GuV im operativen Bereich nur Umsatzerlöse und die Summe der Kosten ausweisen (IAS 1.81). Eine Aufgliederung der operativen Kosten, entweder in der Art des Umsatzkostenverfahrens oder analog zum Gesamtkostenverfahren, kann wahlweise in der GuV oder im Anhang vorgenommen werden. Der Ausweis innerhalb der GuV selbst entspricht stärker § 275 HGB. Er soll nachfolgend bevorzugt werden.

GKV oder UKV

Die aus dieser Prämisse resultierenden beiden GuV-Alternativen weisen insgesamt eine große Ähnlichkeit zum Gesamtkostenverfahren nach § 275 Abs. 2 HGB einerseits und zum Umsatzkostenverfahren gem. § 275 Abs. 3 HGB andererseits aus. Wie im HGB erfolgt eine Aufteilung in den betrieblichen Bereich, den Finanzbereich und den Ertragsteuerbereich.

Abweichend von HGB sind außerordentliche Posten nicht mehr zulässig (IAS 1.85).

In IAS 1 (1997) wurde die Spaltung in Ergebnis der gewöhnlichen Geschäftstätigkeit einerseits und außerordentliches Ergebnis andererseits noch vollzogen. Die Rechtfertigung lag in der *decision usefulness* (vgl. Kapitel A „Strategien einer Anpassung der Rechnungslegung"). Der Bilanzadressat sollte auf allen Ebenen klar zwischen dem für die Zukunftsbeurteilung wichtigen nachhaltigen Ertrag des Unternehmens und dem nicht nachhaltigen Ertrag unterscheiden können. Offenbar wurde aber zu oft Missbrauch getrieben, indem „schlechte" Verluste in „harmlose" außerordentliche Verluste, d. h. einmalige „Ausrutscher", umqualifiziert wurden.

Gliederungsvorschlag GuV

Gesamtkostenverfahren *(Nature of Expense Method)*

Umsatzerlöse (*Revenue*)	XX
Bestandsveränderung Erzeugnisse (*Changes in Inventories of Finished Goods and Work in Progress*)	XX
Aktivierte Eigenleistungen (*Work Performed by the Enterprise and Capitalised*)	XX
Sonstige betriebliche Erträge (*Other operating Income*)	XX
Materialaufwand (*Raw Material and Consumables Used*)	XX
Personalaufwand (*Staff Costs*)	XX
Abschreibungen (*Depreciation and Amortisation Expense*)	XX
Sonstige betriebliche Aufwendungen (*Other Operating Expense*)	XX
Operatives Ergebnis (*Profit from Operations*)	**XX**
Finanzergebnis (*Financial Income*)*	XX
Jahresüberschuss vor Ertragsteuern (*Profit before Tax*)	**XX**
Ertragsteuern (Income Tax Expense)	XX
Jahresüberschuss nach Steuern (*Profit after Tax*)	**XX**
Gewinnanteil Minderheitsgesellschafter (*Minority Interest*)	XX
Gewinn Eigenkapitalgeber (*Profit for the Year Equity Holders*)	**XX**

Gliederungsvorschlag GuV

Umsatzkostenverfahren *(Cost of Sales Method)*

Umsatzerlöse (*Revenue*)	XX
Herstellungskosten der zur Erzielung der Umsatzerlöse erbrachten Leistungen (*Cost of Sales*)	XX
Bruttoergebnis vom Umsatz (*Gross Profit*)	**XX**
Vertriebskosten (*Distribution Costs*)	XX
Allgemeine Verwaltungskosten (*Administrative Expense*)	XX
Sonstige betriebliche Erträge (*Other Operating Income*)	XX
Sonstige betriebliche Aufwendungen (*Other Operating Expense*)	XX
Operatives Ergebnis (*Profit from Operations*)	**XX**
Finanzergebnis (*Financial Income*) *	XX
Jahresüberschuss vor Steuern (*Profit before Tax*)	**XX**
Ertragsteuern (Income Tax Expense)	XX
Jahresüberschuss nach Steuern (*Profit after Tax*)	**XX**
Gewinnanteil Minderheitsgesellschafter (*Minority Interest*)	XX
Gewinn Eigenkapitalgeber (*Profit for the Year Equity Holders*)	**XX**

* Ggf. untergliedern in z. B. Ergebnis aus *at equity* bewerteten Finanzanlagen, übriges Beteiligungsergebnis, Zinsergebnis, übriges Finanzergebnis.

5 Wahlrechte – *benchmark treatment* und *allowed alternative treatment*

Das IAS-Regelwerk weist im Vergleich zum HGB

- geringere Wahlrechte beim Bilanzansatz und bei der Bewertung und
- größere Wahlrechte bei Gliederung und Darstellung auf.

echte Wahl

Bei vielen Wahlrechten, insbesondere im Bereich der Bewertung, treffen die IAS eine ausdrückliche Unterscheidung zwischen einem Regelfall (*benchmark treatment*) und einer zulässigen Alternative (*allowed alternative treatment*). Die diesbezüglichen Wahlrechte sind als echte Wahlrechte zu interpretieren, die durch kein übergeordnetes Prinzip, etwa des *true and fair view*, eingeschränkt sind. Sie unterliegen lediglich wie im HGB dem Grundsatz der Bewertungsstetigkeit.

... aber Anhang-angaben

Die begriffliche Unterscheidung zwischen bevorzugter Benchmark-Methode und alternativer Methode hat trotz der freien Wahlrechtsgestaltung ihren Sinn. Die Anwendung der Alternativmethode ist in der Regel dadurch diskriminiert, dass bei ihrer Anwendung zusätzliche Angaben im Anhang gefordert werden.

Tipp

Aus der Sicht des Anwenders wird deshalb häufig die Benchmark-Methode vorzuziehen sein, da sie zusätzliche Anhangsangaben erspart. Eine andere Beurteilung kann im Einzelfall geboten sein, etwa dann, wenn die Alternativmethode bewusst bilanzpolitisch eingesetzt werden soll oder wenn sie besser als die Benchmark-Methode mit dem handelsrechtlichen Abschluss übereinstimmt und deshalb Anpassungsmaßnahmen ersparen hilft.

6 *Materiality*-Grundsatz

Ausweis und Bewertung

Der Grundsatz der Wesentlichkeit (*materiality*) überlagert vor allem die Ausweis- und Bewertungsvorschriften zum Jahresabschluss. Er kann es gebieten oder zulassen

- i. d. R. separat auszuweisende, aber im konkreten Fall unwesentliche Posten mit anderen Posten zusammenzufassen (Ausweis),

- auf eine an sich gebotene, im konkreten Fall aber unwesentliche Abzinsung einer Rückstellung zu verzichten (Bewertung).

Tipp

Für den Bilanzansatz ist der *materiality*-Grundsatz nur ausnahmsweise wichtig. In der Buchhaltung, und damit für die Bilanz, sind sämtliche Geschäftsvorfälle zu berücksichtigen. Das Vollständigkeitsgebot lässt grundsätzlich keine Ausnahmen („Kleine Beträge buchen wir erst gar nicht.") zu. In der praktischen Arbeit kann es aber vorkommen, dass die Bilanz schon fertig gestellt ist und erst danach eine das alte Jahr betreffende Rechnung hereinkommt. Ob man hier die Bilanz noch einmal aufrollen, den bisher nicht berücksichtigten Kreditor einbuchen und die Folgewirkungen auf Umsatzsteuerverrechnungskonto, Erfolgstantiemen, Steuerrückstellungen usw. berücksichtigen muss (der Praktiker weiß, wovon die Rede ist), ist eine Frage der Wesentlichkeit, die individuell beantwortet werden muss.

Die hohe Bedeutung des *materiality*-Grundsatzes für die IAS-Rechnungslegung zeigt sich auch daran, dass bis 2002 jeder Standard mit folgendem Hinweis begann: „International Accounting Standards brauchen nicht auf unwesentliche Sachverhalte angewendet zu werden." Eine analoge Formulierung findet sich jetzt in IAS 8.8. Trotz dieser Bedeutung wird man eine scharfe Definition der Wesentlichkeit in den IAS-Vorschriften vergeblich suchen. Was wesentlich oder unwesentlich ist, ist Sache der Beurteilung im konkreten Einzelfall und damit einer allgemeinen Definition nicht zugänglich.

Diese Beurteilung des Einzelfalls hat sich an den Zwecken der Bilanz und damit an den Bedürfnissen der Bilanzadressaten zu orientieren. „Informationen sind wesentlich, wenn ihr Weglassen oder ihre fehlerhafte Darstellung die auf der Basis des Abschlusses getroffenen Entscheidungen der Adressaten beeinflussen könnten" (F. 30).

Art und Höhe

Das Wesentlichkeitsurteil kann je nach konkretem Einzelfall eher von qualitativen oder eher von quantitativen Faktoren geprägt werden: Es werden beispielsweise einzelne Vermögenswerte mit gleicher Art und Funktion zusammengefasst, auch wenn die einzelnen Beträge groß sind.

In der praktischen Arbeit hat der *materiality*-Aspekt vor allem bei den Anhangsangaben (*notes*) eine starke Entlastungswirkung. Für die meisten Bilanz- und GuV-Posten kommt eine Vielzahl von Anhangsangaben in Frage, aber nur wenige sind im Regelfall wesentlich. Die weiteren Kapitel werden in diesem Sinne Gewichtungen vornehmen und diese an Beispielen aus der Praxis erläutern.

7 *True and fair presentation*

In der Diskussion um die Vorteile der internationalen Rechnungslegung spielt das Prinzip der *true and fair presentation* eine wichtige Rolle. Das *Framework* führt zu diesem Prinzip Folgendes aus: „Abschlüsse verfolgen häufig (sic!) das Konzept, ein den tatsächlichen Verhältnissen entsprechendes Bild der Vermögens-, Finanz- und Ertragslage des Unternehmens ... zu vermitteln. Obwohl sich dieses Rahmenkonzept nicht direkt mit solchen Überlegungen befasst, führt die Anwendung der grundlegenden Anforderungen und der einschlägigen Rechnungslegungsstandards im Regelfall (sic!) zu einem Abschluss, der das widerspiegelt, was im Allgemeinen (sic!) als Vermittlung eines den tatsächlichen Verhältnissen entsprechenden Bildes verstanden wird (sic!)“ (F. 46).

Diese sehr zurückhaltende Aussage wird in IAS 1 deutlich verschärft. Drei Äußerungen stehen im Mittelpunkt:

- „Abschlüsse haben die Vermögens-, Finanz- und Ertragslage sowie die Cashflows eines Unternehmens fair darzustellen.“ (IAS 1.13)
- „Die korrekte Anwendung der IFRS führt in nahezu allen Fällen zu einer fairen Darstellung.“ (IAS 1.15)
- „In den äußerst seltenen Fällen, in denen das Management zu dem Ergebnis kommt, dass die Befolgung der Anforderung in einem Standard so irreführend wäre, dass dies mit den im *Framework* niedergelegten Zielen des Jahresabschlusses konfligieren würde, soll das Unternehmen von der Anforderung abweichen.“ (IAS 1.17)

fairer als das HGB?

Der Gedanke der *true and fair presentation* hat zu Missverständnissen geführt. Qualifizierungen der Internationalen Rechnungslegung als im Vergleich zum HGB kapitalmarktorientierter, entscheidungs-

nützlicher, *truer and fairer* usw. beruhen allzu häufig auf einer Verwechslung von Sollen und Sein. Es ist deutlich, dass die Internationale Rechnungslegung all dies sein soll; ob sie es wirklich ist, steht auf einem anderen, größtenteils noch unbeschriebenen Blatt. Nach unserer Auffassung gibt es genügend andere Vorteile der internationalen Rechnungslegung. Sie konkretisiert wichtige Fragen, die EU-Bilanzrichtlinie und HGB nicht oder nur ganz abstrakt behandeln (z. B. wirtschaftliches Eigentum beim Leasing). Sie dient der länderübergreifenden Vereinheitlichung und ist geeignet, eine babylonische Sprachverwirrung zu beenden. Einen darüber hinausgehenden Vorzug in Form einer höheren Wirklichkeitstreue muss man hingegen von der Internationalisierung der Rechnungslegung nicht unbedingt erwarten.
In dieser Richtung ist der *true-and-fair*-Grundsatz aber auch nicht angelegt. Die Aussage in IAS 1.15, dass die korrekte Anwendung der Einzelvorschriften in nahezu allen Fällen zu Abschlüssen führe, die ein faires Bild vermitteln, hat nicht den Charakter einer Tatsachenbehauptung. Sie ist nicht so zu verstehen, als ob die Befolgung von IAS beobachtbar zu einer wirklichkeitstreuen Abbildung führe. Die Aussage hat vielmehr einen normativen und definitorischen Gehalt: Als wirklichkeitsgetreue Abbildung ist per Definition anzuerkennen, was in Befolgung der IAS-Regeln zustande gebracht wird. Diese normative und definitorische Aussage entzieht sich wie jeder derartige Satz einer Widerlegung durch empirische Beobachtung. Aus dieser grundsätzlichen Sicht hat das Konzept der *true and fair presentation* hauptsächlich die Funktion einer rechtfertigenden Maxime:

- auf Theorieebene in der Konkurrenz verschiedener Rechnungslegungssysteme,
- auf der Anwendungsebene in der Diskussion über im Einzelfall ausnahmsweise zulässige, notwendige oder zur rechtfertigende Regelbrüche.

Theorieebene: Konkurrenz der Systeme

Auf der Theorieebene wird der Ausgang jeden Vergleichs mit anderen Rechnungslegungssystemen vorentschieden. Wenn das IAS-Regelwerk, d. h. die Summe der IAS-Einzelregeln, normativ festlegt, was *true and fair* ist, steht die Antwort, ob die Handelsbilanz genauso *true and fair* ist, schon fest: Sie kann dies nur insoweit sein, als sie dem IAS-Regelwerk nicht widerspricht. Auf diese Weise werden nicht zwei Regelsysteme gegen ein unabhängiges Drittkriterium verglichen, sondern ein System gegen die Regeln des anderen. In einer Religionsanalogie wäre dies etwa so, als ob die Regeln des katholischen Katechismus Christlichkeit definieren würden und anschließend auf dieser Definitionsbasis die Christlichkeit von Katholiken und Protestanten verglichen würde. Man würde nicht überrascht sein, wenn Protestanten in einem solchen Vergleich schlechter abschnitten.

Auf der Anwendungsebene besteht eine Gefahr darin, dass Einzelne das *true-and-fair*-Konzept missbrauchen, um Regeln für ihre Zwecke zurechtzubiegen, zu umgehen, zu missachten.

Anwendungsebene: kein *overriding principle*

Die Gefahr wird dadurch begrenzt, dass das *true-and-fair*-Konzept kein *overriding principle* ist, das nach Belieben Vorrang vor den Einzelbestimmungen hat. In fast allen Fällen *(„virtually all circumstances“)* sind die Einzelregelungen zu beachten, Abweichungen demzufolge nur in äußerst seltenen Fällen *(„extremely rare circumstances“)* zulässig. Derartige Ausnahmefälle sind zudem offen zu legen, zu begründen und in der Wirkung auf Periodenergebnis, Vermögenswerte, Schulden, Eigenkapital und *cash flow* zu quantifizieren (IAS 1.18). Der missbräuchlichen Verwendung des *true and fair* durch die bilanzierende Praxis wird damit ein relativ stabiler Riegel vorgeschoben.

Es bleiben dem Anwender allerdings andere Argumente, insbesondere das der fehlenden Wesentlichkeit *(materiality)*. Auf unwesentliche Sachverhalte brauchen die Einzelregeln nicht angewendet zu werden. Eine derartige Vorschrift ist sinnvoll und eigentlich unvermeidlich. Sie sorgt jedoch dafür, dass neben der verriegelten *true-and-fair*-Tür eine andere weit geöffnet wird.

8 Zusammenfassung

Das Regelwerk des IASB hat einen **dreistufigen Aufbau**:

- die Einzelstandards IAS 1 bis 41, zukünftig ergänzt durch IFRS 1 ff.,
- die Interpretationen des Interpretations Committee (SIC, zukünftig IFRIC),

- das *Framework* (F), in dem Ziele, Anforderungen und Elemente der Rechnungslegung definiert werden.

Die angegebene Reihenfolge ist immer zu berücksichtigen. Die Einzelstandards IAS 1 bis 41 gehen den Interpretationen und dem *Framework* vor.
Als Zielsetzung des Jahresabschlusses wird im *Framework* die Befriedigung von Informationsbedürfnissen durch entscheidungsnützliche Informationen definiert (***decision usefulness***). Hierbei wird davon ausgegangen, dass ökonomische Entscheidungen von Bilanzadressaten vor allem eine Beurteilung der Fähigkeit des Unternehmens, Cash zu generieren, voraussetzen. Da sich in dieser Hinsicht der Informationsbedarf von Gläubigern nicht wirklich von dem von Investoren unterscheidet, können weder der **Gläubigerschutz** noch das **Vorsichtsprinzip** übergeordnete Gesichtspunkte der IAS-Rechnungslegung sein. Wichtiger ist die periodengerechte Gewinnermittlung. Sie kann z. B. den Ansatz von Wertpapieren über den Anschaffungskosten oder die vorzeitige Ertragsrealisierung bei langfristiger Fertigung gebieten.
In der Definition der ***assets*** (Vermögenswerte) unterscheidet sich das *Framework* kaum vom HGB. Anders bei den ***liabilities*** (Schulden). Sie umfassen nach IAS nur Außenverpflichtungen. Rückstellungen für unterlassene Instandhaltung sind beispielsweise unzulässig.
Der Jahresabschluss umfasst neben

- Bilanz (*balance sheet*),
- GuV (*income statement*) und
- Anhang (*notes*) auch eine
- Eigenkapitalveränderungsrechnung (*statement of changes in equity*) und eine
- Kapitalflussrechnung (*cash flow statement*).

Das IAS-Regelwerk weist im Vergleich zum HGB geringere Wahlrechte beim Bilanzansatz und bei der Bewertung und größere Wahlrechte bei **Gliederung und Darstellung** auf. Bei vielen Wahlrechten treffen die IAS eine ausdrückliche Unterscheidung zwischen einem Regelfall (*benchmark treatment*) und einer zulässigen Alternative (*allowed alternative treatment*). Die Anwendung der Alternativmethode ist in der Regel durch Anhangangaben diskriminiert.

Die IAS-Vorschriften werden vom Grundsatz der Wesentlichkeit (***materiality***) überlagert. Er kann z. B. die Zusammenfassung unwesentlicher Posten (Ausweis) oder den Verzicht auf eine im konkreten Fall unwesentliche Abzinsung einer Rückstellung ermöglichen (Bewertung). In der praktischen Arbeit hat der *materiality*-Aspekt vor allem bei den Anhangsangaben (*notes*) eine starke Entlastungswirkung.

Das Prinzip der ***true and fair presentation*** soll die IAS-Rechnungslegung prägen. Der Grundsatz ist jedoch kein „*overriding principle*", das dem Anwender Abweichungen von den Einzelregeln erlauben würde.

C Immaterielles und Sachanlagevermögen

1 Ausweis und Untergliederung

Unterposten

Die IAS-Bilanz ist, mit Ausnahme von Banken, nicht nach der Liquiditätsnähe zu gliedern, sondern nach der Fristigkeit. Die Aktivseite der IAS-Bilanz ist dann in langfristige Vermögenswerte einerseits und kurzfristige Vermögenswerte andererseits zu unterteilen. Wie in Kapitel B „Struktur und Grundannahmen des IFRS-Regelwerks" dargestellt entsprechen die langfristigen Vermögenswerte dabei im Wesentlichen dem Anlagevermögen nach HGB. Innerhalb des Anlagevermögens selbst sind vier Kategorien zu unterscheiden:

- Immaterielle Vermögenswerte des Anlagevermögens.
- Sachanlagen.
- Investive Grundstücke und Bauten (*investment properties*).
- Finanzanlagen.

investment properties

Nur die *investment properties* finden in der HGB-Bilanz keine Entsprechung. Sie beinhalten Grundstücke und Bauten, die einerseits kein Umlaufvermögen darstellen, andererseits aber nicht vom Betrieb selbst genutzt werden, sondern zum Beispiel vermietet werden. Aufgrund der fehlenden Einbindung in die betrieblichen Prozesse und der funktionalen Nähe zu Finanzinvestments sieht IAS 40 einen gesonderten Ausweis und besondere Bewertungsvorschriften vor. Im Einzelnen wird hierzu auf Abschnitt 4.3 verwiesen. Für die weitere Untergliederung der Posten des Anlagevermögens bietet sich folgender Gliederungsvorschlag an:

Gliederungsvorschlag Anlagevermögen

ANLAGEVERMÖGEN		
Immaterielle Vermögenswerte ***(Intangible Assets)***		
Geschäfts- oder Firmenwert	XX	
Software	XX	
Lizenzen	XX	
Gewerbliche Schutzrechte und Konzessionen	XX	
Rezepte, Know-how usw.	XX	
Warenzeichen, Markennamen, Verlagsrechte	XX	**XX**
Sachanlagen ***(Property, Plant, Equipment)***		
Unbebaute Grundstücke	XX	
Grundstücke und Gebäude	XX	
Maschinen und technische Anlagen	XX	
Betriebsausstattung	XX	
Geschäftsausstattung	XX	**XX**
Nicht betrieblich genutzte Grundstücke ***(Investment Properties)***		**XX**
Finanzanlagen ***(Financial Assets)***		
equity-Beteiligungen	XX	
Sonstige Finanzanlagen	XX	**XX**
		XX

Eine tiefere Untergliederung ist ebenso möglich wie eine Zusammenfassung der Unterposten. Nach IAS 1.72 ist dabei auf die Wesentlichkeit der Posten und ihre Funktionsgleichheit abzustellen. Diese Begriffe bleiben unbestimmt und lassen deshalb Ermessensspielräume.

Von den vier genannten Untergruppen des Anlagevermögens werden in diesem Kapitel drei behandelt. Die Darstellung der Finanzanlagen erfolgt gesondert in Kapitel D „Finanzvermögen“. Diese Abweichung von dem sonstigen, an der HGB-Gliederung orientierten Vorgehen ist notwendig, um das sowohl kurzfristiges wie langfristiges Finanzvermögen umfassende Bewertungssystem des IAS in Sachen *financial assets* verständlich zu machen.

2 Bilanzansatz

2.1 Allgemeine Aktivierungsvoraussetzungen

Ein Aktivposten ist nach F. 49 u. 83 in der Bilanz dann zu erfassen, wenn ein Vermögenswert vorliegt,

Vermögenswert

- der einen künftigen wirtschaftlichen **Nutzen** repräsentiert,
- über den das Unternehmen wirtschaftliche **Verfügungsmacht** hat und

dieser Vermögenswert aktivierungsfähig ist, d. h.,

aktivierbarer Vermögenswert

- der Zufluss des künftigen wirtschaftlichen Nutzens **wahrscheinlich** ist und
- seine Anschaffungs- oder Herstellungskosten oder ein anderer Wert (z. B. Nutzenwert) verlässlich ermittelt bzw. ge**messen** werden können.

Zwischen einem Vermögenswert nach IAS und einem Vermögensgegenstand oder Rechnungsabgrenzungsposten nach HGB können aufgrund der beiden ersten Kriterien grundsätzlich Unterschiede bestehen. Aus theoretischer Sicht lassen sich etwa Argumente finden, dass Werbeaufwendungen einen Vermögenswert nach IAS, aber keinen Vermögensgegenstand nach HGB darstellen. Werbeaufwendungen sind jedoch auf Stufe 2 (Kriterien 3 und 4) auch nach IAS nicht aktivierungsfähig. Für viele Fälle gilt deshalb folgende Formel:

- Vermögenswert ≠ Vermögensgegenstand

  aber

- aktivierbarer Vermögenswert = aktivierbarer Vermögensgegenstand

Bei theoretischen Unterschieden überwiegen die praktischen Gemeinsamkeiten zwischen IAS und HGB.

Tipp

Mit einigen nachfolgend erläuterten Ausnahmen beim immateriellen Anlagevermögen bestehen keine relevanten Unterschiede zwischen den Aktivierungsvoraussetzungen nach IAS und HGB.

2.2 Besonderheiten beim immateriellen Anlagevermögen

2.2.1 Aktivierung derivativer und originärer Immaterialgüter

Die Bilanzierung immaterieller Vermögenswerte (*intangible assets*) ist geregelt:

- für das immaterielle Anlagevermögen allgemein in IAS 38,
- für den Goodwill in IAS 22 (zukünftig IFRS 3),
- für immaterielles Umlaufvermögen in IAS 2 und IAS 11.

IAS 38 konzentriert sich zunächst darauf, die allgemeinen Kriterien eines aktivierungsfähigen Vermögenswertes für den speziellen Fall immaterieller Vermögenswerte zu konkretisieren. Hierbei spielen vier Kriterien eine vorrangige Rolle:

- Identifizierbarkeit,
- Verfügungsmacht,
- künftiger wirtschaftlicher Nutzen und
- zuverlässige Messbarkeit der Kosten.

1. Identifizierbarkeit

Unter dem Aspekt der Identifizierbarkeit wird verlangt, dass ein (sonstiger) immaterieller Vermögenswert eindeutig vom Geschäfts- oder Firmenwert unterschieden werden kann (IAS 38.10). Grundlage dieser Unterscheidbarkeit kann die wirtschaftliche Separierbarkeit oder die rechtliche Eigenständigkeit sein. Im wirtschaftlichen Fall ist der Vermögenswert in der Weise separierbar, dass er selbstständig vermietet, verkauft oder getauscht werden kann, ohne gleichzeitig das ganze Unternehmen zu vermieten oder zu veräußern. Bei rechtlicher Eigenständigkeit, d. h. bei vertraglich oder gesetzlich verankerten Werten, kommt es zukünftig auf die Separierbarkeit nicht an (ED IAS 38.11).

2. Verfügungsmacht

Die Verfügungsmacht als zweites Kriterium drückt sich vor allem darin aus, dass der Zugriff Dritter beschränkt werden kann (IAS 38.13). Ein typisches Beispiel sind Urheberrechte, die gerichtlich gegen Verletzungen durchgesetzt werden können.

3. Nutzen
4. Kosten

Der dritte und vierte Aspekt, die Nutzen- und Kostenbeurteilung, bereiten z. B. beim Erwerb ganzer Unternehmen Schwierigkeiten. Der Erwerbspreis kann nur insoweit auch einzelnen immateriellen Vermögensgegenständen zugeordnet werden, als durch Marktpreise, Erfahrungen mit vergleichbaren Geschäftsfällen oder indirekte Schätzmethoden eine Bestimmung des beizulegenden Zeitwertes möglich ist (IAS 38.27 ff.). Zur Wirkung der Kriterien das nachfolgende Beispiel:

Beispiel

1. Die SolarSun GmbH hat Geschäftsräume und Auslieferungslager von Wanneeickel nach Freiburg verlegt, da sich der alte Standort im Hinblick auf das Produktangebot als imageschädlich erwiesen hat.
2. Die GmbH hat über das Maß von Wettbewerbern hinaus in die Ausbildung der Mitarbeiter investiert und kann die zusätzlichen Mitarbeiterfähigkeiten verlässlich identifizieren.
3. Die GmbH hat ein *post-acquisition*-Team eingerichtet, das die Kunden intensiv nach Erwerb von Solaranlagen betreut. Hierdurch konnte nachweisbar die Kundenloyalität und Markentreue gesteigert werden.
4. G hat als Gesellschafter der GmbH ein gewerbliches Schutzrecht eingelegt. Das Kapital der GmbH ist im Gegenzug um nominal 100 TEUR erhöht worden. Gemessen am realen Unternehmenswert hat der G gewährte Kapitalanteil von 100 TEUR einen realen Wert von 1.000 TEUR. Dies ist auch der Zeitwert der Einlage.
5. Die SolarSun GmbH hat im Dezember eine Vorauszahlung an die Rainbow Werbeagentur geleistet für eine Kampagne, die im Januar starten wird.

Beurteilung:

1. Die Aktivierung der Umzugsaufwendungen als immaterieller Vermögenswert Standortvorteil scheitert bereits daran, dass **Standortvorteile** in aller Regel nicht vom Geschäfts- oder Firmenwert unterscheidbar und damit **nicht identifizierbar** sind.
2. Auch wenn das Unternehmen in der Lage ist, die zusätzlichen **Mitarbeiterfähigkeiten** zu identifizieren, hat es doch **keine Verfügungsmacht** über den voraussichtlichen künftigen wirtschaftlichen Nutzen, der durch das besser qualifizierte Team erwächst. Die Arbeitnehmer können zur Konkurrenz abwandern. Der Zugriff Dritter auf den wirtschaftlichen Nutzen ist deshalb nicht auf Dauer beschränkt (IAS 38.15).

3. Die Schaffung zusätzlicher **Kundenloyalität** stellt einen wirtschaftlichen Wert dar. Eine Aktivierung kommt jedoch nicht in Frage. Das Unternehmen kann die Kundenloyalität nicht auf Dauer kontrollieren (**fehlende Verfügungsmacht**). Die Loyalität lässt sich auch **nicht** zuverlässig vom Geschäfts- oder Firmenwert **separieren** (IAS 38.51).
4. Das gewerbliche **Schutzrecht** erfüllt alle Voraussetzungen für die Aktivierung. Insbesondere können die Kosten des Vermögenswertes zuverlässig als Anschaffungskosten be**messen** werden. Die Anschaffungskosten entsprechen dem beizulegenden Zeitwert des emittierten Eigenkapitals. Anders als nach HGB besteht kein Wahlrecht zwischen 1.000 oder 100 TEUR. Das Schutzrecht ist mit 1.000 TEUR anzusetzen.
5. Die Vorauszahlung an die Werbeagentur führt nach HGB zu einem Rechnungsabgrenzungsposten gemäß § 250 HGB, da die Ausgabe dem Aufwand vorauseilt. IAS differenziert nicht zwischen Vermögensgegenständen und Rechnungsabgrenzungsposten. Die Vorauszahlung stellt ein *prepayment* dar und kann als solches im Umlaufvermögen ausgewiesen werden.

Spezielle Unterschiede zwischen immateriellem Vermögen nach IAS und HGB ergeben sich beim

- Goodwill (Kapitel C 4.1 „Immaterielles und Sachanlagevermögen; Goodwill und Badwill")und
- den Ingangsetzungsaufwendungen.

Aktivierungsverbot *start-up-costs*

Nach § 248 Abs. 1 HGB unterliegen nur die Kosten der rechtlichen Gründung des Unternehmens und der Eigenkapitalbeschaffung einem zwingenden Aktivierungsverbot. Aufwendungen für die wirtschaftliche und organisatorische Ingangsetzung des Geschäftsbetriebes dürfen hingegen nach § 269 HGB als Bilanzierungshilfe aktiviert werden. IAS 38.57a sieht demgegenüber für jede Art von *start-up-costs* ein Aktivierungsverbot vor. Das Aktivierungsverbot gilt nicht nur für Kosten der rechtlichen Gründung, sondern ebenso für Ingangsetzungsaufwendungen, wie sie etwa bei der Schulung von Mitarbeitern, beim Aufbau der Organisation oder bei der Eröffnungswerbung anfallen.

Außer den genannten speziellen Abweichungen besteht noch ein allgemeiner Unterschied zum HGB. Während § 248 HGB originäres immaterielles Anlagevermögen uneingeschränkt mit einem Aktivierungsverbot belegt und insoweit völlig anders behandelt als derivative Werte, trifft IAS 38 nur graduelle Differenzierungen zwischen beiden Fällen. Die o. g. Voraussetzungen der Aktivierung von Immaterialgütern sind gleichermaßen von originären und derivativen Immaterialgütern zu erfüllen. Bei originären Vermögenswerten muss allerdings eine Zusatzbedingung erfüllt sein: Der Herstellungsprozess muss die frühe, konzeptionelle Phase (= Forschung) hinter sich gelassen und in ein fortgeschrittenes Stadium (= Entwicklung) eingetreten sein. Die nachfolgende Abbildung fasst Gemeinsamkeiten und Unterschiede zusammen. Detailausführungen zu Forschungs- und Entwicklungsphase finden sich in Kapitel 2.2.3 „Forschungs- und Entwicklungsaufwendungen“.

Immaterielles Anlagevermögen
Aktivierungsvoraussetzungen IAS 38.19 ff.

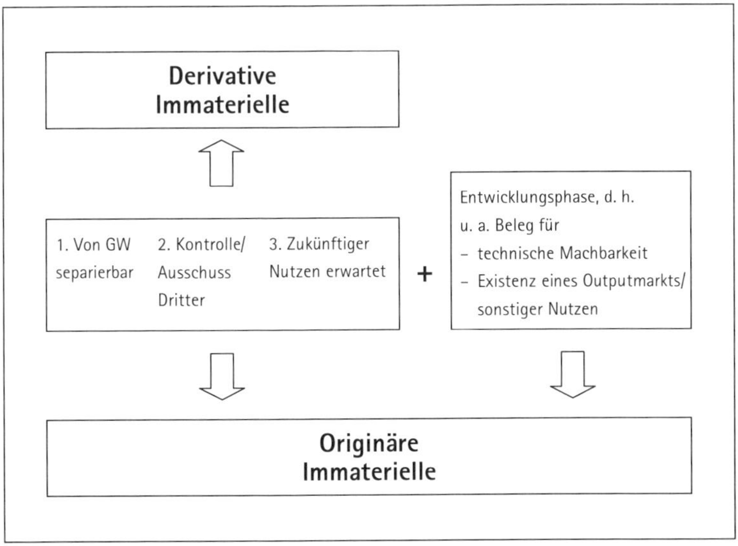

2.2.2 Änderungen durch ED 3 und ED IAS 38: Immaterielles Anlagevermögen beim Unternehmenserwerb

Bei einem Unternehmenserwerb stellt sich die Frage, inwieweit der über das materielle Vermögen hinausgehende Kaufpreis auf immaterielle Einzelgüter entfällt oder Goodwill ist. In der Vergangenheit wurde mit diesem Problem großzügig und pragmatisch nach der Devise „Im Zweifel Goodwill" umgegangen. Genauere Untersuchungen über die Aktivierungsfähigkeit von Einzelgütern schienen entbehrlich. Als Rechtfertigung für dieses Vorgehen konnte dienen, dass sowohl die Einzelgüter als auch der Goodwill in den Folgeperioden planmäßig abzuschreiben waren. Nach dem Änderungsentwurf ED 3, der an die Stelle von IAS 22 tritt, soll der Goodwill keiner planmäßigen Abschreibung mehr unterliegen.

Unterscheidung zw. Einzelgütern und Goodwill unerlässlich.

Die genaue Unterscheidung zwischen i. d. R. planmäßig abschreibbaren Einzelgütern und Goodwill wird damit unerlässlich. Aus diesem Grunde sind die Ansatzkriterien für solche immateriellen Vermögenswerte erleichtert worden, die in einer *business combination* erworben werden. Zukünftig soll es gem. ED 3.43 hinsichtlich des Ansatzes immaterieller Vermögenswerte nur noch darauf ankommen, dass sie

- auf einer vertraglichen oder rechtlichen Grundlage beruhen oder
- durch Verkauf, Übertragung, Lizenzierung, Verpachtung, Tausch usw. vom Unternehmen separiert werden können.

Wahrscheinlichkeit des Nutzens und Zuverlässigkeit der Messung sollen in solchen Fällen nicht mehr diskussionsfähig sein. Nach den Ausführungen in ED IAS 38.29-30 wäre vielmehr unwiderlegbar von der Erfüllung dieser Voraussetzungen auszugehen. Damit könnte sich die Praxis zukünftig nicht mehr der Frage entziehen, welche Vorteile als aktivierbare Einzelvermögenswerte in Frage kommen. ED 3 *Business Combinations* enthält in einem ergänzenden Teil *Illustrative Examples* hierzu eine umfangreiche Liste, die in ihren wesentlichen Teilen in der nachfolgenden Tabelle wiedergegeben ist. Die Tabelle kann schon für die Anwendung des jetzigen Rechtes als Leitlinie dienen mit der Besonderheit, dass nach jetzigem Recht die Wahrscheinlichkeit des Nutzens und die Zuverlässigkeit der Messung auch in *business-combination*-Fällen individuell zu prüfen sind.

A. *Marketing-related Intangibles*
Warenzeichen
Internet Domain Name
Trade Dress (Firmenlogos etc.)
Newspaper Mastheads (Zeitungsnamen)
vertragliche Wettbewerbsverbote
B. *Customer-related Intangibles*
Kundenliste
Auftragsbestand
Kundenverträge
nichtvertragliche Kundenbeziehungen, soweit separierbar
C. *Artistic-related Intangibles*
Urheberrechte, Lizenzrechte usw. an Werken von Literatur, Oper, Musik, Film und Funk, bildender Kunst und Fotographie
D. *Contract-based Intangibles*
Dienst-, Werk- und Leasingverträge, in dem Maße, in dem sie gemessen am Markt vorteilhaft sind (bei „Einkaufskontrakten" Preis unter Marktpreis, bei „Verkaufskontrakten" Preis über Marktpreis)
Mineralgewinnungsrechte, Ausbeutungsrechte
Fernseh-, Rundfunk-, Telefonlizenzen
Landerechte und ähnliche Luftfahrtlizenzen, Lizenzen zum Betrieb mautpflichtiger Verkehrswege
E. *Technology-based Intangibles*
Patente
urheberrechtlich geschützte Software
rechtlich geschützte Datenbasen
ungeschütztes Know-how, Rezepte, Datenbasen, Geschäftsgeheimnisse usw., soweit separierbar

2.2.3 Forschungs- und Entwicklungsaufwendungen

IAS 38.7 und 38.42 ff. treffen eine Unterscheidung zwischen Forschungsaufwendungen und Entwicklungsaufwendungen. Abgrenzung FuE

- Als Forschung gilt die eigenständige und planmäßige Untersuchung mit der Aussicht, zu neuen wissenschaftlichen oder technischen Erkenntnissen zu gelangen.

- Entwicklung ist die Anwendung von Forschungsergebnissen oder von anderem Wissen mit dem Ziel der Verbesserung und Innovation von Materialien, Vorrichtungen, Produkten oder Verfahren.

Die Entwicklungsphase nimmt häufig eine Zwischenstellung zwischen der Forschung und der Aufnahme der kommerziellen Produktion ein. Die Abgrenzung kann im Einzelfall schwierig sein. Soweit sie bei einem Projekt nicht gelingt, sind alle Projektkosten als Forschungsaufwendungen zu behandeln.

Entwicklung aktivieren, wenn ...

Während Forschungsaufwendungen einem Aktivierungsverbot unterliegen, sind Entwicklungsaufwendungen unter bestimmten Voraussetzungen aktivierungspflichtig. Entwicklungskosten müssen dazu gemäß IAS 38.45 folgende Bedingungen erfüllen:

1. realisierbar

- technologische Realisierbarkeit (*technical feasibility*) des Projekts,

2. Nutzen

- Nutzen des immateriellen Vermögenswertes entweder im Unternehmen selbst oder durch die nachgewiesene Existenz eines Marktes für den immateriellen Vermögenswert selbst oder seinen Produktions-Output,

3. Ressourcen

- Verfügbarkeit der Ressourcen zur Vollendung und Nutzung des immateriellen Vermögenswertes.

Vor allem das Kriterium der technischen Realisierbarkeit ist unscharf und eröffnet faktische bilanzpolitische Spielräume. Deutlich wird dies etwa am Beispiel der Softwareentwicklung. Die technische Realisierbarkeit lässt sich hier in analoger Anwendung des entsprechenden amerikanischen Rechnungslegungsstandards SFAS 86[3] über die Komplettierung eines detaillierten Programmdesigns definieren. Die Schwierigkeit in der Anwendung dieser Definition liegt darin, „*that there is no such thing as a real, specific, baseline design. But you could make it look like you have one as early or as late as you like.*“[4]

---

[3] Statement of Financial Accounting Standards 86: Accounting for the Costs of Computer Software to be Sold, Licenzed or Otherwise Marketed.

[4] Osmand Orlop, Forbes 16.6.1986, S. 72 ff.

Tipp

Da, um das Zitat aufzugreifen, keine greifbare Grenze zwischen Forschung und Entwicklung besteht, werden ein formelles Aktivierungsverbot für die Forschungsphase und ein formelles Aktivierungsgebot für die Entwicklungsphase faktisch zu einem Ansatzwahlrecht. Die Praxis nutzt dies in unterschiedlicher Weise: Während Microsoft seit langem sämtliche FuE-Posten aufwandswirksam behandelt, hat Oracle aufgrund einer anderen Ertragssituation bis in die neunziger Jahre einen beträchtlichen Anteil dieser Kosten aktiviert.

Bilanzpolitik FuE

Die bilanzpolitischen Möglichkeiten erweitern sich noch dadurch, dass IAS 38.41 für den Fall einer fehlenden Unterscheidungsmöglichkeit zwischen Forschungs- und Entwicklungsphase vorsieht, alle mit dem betreffenden Projekt verbundenen Ausgaben so zu behandeln, als ob sie lediglich in der Forschungsphase angefallen wären.

Beispiel

Die Software-GmbH bringt Anfang 2003 ein neues Business-to-Business-Produkt auf den Markt. Die FuE-Aufwendungen der Jahre 2000, 2001 und 2002 belaufen sich jeweils auf 500 TEUR. Der als Aktivierungsobergrenze dienende erzielbare Betrag (*recoverable amount*) wird Ende 2001 auf 500 TEUR und Ende 2002 auf 900 TEUR geschätzt. Das Projekt hat in 2000 als Forschungsvorhaben begonnen und ist in den Jahren 2001, stärker noch in 2002 in die Entwicklungsphase übergegangen. Die Software-GmbH hat drei Alternativen:

1. Sie erfasst die gesamten 1.500 TEUR als Aufwand mit dem Argument, dass der Übergang zwischen Forschungs- und Entwicklungsphase fließend und eine klare Trennung nicht möglich gewesen sei. Nach IAS 38.41 müssten deshalb sämtliche Aufwendungen als Forschungsaufwendungen behandelt und von der Aktivierung ausgeschlossen werden.
2. Die Software-GmbH definiert die Aufwendungen bis einschließlich 2001 noch als Forschungsaufwendungen und findet Gründe dafür, dass Ende 2001/Anfang 2002 die Entwicklungsphase begonnen hat. Die Software-GmbH behandelt demgemäß 1.000 TEUR als Forschungsaufwand der ersten beiden Jahre und aktiviert 500 TEUR als Entwicklungsleistung im dritten Jahr.

3. Die Software-GmbH legt den Schnittpunkt zwischen Forschungs- und Entwicklungsphase auf den Jahreswechsel 2000/2001 (auch ein unterjähriger Zeitpunkt käme in Frage). Sie behandelt demgemäß 500 TEUR als aufwandswirksam und aktiviert 500 TEUR in 2001 und weitere 500 TEUR in 2002. Der Aktivierungsbetrag von insgesamt 1.000 TEUR liegt jedoch über dem *recoverable amount* von 900 TEUR per 31.12.2002. Unter Anwendung von IAS 36 „Wertminderung von Vermögenswerten" werden deshalb weitere 100 TEUR abschreibungsweise in den Aufwand genommen. Insgesamt werden 600 TEUR (500 in 2000, 100 in 2002) aufwandswirksam behandelt.

Erstellung einer Web-Site

Der Forschungs- und Entwicklungsbegriff von IAS umfasst nicht nur klassische Fälle wie die Erfindung neuer Produktionstechnologien, neuer Medikamente usw. Er dient vielmehr allgemein der Abgrenzung zwischen einem frühen, konzeptionellen Stadium der Herstellung eines immateriellen Gutes und einem späteren, fortgeschritteneren Stadium. Deutlich wird dieser erweiterte Begriffsumfang am Beispiel der in SIC 32 behandelten Erstellung einer Web-Site:

Beispiel

Die Less-is-More GmbH produziert und vertreibt über den Handel minimalistisch designte, dafür aber hochpreisige Haushaltsutensilien wie Korkenzieher, Saftpressen etc. Angesichts des jungen und fortschrittlichen Kundenkreises hat man bereits früh auch eine Web-Site erstellt, die einerseits Direktbestellungen ermöglicht, andererseits die Less-is-more-Philosophie verbreitet. Die Erstellung der Web-Site verlief in folgenden Phasen:

1. Machbarkeitsstudie, Formulierung Hard- und Softwareanforderungen.
2. Applikation: Entwicklung und Test der Software.
3. Graphikdesign.
4. a) Contententwicklung für Direktbestellsystem.
4. b) Dito für philosophischen Teil.
5. Im Übrigen wird die Seite laufend gewartet und mit Updates versehen.

Beurteilung:

1. Die Machbarkeitsstudie verursacht nichtaktivierungsfähige Forschungsaufwendungen.

2. und 3. Applikation und Graphikdesign sind unter der Voraussetzung nachgewiesener Machbarkeit und nachgewiesenen Nutzens als Entwicklungsaufwendungen zu aktivieren.

4. a) Für die Contententwicklung gilt in Bezug auf die Direktbestellungen das Gleiche.

4. b) Nicht aktivierungsfähig sind hingegen die Aufwendungen für den philosophischen Teil. Sie sind Werbeaufwand und daher gem. IAS 38.57 mit einem generellen Aktivierungsverbot belegt.

5. Laufende Wartung und Updates sind Instandhaltungsaufwand und daher nicht zu aktivieren.

3 Bewertung

3.1 Übersicht

Die Bewertung des Anlagevermögens ist im Wesentlichen geregelt:

- hinsichtlich der Zugangsbewertung zu Anschaffungskosten und Herstellungskosten in IAS 16 für Sachanlagevermögen und in IAS 38 für immaterielles Anlagevermögen,
- hinsichtlich planmäßiger Abschreibungen und einer eventuellen Neubewertung ebenfalls in IAS 16 und IAS 38,
- hinsichtlich außerplanmäßiger Abschreibungen in IAS 36.

Daneben sind IAS 23 für die eventuelle Aktivierung von Fremdkapitalzinsen und IAS 20 für die Behandlung öffentlicher Investitionszuschüsse zu beachten sowie IAS 21 für Anschaffungen in Fremdwährungen.

Unterschiede IAS – HGB

Die Unterschiede zur handelsrechtlichen Bewertung liegen vor allem in folgenden Bereichen:

- andere Gewinnrealisierungsgrundsätze beim Tausch,
- Einbeziehung von Rückbau-, Rekultivierungs- und ähnlichen Verpflichtungen in die Anschaffungs-/Herstellungskosten,
- Aktivierungspflicht für Herstellungsgemeinkosten,

- Verbot steuerlich motivierter Abschreibungen,
- Wahlrecht zum Ansatz eines über dem fortgeführten Buchwert liegenden Neuwertes.

Die ersten drei Punkte betreffen Fragen der Zugangsbewertung (*initial measurement*), die beiden anderen Punkte Fragen der Folgebewertung (*subsequent measurement*).

3.2 Zugangsbewertung

3.2.1 Anschaffungskosten, insbesondere Tausch- und Zuschussfälle

Anschaffung: auch Nebenkosten

Die Anschaffungskostendefinition aus IAS 16.16 unterscheidet sich mit Ausnahme der ohnehin eher in Herstellungsfällen relevanten Rückbaukosten nicht wesentlich von den Regelungen des § 255 Abs. 1 HGB. Auch die Anschaffungskosten nach IAS umfassen alle Aufwendungen, die geleistet werden müssen, um einen Vermögensgegenstand zu erwerben und ihn in einen betriebsbereiten Zustand zu versetzen. Anschaffungsnebenkosten für Frachten und Verkehrssteuern sind daher ebenso einzubeziehen wie Kosten der Installation.

Gewinn Tauschfälle ... HGB: Wahlrecht

Ein erster Unterschied zum Handelsrecht ergibt sich in Tauschfällen. Nach herrschender Meinung besteht in der Handelsbilanz ein Wahlrecht. Der Vorgang kann gewinnrealisierend behandelt werden, wobei sich dann die Anschaffungskosten des neuen Vermögensgegenstandes nach dem Zeitwert des hingegebenen Vermögensgegenstandes bestimmen. Stattdessen ist es aber auch zulässig, den Vorgang gewinnneutral zu gestalten, d. h. den angeschafften Anlagegegenstand mit dem Buchwert des hingegebenen anzusetzen.

... IAS: u. U. Gebot

Gegenüber diesem uneingeschränkten Wahlrecht der Handelsbilanz sieht IAS 16.24 f. eine sachliche Differenzierung für Tauschfälle vor:

- Soweit der Tausch die zukünftigen Cashflows wesentlich verändert, hat er wirtschaftlichen Gehalt (*commercial substance*) und ist daher erfogswirksam. Der Zeitwert des hingegebenen Gegenstandes bestimmt die Anschaffungskosten des erworbenen.
- Soweit die Transaktion keinen wirtschaftlichen Gehalt hat (oder die Zeitwerte nicht bestimmbar sind), ist der Buchwert fortzuführen.

Beispiel

Die MovieBrother Cologne AG verlegt ihre Büros von Köln-Rodenkirchen nach Köln-Hürth. Sie erhält im Tausch ein Gebäude ähnlicher Größe, Ausstattung und ähnlichen Alters. Der Buchwert des Rodenkirchener Gebäudes beträgt 500 TEUR, der Verkehrswert 800 TEUR. Beim Tausch muss die AG 200 TEUR zuzahlen. In der Handelsbilanz verzichtet sie auf eine Gewinnrealisierung. Dieser HGB-Ansatz soll für die IAS-Bilanz möglichst beibehalten werden.

Eine Beibehaltung scheitert an dem Geldbetrag. Er führt zu einer wesentlichen Änderung der Cashflows. Das neue Gebäude ist mit 1.000 TEUR zu aktivieren. Beim Abgang des alten Gebäudes entsteht ein Gewinn von 300 TEUR.

Buchungen HGB:

Gebäude Neu		700 TEUR	
an	Gebäude Alt		500 TEUR
an	Bank		200 TEUR

Buchungen IAS:

Gebäude Neu		1.000 TEUR	
an	Gebäude Alt		500 TEUR
an	Bank		200 TEUR
an	Ertrag		300 TEUR

Investitionszuwendungen: ... HGB: Wahlrecht

Für die Behandlung öffentlicher Investitionszuwendungen sieht sowohl das deutsche Steuerrecht (R. 34 Abs. 2 EStR) als auch das deutsche Handelsrecht ein Bewertungswahlrecht vor: Die Investitionszuschüsse können entweder sofort erfolgswirksam vereinnahmt oder durch Anschaffungskostenkürzung bzw. einen Sonderposten über die Abschreibungsdauer realisiert werden.

... IAS: Verteilung

IAS 20.24 ff. verpflichtet demgegenüber zur zeitlichen Verteilung des Zuschusses. Die Verteilung ist zwingend. Lediglich im Ausweis besteht ein Wahlrecht zwischen Passivierung eines Sonderpostens für abgegrenztes Einkommen (*deferred income*) oder einem direkten Abzug von dem Buchwert des Anlagegegenstandes.

Beispiel

Die MovieBrother Cologne AG hat aus dem Filmförderungsprogramm NRW für ein digitales Aufnahmesystem einen Zuschuss von 200 TEUR erhalten. Die Anschaffungskosten vor Zuschuss betragen 1.000 TEUR. Die Abschreibungsdauer beläuft sich auf vier Jahre. In der Handelsbilanz wurde der Zuschuss sofort vereinnahmt und demgemäß eine Jahresabschreibung von 250 TEUR angesetzt.

Nach IAS 20.24 ff. ist eine sofortige Vereinnahmung nicht zulässig. Die AG hat lediglich ein Ausweiswahlrecht. Sie kann die Anschaffungskosten kürzen und eine Jahresabschreibung von 200 TEUR ausweisen. Alternativ kann sie bei ungekürzten Anschaffungskosten und einer Abschreibung von 250 TEUR einen Sonderposten (*deferred income*) ausweisen, der jährlich mit 50 TEUR ertragswirksam aufgelöst wird.

3.2.2 Herstellungskosten: Gemeinkosten, Fremdkapitalzinsen sowie Rückbau- und ähnliche Verpflichtungen

Gemeinkosten bei aktivierter Eigenleistung

Während IAS 2 „Vorräte" den Umfang und die Ermittlung der Herstellungskosten des Vorratsvermögens ausführlich erläutert, sind die entsprechenden Hinweise für selbsterstellte Anlagen in IAS 16 und IAS 38 eher dürftig. Teilweise wird auf die Regelungen zum Vorratsvermögen verwiesen (IAS 16.22 und 38.54). Im Wesentlichen bleibt es bei dem Hinweis, dass die Kosten selbst erstellter Anlagen (*self-constructed assets)* nach den gleichen Grundsätzen zu ermitteln sind wie die erworbener Anlagen (IAS 16.18). Vor diesem Hintergrund war es strittig, ob, wie beim Vorratsvermögen (vgl. Kapitel E „Vorräte, Fertigungsaufträge, Ertragsrealisierung"), auch bei selbst erstellten Anlagen eine Pflicht zur Einbeziehung von Gemeinkosten besteht:

- Nach dem *direct costing approach* sollte eine Gemeinkostenaktivierung unterbleiben.
- Nach dem *full costing approach* sollen die Gemeinkosten wie bei den Vorräten aktivierungspflichtig sein.

Die erste Auffassung kann inzwischen als überholt angesehen werden. IAS 16.22 nimmt nur interne Gewinne und abnorme Gemeinkosten (volle Umlage von Kosten unterbeschäftigter Produktionsfaktoren) aus.

Soweit sich die Herstellung (oder Anschaffung) eines Vermögensgegenstandes über einen längeren Zeitraum hinzieht und der Herstellung Fremdkapitalzinsen direkt zurechenbar sind, sieht IAS 23 ein Wahlrecht vor. Die Fremdkapitalzinsen können entweder

Wahlrecht FK-Zinsen

- sofort als Aufwand verrechnet werden (*benchmark treatment*) oder
- aktiviert werden (*allowed alternative treatment*).

Besondere Regelungen bestehen schließlich sowohl in Anschaffungs- wie in Herstellungsfällen für Rückbau-, Entfernungs-, Abbruch-, Rekultivierungs- und ähnliche Verpflichtungen. In der handelsrechtlichen Bilanz wirken sich derartige Verpflichtungen in der Form einer Ansammlungsrückstellung aus. Die Rückstellung wird kontinuierlich über die Nutzungsdauer (in Ausbeutungsfällen auch nach dem Ausbeutungsvolumen) gebildet. Nach IAS 37 ist eine erforderliche Rückstellung sofort zu bilden. Die Gegenbuchung erfolgt jedoch nicht im Aufwand, sondern bei den Anschaffungs-/Herstellungskosten des Anlagegegenstandes (IAS 16.16c).

Rückbaupflicht: per HK an Rückstellung

Beispiel

Die MovieBrother Cologne AG nimmt in einem gemieteten Studiogebäude umfangreiche, aktivierungspflichtige Mietereinbauten mit ihren eigenen Technikern vor. Einzel- und Gemeinkosten der Herstellung belaufen sich auf jeweils 500 TEUR. Während der Bauzeit fallen 50 TEUR direkt zurechenbare Fremdkapitalzinsen an. Die AG ist verpflichtet, die Einbauten am Ende des Mietvertrages zu entfernen. Die geschätzten Kosten hierfür betragen 100 TEUR. Handelsrechtlich hat die AG auf die Einbeziehung der Gemeinkosten und der Zinsen in die Herstellungskosten verzichtet (§ 255 Abs. 2 S. 3 und Abs. 3 S. 2 HGB), also insgesamt 500 TEUR aktiviert. In der Überleitung zum IAS-Abschluss wünscht die AG möglichst wenig Veränderung.

Nach herrschender Auffassung muss die AG neben den Einzelkosten auch die **Gemeinkosten** im IAS-Abschluss aktivieren. Von der Aktivierung der Fremdkapitalzinsen kann sie gemäß dem *benchmark treatment* nach IAS 23.7 absehen. Sie muss jedoch die **Rückbauverpflichtung** sofort einbuchen. Unter Vernachlässigung der Abzinsungsvorschrift nach IAS 37.45 f. setzt die AG daher den Mietereinbau mit 1.100 TEUR an.

3.2.3 Nachträgliche Anschaffungs- und Herstellungskosten versus Erhaltungsaufwand

Nach § 255 Abs. 2 S. 1 HGB sind Herstellungskosten auch solche Aufwendungen, die bei der Erweiterung oder bei über den ursprünglichen Zustand hinausgehenden wesentlichen Verbesserungen eines Vermögensgegenstandes entstehen. Das IdW sieht in WFA 1/1996 bezogen auf Gebäude eine Verbesserung dann als gegeben an, wenn die Nutzungsdauer des Gebäudes verlängert wird oder sich die Gebrauchsmöglichkeit qualitativ wesentlich verbessert. Insbesondere bei Aufwendungen, die im engen zeitlichen Zusammenhang mit der Anschaffung entstehen, sei es nahe liegend, eine wesentliche Verbesserung anzunehmen, jedenfalls dann, wenn im Verhältnis zum Kaufpreis hohe Aufwendungen vorliegen. Diese Regelung entspricht weitgehend auch dem Steuerrecht (mit der Ausnahme, dass für anschaffungsnahe Aufwendungen durch R 157 Abs. 4 EStR eine schematisierte 15-%-Grenze vorgegeben ist).

nachträglicher Aufwand

Die bisherigen Regelungen in IAS 16.24 stimmten im Wesentlichen mit den handelsrechtlichen Regelungen überein. Nachträgliche Aufwendungen auf Sachanlagevermögen waren dann als Herstellungskosten zu behandeln, wenn:

- die **Kapazität** erweitert wird oder
- sich die **Nutzungsdauer** verlängert oder
- eine substanzielle Verbesserung der **Qualität** vorliegt.
- Nach IAS 16.26 lagen Herstellungskosten außerdem dann vor, wenn der Anschaffungspreis einen **Renovierungsrückstau** berücksichtigt.

Die Neufassung von IAS 16 enthält keine derartigen konkreten Beispiele mehr. Stattdessen verweisen IAS 16.12 ff. nunmehr auf die allgemeinen Aktivierungsvoraussetzungen, insbesondere auf den erwarteten Nutzen. Die Neufassung hat u. E. eher redaktionellen als materiellen Charakter. In den o. g. Fällen liegt regelmäßig eine Erhöhung des Nutzens gegenüber dem Zustand vor nachträglichem Aufwand vor. Damit ist der Aufwand zu aktivieren.

3.3 Folgebewertung

3.3.1 Planmäßige Abschreibung von Sachanlagen

Zur planmäßigen Abschreibung von Sachanlagevermögen fordert IAS 16.50,

- das Abschreibungsvolumen
- auf systematischer Grundlage
- über die Nutzungsdauer zu verteilen.

Das Abschreibungsvolumen ergibt sich grundsätzlich zwar nach Abzug eines erwarteten Rest- bzw. Schrottwertes. Der Restwert ist jedoch nur dann zu berücksichtigen, wenn er von materieller Bedeutung ist. Insoweit besteht kein grundsätzlicher Unterschied zum HGB.[5]

keine steuerlichen Abschreibungen

Da die gewählte Abschreibungsmethode den wirtschaftlichen Verbrauch widerspiegeln soll, sind steuerlich motivierte Abschreibungen gemäß § 254 HGB nach IAS nicht zulässig. Hieraus ergeben sich insbesondere in Fällen von Sonderabschreibungen und degressiven Gebäudeabschreibungen Abweichungen zwischen Handelsbilanz und IAS-Bilanz.

Tipp

GWG-Abschreibungen führen hingegen im Allgemeinen nicht zu einer Abweichung zwischen IAS und HGB. GWG-Abschreibungen sind auch außersteuerlich über den Grundsatz der *materiality* zu rechtfertigen. Entsprechend ist auch gegen die Anwendung der Halbjahres-Vereinfachungsregel in der IAS-Bilanz im Allgemeinen nichts einzuwenden.

Im Übrigen sind mit der Neufassung des § 298 HGB durch das TransPuG steuerrechtliche Abschreibungen nunmehr auch in der handelsrechtlichen Konzernbilanz unzulässig. Wie nach IAS stellt sich damit auch im Handelsrecht nunmehr die Frage der Zulässigkeit von GWG-Abschreibungen, typisierten Gebäudeabschreibungen usw.

---

5 Vgl. Berger/Ring, in: Beck'scher BilKomm, 5. Aufl., § 253, Anm. 223 und ADS, § 253, Anm. 415.

Als systematische Abschreibungsmethoden kommen sowohl die lineare Abschreibung (*straight line*) als auch die degressive Abschreibung analog § 7 Abs. 2 EStG in Frage. Im Einzelfall können auch leistungsabhängige Abschreibungen geboten sein.

Die Abschreibungsverrechnung ist für jeden Teilbereich eines Vermögenswertes (*each part of an item*) getrennt zu bestimmen (IAS 16.43), wenn diese Teile einen wesentlichen Teil der Anschaffungskosten ausmachen. Als Beispiel werden in IAS 16.44 der Flugzeugkörper und die Triebwerke „separiert". Die Frage ist allerdings, **wie weit** man bei der praktischen Anwendung in der Separierung des Vermögenswertes für Abschreibungszwecke gehen muss bzw. kann. Hierzu folgendes Beispiel:

Beispiel

U hat ein **Bürogebäude** mit einer technischen Nutzungsdauer des Baukörpers von 100 Jahren errichtet. Das **Gebäude** lässt sich „zerlegen" in

1. Bauköper,
2. Dacheindeckung,
3. Fenster,
4. Elektroanlage,
5. Klimatisierung und Heizung,
6. übrige Sanitärinstallation.

a) Die Führung unterschiedlicher Abschreibungsverläufe für jede dieser Komponenten ist nicht praktikabel. Man wird daher nicht beanstanden können, wenn aus Vereinfachungsgründen eine **Zusammenfassung** in Bauwerk einerseits (Positionen 1 bis 3) und technische Ausstattung andererseits (Positionen 4 bis 6) erfolgt.

b) Eine Gesamtbetrachtung erscheint aber ebenfalls zulässig: U geht von einer erforderlichen Generalüberholung nach 40 Jahren aus, um das Gebäude an die dann aktuellen Nutzungsbedürfnisse anzupassen. Dabei werden nach Einschätzung von U zwar Eingriffe an den technischen Einrichtungen im Vordergrund stehen, aber in diesem Zusammenhang auch Wände aufgestemmt oder versetzt, Treppen und Eingänge neu gestaltet usw.

Er unterstellt deshalb insgesamt eine wirtschaftliche Nutzungsdauer von 40 Jahren.
Den zu erwartenden Restwert berücksichtigt er durch Kürzung der Abschreibungsbemessungsgrundlage.

Auch bei einem Fahrzeug kann trotz unterschiedlicher Nutzungsdauer von Motor, Getriebe, Karosserie eine einheitliche Abschreibung gerechtfertigt sein: Abgesehen vom für die Abschreibung irrrelevanten Fall eines vorzeitigen Motor- oder Getriebeschadens auf den ersten 150.000 km, wird ein Motor- oder Getriebetotalschaden i. d. R. nicht repariert, sondern führt zur Verschrottung des Fahrzeuges. Die längere technische Lebensdauer der Karosserie ist daher wirtschaftlich irrelevant. Die gesamte Abschreibung ist über die ungefähr gleich einzuschätzende Nutzungsdauer von Motor und Getriebe vorzunehmen.

3.3.2 Planmäßige Abschreibung von immateriellen Anlagen

Die Abschreibung immateriellen Anlagevermögens, als *amortisation* von der *depreciation* im Sachanlagevermögen unterschieden, unterliegt den Regelungen von IAS 38. Folgende Unterschiede bestehen nach derzeitigem Recht gegenüber Sachanlagen:

amortisation vs. depreciation

- Der Restwert immateriellen Anlagevermögens ist grundsätzlich mit null anzunehmen.
- Im Zweifel sollte die lineare Abschreibungsmethode angewandt werden.
- Die Abschreibungsdauer sollte grundsätzlich nicht mehr als 20 Jahre betragen (IAS 38.79 ff.).

Die drei Annahmen sind widerlegbar. Im Fall der vertraglich gesicherten Rechte ergibt sich z. B. aus einer Vertragslaufzeit, die über 20 Jahre hinausreicht, eine Widerlegung der allgemeinen Nutzungsdauervermutung.
Der Änderungsentwurf ED IAS 38 streicht nicht nur die widerlegbare Vermutung der 20-jährigen Nutzungsdauer. Er führt darüber hinaus eine Kategorie nicht abschreibbarer Vermögenswerte unbestimmter Nutzungsdauer ein (ED IAS 38.103).

Beispiel

Die Mobilstream hat eine Mobilfunklizenz erworben. Der Lizenzzeitraum beträgt 15 Jahre. Danach kann die Lizenz gegen eine im Verhältnis zu den Anschaffungskosten nur symbolische Gebühr verlängert werden. Die Lizenz hat ein *indefinite life*. Der rechtliche Ablauf nach 15 Jahren ist ohne Bedeutung, weil eine Erneuerung/Verlängerung zu niedrigen Kosten möglich ist. Zwar kann sich die Lizenz auch wirtschaftlich und technisch (neue Medien, Frequenzen etc.) erledigen. Es ist jedoch ungewiss, wann. Insoweit bleibt es beim „*indefinite life*", d. h. einer nicht „ewigen", aber unbestimmten Nutzungsdauer. Eine planmäßige Abschreibung entfällt.

Tipp

Auch Warenzeichen, Markenrechte usw. sind i. d. R. zu niedrigen Kosten verlängerbar und damit nicht planmäßig abzuschreiben.

3.3.3 Außerplanmäßige Abschreibungen auf Einzelvermögenswerte

Wertmaßstäbe IAS 36

Von weitem betrachtet sehen die Ausführungen in IAS 36 zur außerplanmäßigen Abschreibung schon aufgrund ihres Umfangs sehr eindrucksvoll aus. Dies lässt erwarten, dass wenig Fragen offen bleiben. Wenn man sich dem Standard über das Inhaltsverzeichnis nähert, sieht er schon viel weniger gut aus. Wenn man ihn aber wirklich liest, sieht er einigermaßen grausam aus. Es beginnt allerdings harmlos mit drei Begriffen:

- **Nettoveräußerungswert** (*net selling price*) ist der potenzielle Veräußerungspreis abzüglich Veräußerungskosten.
- **Nutzwert** oder Ertragswert (*value in use*) ist der Barwert der geschätzten zukünftigen Cashflows aus dem Vermögenswert.
- **Erzielbarer Wert** (*recoverable amount*) ist der höhere der beiden vorgenannten Werte.

Die nachstehende Abbildung zeigt den Zusammenhang der drei Größen.

Erzielbarer Betrag (*recoverable amount*)

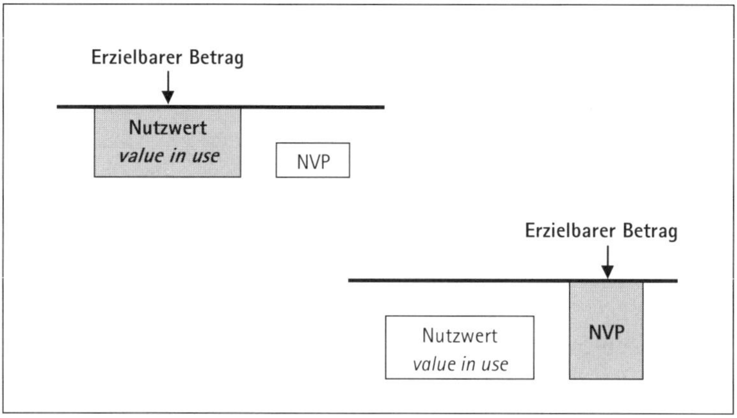

Eine außerplanmäßige Abschreibung ist erst dann geboten, wenn der erzielbare Betrag, d. h. sowohl der Nettoveräußerungswert als auch der Ertragswert, unter dem Buchwert liegen. Die ökonomische Logik dieses Ansatzes ist vergleichbar der einer Unternehmensbewertung. Bei der Unternehmensbewertung gilt der Liquidationswert als Wertuntergrenze. Liegt der Ertragswert eines Unternehmens über seinem Liquidationswert, so ist es rational, das Unternehmen fortzuführen. Der Fortführungswert wird dann eben durch den Ertragswert zum Ausdruck gebracht. Liegt der Ertragswert hingegen unter seinem Liquidationswert, so ist es rational, das Unternehmen zu liquidieren. In diesem Fall ist der Liquidationswert der rationale Unternehmenswert.

Ertragswertorientierung: theoretisch logisch

IAS 36 wendet dieses Gedankengut auf einzelne Vermögensgegenstände an. Damit beginnen die Schwierigkeiten: Für die meisten Vermögenswerte des Anlagevermögens lässt sich ein individueller Ertragswert nicht ermitteln, da sie Erträge nicht unabhängig von anderen Vermögenswerten generieren können. Sie erzeugen Erträge nur im Verbund. Das Ertragswertkriterium scheint insoweit untauglich. IAS 36 „löst" dieses Verbundproblem jedoch auf anspruchsvolle Weise.

... aber unpraktikabel

Es ist zunächst die Zahlungsmittel generierende Einheit CGU (*cash-generating unit*) zu bestimmen. Die kleinste, am wenigsten aggre-

CGU-Theorie: *value in use*

gierte Gruppe von Vermögenswerten, die einen gemeinsamen und „im Großen und Ganzen“ von anderen Vermögenswerten oder Gruppen von Vermögenswerten unabhängigen Cashflow generieren. Für diese CGU ist dann eine begründete Cashflow-Prognose aufzustellen, ein geeigneter, risikoadäquater Abzinsungszinssatz zu wählen und hieraus der Barwert der Gruppe zu ermitteln. Dieser Barwert der Gruppe ist sodann mit dem Buchwert der Gruppe zu vergleichen. Soweit der Barwert bzw. Ertragswert der Gruppe unterhalb des Buchwerts, aber noch oberhalb des Nettoveräußerungswertes liegt, ist eine Abschreibung auf den *value in use* geboten. Die Höhe der einzelnen Abschreibungen steht aber immer noch nicht fest, da nun wieder der Weg zurück von der Gruppenbetrachtung zum Einzelgegenstand gewählt werden muss. Der Abschreibungsbetrag der Gruppe muss nach komplexen Verfahren, die gegebenenfalls auch einen Teilgeschäftswert einbeziehen, verteilt werden.

Vereinfachung in IAS selbst

Einige Ausnahmefälle wie die drastische Marktverschlechterung bei einer kompletten Produktlinie ausgenommen, erweist sich dieser Ansatz aus IAS 36 als überkompliziert. Vereinfachungen sind deshalb geboten. Erste Vereinfachungshinweise gibt es schon in IAS 36.16 ff. selbst: Eine außerplanmäßige Abschreibung scheidet bereits dann aus, wenn eine der beiden Größen Nettoveräußerungswert oder Ertragswert über dem Buchwert liegt. Auf die komplexe Bestimmung des Ertragswertes kann deshalb verzichtet werden, wenn der Nettoveräußerungswert höher als der Buchwert ist. Die Ertragswertermittlung ist aber auch dann nicht notwendig, wenn es keinen Grund gibt, anzunehmen („*no reason to believe*“), dass sich Nettoveräußerungswert und Ertragswert materiell unterscheiden. Die Abschreibung erfolgt dann einfach auf den Nettoveräußerungswert.

Praktikerlösung

Aus praktischer Sicht relativieren sich die Regelungen zur CGU noch weiter, wie auch ein Vergleich zum HGB zeigt. Der beizulegende Wert nach § 253 Abs. 2 S. 3 HGB wird für den Bereich des Anlagevermögens regelmäßig über den Wiederbeschaffungswert definiert. In der Bilanzierungspraxis spielt der Wiederbeschaffungswert hingegen nur ausnahmsweise eine Rolle.

Beispiel

Die ABC GmbH ist mit drei Produktlinien am Markt vertreten. Zum Ende des Geschäftsjahres erwirbt sie je 50 neue Büro-PCs (zusammen 150) für die Vertriebsorganisationen der drei Produktbereiche. Bis zum Bilanzstichtag ereignet sich noch Folgendes:

1. Wegen der allgemeinen Tendenz auf dem PC-Markt betragen die Wiederbeschaffungspreise zum Bilanzstichtag nur die Hälfte der Anschaffungspreise.
2. 25 PCs im Bereich B werden durch einen Wasserschaden vernichtet.
3. Die Produkte des Bereichs C geraten unter Toxitätsverdacht, der Markt bricht (zunächst) zusammen.

In der praktischen **HGB-Bilanz** spielt der Wiederbeschaffungswert faktisch keine Rolle.

1. Im Produktbereich A wird der höhere Buchwert angesetzt.
2. Im Produktbereich B werden die 25 schrottreifen PCs ausgebucht.
3. Der Produktbereich C gibt 25 PCs an den Produktbereich B ab. Für die anderen 25 PCs wird noch überlegt. Soweit der Produktbereich C mit geänderten Formeln und auf kleinerem Niveau fortgesetzt werden soll und dabei positive Erträge, jedenfalls mittelfristig, wieder erwartet werden, wird von einer Abschreibung der PCs abgesehen. Soweit man eher die Einstellung des Produktbereichs C für wahrscheinlich hält, wird zunächst die zukünftige Verwendung der 25 PCs in den anderen Produktbereichen geprüft. Nur soweit auch dieses verneint wird, wird man eine Abschreibung vornehmen, jedoch nicht auf den Wiederbeschaffungswert oder den *value in use*, sondern auf den Nettoveräußerungswert, da die 25 PCs in diesem Falle gerade nicht mehr dauernd dem Betrieb dienen sollen.

Die theoretisch so im Vordergrund stehenden Größen des Wiederbeschaffungswertes bzw. *value in use* spielt in keinem der drei Fälle eine Rolle.

In der **IAS-Bilanz** kommen trotz theoretisch ganz unterschiedlichem Ausgangspunkt die gleichen Bilanzierungsentscheidungen zum Tragen wie im handelsrechtlichen Abschluss.

Tipp

Dass nichts so heiß gegessen, wie es gekocht wird, zeigt sich in diesem Fall in besonderer Weise. Auch ohne die komplexen Ansätze des HGB- und IAS-Schrifttums findet die Bilanzierungspraxis zu einfachen und m. E. richtigen Lösungen.

Das nachfolgende Prüfschema behandelt die praxisrelevanten Unterscheidungen.

Prüfschema: *impairment* nach IAS 36

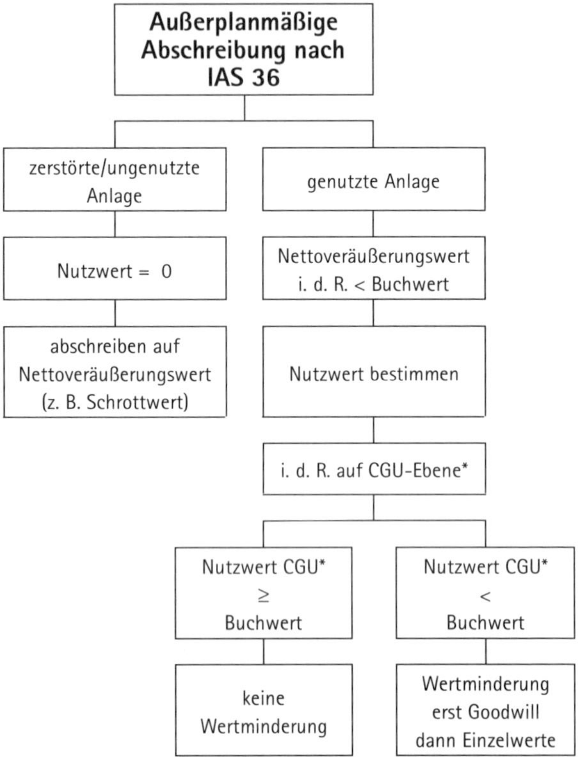

* CGU = *cash-generating unit* = Zahlungsmittel generierende Einheit

3.3.4 Wertaufholung und Neubewertung

IAS 16, 36 und 38 unterscheiden zwei Fälle der Zuschreibung:

- Wertaufholung nach vorangegangener außerplanmäßiger Abschreibung (IAS 36.99),
- Neubewertung (*revaluation*) zwecks Ansatzes eines über den fortgeführten historischen Anschaffungskosten liegenden Tageswertes (IAS 16.31 und 38.64).

Die erste Variante entspricht dem Handelsrecht mit der Abweichung, dass das Zuschreibungsgebot nach IAS rechtsformunabhängig ist und nicht nur für Kapitalgesellschaften besteht. Die zweite Variante steht im Widerspruch zum Anschaffungskostenprinzip des HGB. Nach IAS sind Zuschreibungen auch über die fortgeführten Anschaffungskosten hinaus möglich. Als wesentliche Einschränkung ist nur zu beachten ist, dass das Wahlrecht zwischen Neubewertung und fortgeführten Anschaffungskosten nicht fallweise ausgeübt werden darf. Innerhalb einer Gruppe von Anlagegegenständen müssen entweder alle Vermögensgegenstände neu bewertet werden oder alle zu fortgeführten Anschaffungskosten ausgewiesen werden.
Das unterscheidet die Neubewertung nach IAS 16 von der einmalig im Rahmen des IAS-Übergangs zulässigen Neubewertung in der IAS-Eröffnungsbilanz. Nach IFRS 1 kann das entsprechende Wahlrecht in der Eröffnungsbilanz per Inventar ausgeübt werden (vgl. Kapitel L „Einführung von IFRS“).

Neubewertung: *per Aktivum an Rücklage*

Die Neubewertung erfolgt in der Regel (soweit nicht in der Vergangenheit eine außerplanmäßige Abschreibung vorgenommen wurde) erfolgsneutral gegen eine Neubewertungsrücklage (*revaluation surplus*). Bei Abgang des Anlagegutes wird die Neubewertungsrücklage erfolgsneutral in die Gewinnrücklagen umgegliedert (IAS 16.39 u. 38.78). Eine erfolgswirksame Auflösung würde zum zutreffenden Totalerfolg führen, ist aber nach h. M. durch den Wortlaut von IAS 16 und 38 nicht gedeckt.

Beispiel

Die Forever GmbH verfügt nur über ein einziges Betriebsgrundstück mit einem Buchwert von 0,1 Mio. EUR und einem in 01 durch vereidigten Gutachter festgestellten Zeitwert von 1,1 Mio. EUR. Der Zeitwert ändert sich bis 05 nicht. Das Grundstück wird in 05 für 1,2 Mio. EUR veräußert. Die GmbH wünscht einen möglichst hohen Bilanzansatz in 01 ff. und einen möglichst hohen Erfolg in 05. Die GmbH bucht ohne Berücksichtigung von Steuern wie folgt:

Buchungen 01:

Grundstück	1,0 Mio. EUR	
an Neubewertungsrücklage		1,0 Mio. EUR

Buchungen 05 (herrschende Meinung):

Bank	1,2 Mio. EUR	
an Grundstück		1,1 Mio. EUR
an Ertrag		0,1 Mio. EUR
Neubewertungsrücklage	1,0 Mio. EUR	
an Gewinnrücklage		1,0 Mio. EUR

Bei Berücksichtigung latenter Steuern (vgl. Kapitel I „Tatsächliche und latente Steuern") kompliziert sich die strittige Auflösungsfrage weiter. Bei einem Steuersatz von 50 % wären folgende Buchungen vorzunehmen:

Buchungen 01:

Grundstück	1,0 Mio. EUR	
an Neubewertungsrücklage		0,5 Mio. EUR
an Passive latente Steuern		0,5 Mio. EUR

Buchungen 05 (strittig):

Bank	1,2 Mio. EUR	
an Grundstück		1,1 Mio. EUR
an Ertrag		0,1 Mio. EUR
Neubewertungsrücklage	0,5 Mio. EUR	
Passive latente Steuern	0,5 Mio. EUR	
an Gewinnrücklage		0,5 Mio. EUR
an Steuerverbindlichkeit		0,5 Mio. EUR
Steueraufwand	0,05 Mio. EUR	
an Steuerverbindlichkeit		0,05 Mio. EUR

4 Sonderfälle

4.1 Goodwill und Badwill

4.1.1 Behandlung nach IAS 22

Die Behandlung eines positiven und negativen Firmenwertes ist in IAS 22 geregelt. Die wesentlichen Unterschiede zum Handelsrecht sind wie folgt:

- Aktivierungspflicht für den positiven Geschäftswert, d. h. Unzulässigkeit sowohl der sofortigen Aufwandsverrechnung (§ 255 Abs. 4 S. 1 HGB) als auch der erfolgsneutralen Rücklagenverrechnung (§ 309 Abs. 1 S. 3 HGB).

Goodwill aktivierungspflichtig

- Einheitliche Vorschriften für Einzel- und Konzernabschluss gegenüber den insoweit unterschiedlichen Regelungen des HGB (§ 255 Abs. 4 HGB versus § 301 Abs. 3 HGB u. § 309 HGB).
- Im Unterschied zum HGB, das einen negativen Geschäftswert (passiver Unterschiedsbetrag) nur für die Konzernbilanz vorsieht, lässt IAS 22.59 ff. demzufolge einen Badwill sowohl im Konzernabschluss als auch im Einzelabschluss zu.

Badwill auch in Einzelbilanz

Als Abschreibungshöchstdauer für den positiven Geschäftswert sieht IAS 22.44 in widerlegbarer Vermutung 20 Jahre vor. Eine längere Nutzungsdauer ist in den *notes* im Detail zu begründen (IAS 22.50 c). Im Übrigen gibt IAS 22.48 eine Reihe von Faktoren vor, wie etwa die Stabilität der Branche oder die erwarteten Aktionen von Wettbewerbern, die als Grundlage für eine Schätzung der Nutzungsdauer dienen.

Neben der Aktivierungspflicht des derivativen Firmenwertes besteht der Hauptunterschied zum HGB-Einzelabschluss in der Regelung des negativen Geschäftswertes. Hierzu ein erstes Beispiel:

Beispiel

E erwirbt ein pyrotechnisches Unternehmen mit folgenden Daten: Der Buchwert der Aktiva beträgt 10 Mio. EUR, ihr Zeitwert 20 Mio. EUR. Der Erwerber übernimmt keine Verbindlichkeiten. Der Ertragswert des Unternehmens beträgt ebenfalls 20 Mio. EUR. Als Kaufpreis werden 10 Mio. EUR vereinbart.

Die Abweichung zwischen Kaufpreis und Zeit- und Ertragswert erklärt sich wie folgt: Das Unternehmen hat mit ordentlichen Warnhinweisen Feuerwerk in die USA geliefert. Bei unsachgemäßer Umverpackung durch den in den USA für das Feuerwerk lizenzierten Abnehmer kommen vier Arbeiter zu Tode. Das Unternehmen wird auf 40 Mio. US-Dollar verklagt. Sein Versicherungsschutz für derartige Fälle beträgt 5 Mio. US-Dollar. Die Wahrscheinlichkeit, mit einem über 5 Mio. US-Dollar hinausgehenden Betrag verurteilt zu werden, wird von den Rechtsanwälten als niedrig eingeschätzt. Eine Rückstellung kann deshalb nicht passiviert werden. Die Warnhinweise waren ordentlich. Abnehmer waren keine Endverbraucher, sondern in den USA lizenzierte Fachleute. Wegen des Überraschungspotenzials amerikanischer Geschworenenverfahren bleibt jedoch ein Restrisiko. Die Parteien berücksichtigen dies durch einen Abschlag von 10 Mio. EUR beim Kaufpreis. Das Restrisiko liegt sowohl nach IAS als auch nach HGB wegen der Unwahrscheinlichkeit eines negativen Ausgangs unterhalb der Rückstellungsschwelle. Dennoch ist es nicht ganz auszuschließen und wird deshalb bei der Kaufpreis-Findung berücksichtigt.

Der HGB-Abschluss (von Veräußerer und Erwerber) ignoriert dieses Moment. Dem Kaufpreis von 10 Mio. EUR steht ein Buchwert der Aktiva von ebenfalls 10 Mio. EUR gegenüber. Ein negativer Geschäftswert für den möglichen Verlust wird in der Erwerberbilanz nicht ausgewiesen. Der negative Geschäftswert wird auf diese Weise still mit den Reserven in den Aktiva saldiert. Soweit es sich bei den Aktiva um abschreibbares Anlagevermögen oder um Vorräte handelt, wird demzufolge auch die Ertragslage der Folgeperioden unzutreffend wiedergegeben. Abschreibungen und Materialaufwand der Folgejahre sind zu niedrig, der Gewinn ist überhöht.

IAS 22.61 wählt deshalb einen anderen Ansatz: Die *assets* werden mit 20 Mio. EUR erfasst, der negative Geschäftswert mit 10 Mio. EUR. Er wird sachlich und zeitlich richtig dann ertragswirksam aufgelöst, wenn feststeht, dass mit einem negativen Ausgang des Gerichtsverfahrens nicht mehr zu rechnen ist.

Abstockung HGB-Bilanz

Die Verwerfungen, die sich aus der fehlenden Regelung zum negativen Geschäftswert in der handelsrechtlichen Einzelbilanz ergeben, sind noch größer, wenn der Kaufpreis unterhalb des Buchwertes liegt. Der buchhalterische Ausgleich in der HGB-Bilanz ist dann nur über eine Abstockung des Aktivvermögens herzustellen.

Beispiel

Das vorstehende Beispiel wird dahingehend variiert, dass auch der Buchwert bereits 20 Mio. EUR beträgt. Bei einem Kaufpreis von nach wie vor 10 Mio. EUR befürwortet nun die (noch) herrschende Meinung handelsrechtlich eine Abstockung der Aktiva. Die Aktiva werden mit 10 Mio. EUR, d. h. nur zur Hälfte ihres Buch- und Zeitwertes, ausgewiesen. Der negative Geschäftswert wird im Abstockungswege still verrechnet.

Die vorstehende „Lösung" des HGB stößt an ihre Grenzen, wenn es sich bei den Aktiva um monetäre Vermögensgegenstände, etwa liquide Mittel oder Wertpapiere, handelt, vor allem aber wenn insgesamt zu wenig Abstockungsvolumen vorhanden ist.

Beispiel

Ein deutscher Autohersteller möchte sein englisches Tochterunternehmen veräußern. Aktiv- und Passivvermögen betragen zu Buch- und Zeitwerten jeweils 100 Mio. EUR. Das Eigenkapital somit 0. Das Aktivvermögen entfällt zu 1/2 auf Sachgüter und zu 1/2 auf monetäre Güter. Der deutsche Autohersteller ist aus politischen Gründen bereit, dem Erwerber nochmals 120 Mio. EUR zuzuschießen (negativer Kaufpreis).

Die deutsche (Finanz-)Rechtsprechung (Niedersächsisches Finanzgericht XII-706/84 vom 24.10.91 und BFH IV R70/92 vom 21.04.94) favorisiert auch in diesem Fall eine Abstockungslösung. Bedenken kommen allerdings schon hinsichtlich der Abstockung bei monetären Vermögen. Diesen Bedenken Rechnung getragen, bliebe nur ein Abstockungsvolumen von 50 Mio. EUR und somit notwendig ein negativer Geschäftswert von 70 Mio. EUR. Selbst wenn aber die monetären Vermögensgegenstände in die Abstockung einbezogen würden, stünden als Abstockungsvolumen nur 100 Mio. EUR zur Verfügung. In Höhe des Restbetrages von 20 Mio. EUR wäre der Ausweis eines negativen Geschäftswerts (negativer Ausgleichsposten in der Begrifflichkeit des BFH) unabwendbar.

spezifizierter Badwill

Die vorstehenden Beispiele behandeln in der Terminologie von IAS so genannte spezifizierte Fälle des negativen Geschäftswertes. Der Grund für den hinter dem Eigenkapital oder mindestens hinter dem Zeitwert zurückbleibenden Kaufpreis lässt sich jeweils in der Form erwarteter zukünftiger Aufwendungen oder Verluste spezifizieren. IAS 22.61 sieht für derartige spezifizierte Fälle den Ausweis eines negativen Geschäftswertes vor, der bei Eintritt der erwarteten Aufwendungen oder des erwarteten Verlustes ertragswirksam aufzulösen ist.

unspezifizierter Badwill und *lucky buy*

In anderen Fällen fehlt es an einer derartigen Spezifizierbarkeit des negativen Goodwill, sei es, dass der Veräußerer in falscher Einschätzung das Unternehmen unter Wert veräußert hat (*lucky buy*), sei es, dass die gemeinsamen Negativerwartungen von Käufer und Verkäufer nicht näher konkretisierbar und spezifizierbar sind. IAS 22.62 sieht für diesen Fall eines nicht spezifizierten Negativwertes folgende Regelung vor:

- Soweit der negative Goodwill den Zeitwert des nicht monetären Vermögens nicht überschreitet, soll er über die durchschnittliche Abschreibungsdauer des Anlagevermögens gelöst werden.
- Soweit er über dem Zeitwert des nonmonetären Vermögens liegt, soll er sofort ertragswirksam behandelt werden.

Beispiel

E erwirbt ein schuldenfreies Einzelunternehmen zum Kaufpreis von 150 TEUR bei folgenden Daten des schuldenfreien Unternehmens:

Nicht monetäre Aktiva: Buchwert 10 TEUR, Zeitwert 30 TEUR,

monetäre Aktiva: Buch- und Zeitwert von 170 TEUR,

nicht passivierungsfähige, von E zu tragende zukünftige Abfindungs-/Sanierungslasten: 15 TEUR.

Der negative Goodwill berechnet sich aus der Differenz von Kaufpreis und Zeitwert, also von 150 TEUR minus 200 TEUR. Er beläuft sich somit im ersten Schritt auf 50 TEUR. Diese 50 TEUR sind im zweiten Schritt aufzuteilen. Insgesamt ergibt sich folgende Rechnung:

		Auflösung/Ertragswirksamkeit
Kaufpreis	150	
- Zeitwert Vermögen	- 200	
= Negativer Unterschiedsbetrag	50	
- davon spezifizierter Badwill	- 15	bei Wegfall der Ungewissheit (hier: wenn Sanierungslasten feststehen)
= unspezifizierter Badwill	35	
- davon Zeitwert der nicht monetären Aktiva	- 30	nach Durchschnitt Nutzungsdauer nicht monetäre Aktiva
= Überschuss unspez. Badwill über Zeitwert	5	sofortiger Ertrag

Hinsichtlich spezieller Regelungen für Fälle, in denen der Kaufpreis nachträglich, z. B. aufgrund nicht eingehaltener Garantien oder nicht realisierter vereinbarter Ertragsziele, verändert wird, sei noch auf IAS 22.68 ff. und SIC 22 verwiesen.

4.1.2 Zukünftige Regelung nach ED 3

Der IASB hat im Dezember 2002 den Entwurf eines neuen an die Stelle von IAS 22 tretenden Standards vorgelegt (ED IFRS 3 *Business Combinations*). Er führt zu zwei wesentlichen Änderungen in der Behandlung des Goodwill:

negativer Goodwill: sofort Ertrag

- Negativer Goodwill: Jeder negative Unterschiedsbetrag von Anschaffungskosten und *fair value* des erworbenen Vermögens ist kritisch zu hinterfragen: Wurden die Vermögenswerte und Schulden wirklich richtig bewertet? Wurden nicht zu viel stille Reserven angenommen? Wurden alle stillen Lasten aufgedeckt? Ein nach dieser kritischen Prüfung tatsächlich verbleibender negativer Goodwill ist unmittelbar ertragswirksam zu verbuchen (ED 3.55b).

positiver Goodwill: *impairment only*

- Positiver Goodwill: Der positive Goodwill unterliegt nicht mehr der planmäßigen Abschreibung. Er ist nur noch außerplanmäßig, d. h. bei Wertminderung (*impairment*), abschreibbar (ED 3.53 ff).

Dieser *impairment-only-approach* ist der in 2001 neu geschaffenen amerikanischen Vorschrift des SFAS 142 nachgebildet. Wie SFAS 142 sieht auch ED 3 ein zweistufiges Vorgehen vor:

- Stufe 1: Mindestens einmal pro Jahr, bei besonderen Ereignissen (*triggering events*) auch häufiger, erfolgt eine Prüfung, ob eine Indikation für ein *impairment* vorliegt. Die Prüfung der Stufe 1 besteht in einer Gegenüberstellung von Buchwert und *recoverable amount* (i. d. R. Ertragswert) der Einheit (*cash-generating unit*), der der Goodwill zuzurechnen ist. Nur falls danach ein evtl. *impairment* indiziert ist, wird eine Berechnung gem. Stufe 2 erforderlich.
- Stufe 2 ist eine fiktive Kaufpreisaufteilung. An die Stelle des Kaufpreises tritt dabei der aktuell ermittelte *recoverable amount.* Diesem (Ersatz-)Wert werden die einzelnen, identifizierbaren Vermögenswerte und Schulden gegenübergestellt. Ein verbleibender Differenzbetrag stellt den so genannten *implied goodwill* dar. Liegt der *implied goodwill* unter dem Buchwert des Goodwill, ist insofern eine außerplanmäßige Abschreibung vorzunehmen.

Rechnerisch ist beim *impairment-only-approach* folgendes Vorgehen geboten:

Unternehmenswert (anteilig bei nicht 100%iger Tochter)
- Vermögenswerte zum *fair value* (anteilig)
+ Schulden zum *fair value* (anteilig)
= *implied goodwill*
- Buchwert Goodwill
= *impairment goodwill*

Bei nicht 100-prozentiger Tochter (*cash-generating unit*) kann mit dem gleichen Ergebnis auch eine Rechenmethode gewählt werden, die zunächst einen 100-prozentigen Firmenwert (*full goodwill*) ermittelt. Dazu folgendes Beispiel:

Beispiel

Das Telefonunternehmen MU hat Ende 01 für 60 % der Anteile an dem Mobilfunkunternehmen TU 600 bezahlt. Davon entfielen

200 auf das anteilige zu Zeitwerten erfasste Eigenkapital und 400 auf den Goodwill.

In 02 entwickeln sich die Geschäfte der TU schlechter als erwartet. Per 31.12.02 ist ein *impairment* indiziert. Der durch ein Gutachten nach der DCF-Methode festgestellte Unternehmenswert von TU beträgt nun 700. Für die Buchwerte (BW) und Zeitwerte (ZW) der Aktiva und Passiva gilt Folgendes:

Immaterielle Anlagen: BW 120, ZW = 100 (eine Wertberichtigung ist nicht vorzunehmen, da der *value in use* gem. IAS 36 mindestens 120 beträgt).

Sachanlagen:	BW 100, ZW	=	150
Umlaufvermögen	BW = ZW	=	100
Verbindlichkeiten:	BW = ZW	=	100

		100 %	**60 %**
Unternehmenswert		**700**	
- Vermögenswerte zu ZW			
Immaterielle	100		
Sachanlagen	150		
Umlaufvermögen	100	- 350	
+ Schulden zu ZW			
Verbindlichkeiten	100	+ 100	
= ***full goodwill***		450	
davon 60 %			
= ***implied goodwill***			**270**
- Buchwert Goodwill			**400**
= ***impairment***			**130**

Der *impairment-only*-Ansatz bringt eine Fülle von praktischen Problemen mit sich, die ohne Einschaltung von Gutachtern i. d. R. nicht zu lösen sind. Aufwändig sind insbesondere die Wertermittlungen der Stufe 2. Der IASB erwägt daher stattdessen ein 1-stufiges Verfahren. Eine Deckungslücke der Stufe 1 würde danach zunächst als Goodwill-Abschreibung verrechnet. Soweit der Goodwill nicht ausreicht, würde der Rest der Wertlücke auf die anderen Vermögenswerte nach dem Verhältnis der Buchwerte aufgeteilt.

4.2 Leasing und *lease-back*

substance over form

Mit dem im *Framework* festgelegten Grundsatz *substance over form* (F. 35) folgt IAS wie das HGB (vgl. § 246 Abs. 1 S. 2 HGB) dem Grundsatz des wirtschaftlichen Eigentums. Während der Vorrang des wirtschaftlichen Eigentums bei Eigentumsvorbehalten, Treuhandverhältnissen usw. vergleichsweise leicht zu lösen ist, bereitet die Zurechnung von geleasten Vermögensgegenständen geraume Schwierigkeiten.

deutsches (Steuer-)Bilanzrecht

Im HGB selbst finden sich hierzu keine Lösungshinweise. Die deutsche Handelsbilanzpraxis ist tatsächlich von den steuerlichen Erlassen geprägt. Nach diesen Steuererlassen erfolgt eine Zurechnung des Leasinggegenstandes beim Leasingnehmer:

- Bei Spezialleasing.
- In Fällen des Vollamortisationsleasings von mobilen Vermögensgegenständen dann, wenn die Grundmietzeit 90 % der betriebsgewöhnlichen Nutzungsdauer überschreitet oder der Vertrag eine günstige Kauf- oder Mietverlängerungsoption enthält.
- In Fällen des Teilamortisationsleasings mobiler Vermögensgegenstände dann, wenn der Leasinggeber ein Andienungsrecht hat und ihm weniger als 25 % des die Restamortisation übersteigenden Veräußerungserlöses zustehen.
- Für Immobilienleasingverträge gelten Besonderheiten, wobei etwa für den Grund und Boden das 90-%-Kriterium ausscheidet.

operate vs. finance

Die Zurechnungskriterien in IAS 17 weisen starke Parallelen zu den deutschen steuerrechtlichen Regelungen auf. Erste Aufgabe des Bilanzierenden ist es, den Leasingvertrag als *finance lease* mit Zurechnung beim Leasingnehmer oder *operate lease* mit Zurechnung beim Leasinggeber zu qualifizieren.

Ein *finance lease*, d. h. die Zurechnung beim Leasingnehmer, liegt vor, wenn

- die Leasinggegenstände spezialisierter Art sind und dem Grunde nach nur vom Leasingnehmer genutzt werden können (IAS 17.10e) oder
- die Summe aus Grundmietzeit und günstiger, unter dem Marktpreis liegender Optionszeit den größten Teil des ökonomischen Lebens des Vermögensgegenstandes ausmacht (IAS 17.10c) oder

- der Mietvertrag eine günstige, unter dem Marktpreis liegende Kaufoption enthält (IAS 17.10b) oder
- Gewinne oder Verluste aus der Restamortisation dem Leasingnehmer zustehen (IAS 17.11) oder
- der auf den Beginn des Leasingvertrages gerechnete Barwert der Leasingzahlen so gut wie den ganzen Marktwert des Leasinggegenstandes deckt (IAS 17.10d).
- Auch nach IAS gelten für Grund und Boden Sonderregelungen (IAS 17.14). Insbesondere scheidet der Vergleich von Mietzeit und ökonomischer Lebensdauer aus.

Im Vergleich zu den deutschen (steuer)rechtlichen Regelungen besteht ein kleinerer Unterschied darin, dass bei Teilamortisationsverträgen nicht nur die Verteilung der Chance auf eine Wertsteigerung, sondern auch die Verteilung der Risiken bezüglich einer Wertminderung wichtig ist.

IAS-Kriterien ähnlich deutschen

Der größere und wesentliche Unterschied ergibt sich daraus, dass (auch im Unterschied von IAS zu US-GAAP) die IAS-Kriterien nicht quantifiziert werden. Die Aussage, dass die Laufzeit des Leasingverhältnisses den „überwiegenden Teil" der wirtschaftlichen Nutzungsdauer nicht überschreiten darf, wenn die Zurechnung beim Leasinggeber bleiben soll, lässt anders als die Aussage, dass „90 % der betriebsgewöhnlichen Nutzungsdauer" nicht überschritten werden dürfen, Interpretationsspielräume offen.

Tipp

In Grenzbereichen besteht deshalb nach IAS ein faktisches Wahlrecht. Dies gilt nicht nur für das Nutzungsdauerkriterium, sondern auch für das dem deutschen (Steuer-)Recht fremde Barwertkriterium oder für das Kaufoptionskriterium.

... aber: faktische Wahlrechte

Dies eröffnet dem Bilanzierenden nun faktische Wahlrechte.

- Er kann diese Wahlrechte verfahrensökonomisch in dem Sinne nutzen, dass die steuerrechtlich geprägten Entscheidungen der HGB-Bilanz für den IAS-Abschluss beibehalten werden können.
- Er kann aus bilanzpolitischen Gründen im IAS-Abschluss zu anderen Zurechnungen als im HGB-Abschluss gelangen.

Die prinzipielle Übereinstimmung zwischen IAS und Handels-/ Steuerbilanz zeigt auch das nachfolgende Prüfschema.

Prüfschema: Zurechnung Leasingobjekt

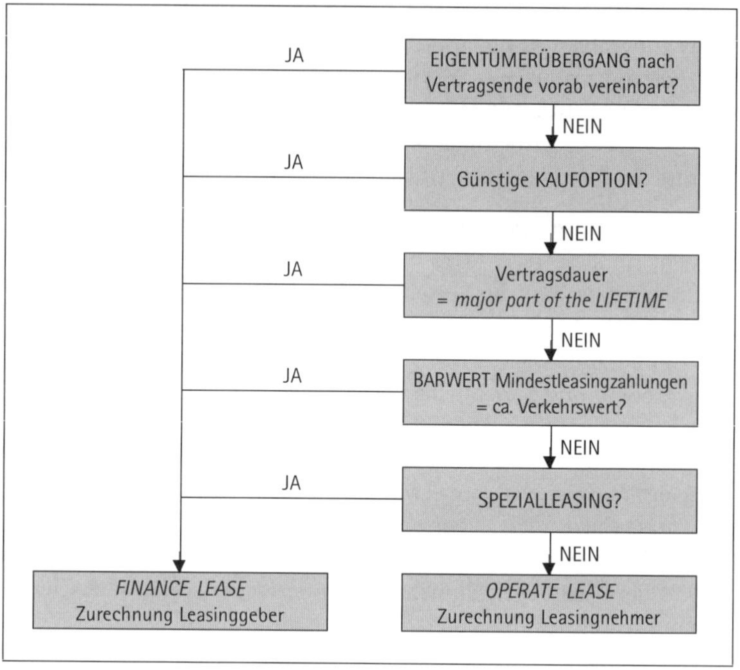

Soweit es zur Zurechnung des Leasinggegenstandes beim Leasingnehmer kommt, bestehen zwischen IAS und deutschem (Steuer-) Recht wiederum nur geringe Unterschiede in der bilanzmäßigen Darstellung:

- Bei Beginn des Leasingvertrages wird der Leasinggegenstand aktiviert und in der Regel in gleicher Höhe eine Verbindlichkeit passiviert.
- Der Leasinggegenstand wird in der Folgezeit abgeschrieben.
- Die laufenden Leasingraten sind in einen Zins- und Tilgungsanteil aufzuteilen.

Ein Unterschied ergibt sich nur daraus, dass die Erstverbuchung nach BMF-Erlass zu den Anschaffungskosten des Leasinggebers erfolgt, während IAS 17.20 auf den Marktwert (*fair value*) oder – falls niedriger – auf den Barwert der Leasingzahlungen abstellt.

Tipp

In der Berechnung dieses Barwerts bestehen wiederum Spielräume. Zwar soll vorrangig der interne Zinssatz des Leasinggebers herangezogen werden. Falls die Bestimmung dieses Zinssatzes jedoch nicht praktikabel ist, kann stattdessen der Zinssatz gewählt werden, den der Leasingnehmer bei (bank-)finanziertem Kauf eines gleichartigen Vermögensgegenstandes hätte zahlen müssen.

sale-and-lease-back

Während IAS einerseits durch unbestimmte Begriffe Ermessensspielräume und Wahlrechte eröffnet, die über die deutsche (Steuer-) Rechtspraxis hinausgehen, werden andererseits die bilanzpolitischen Spielräume an einem wesentlichen Punkt, den *sale-and-lease-back*-Transaktionen, durch IAS eingeengt.

... HGB: Gewinnkosmetik

Die Beliebtheit von *sale-and-lease-back*-Transaktionen in der deutschen Bilanzierungspraxis liegt nicht nur in ihrem Bilanzsummen reduzierenden und damit Eigenkapitalquoten erhöhenden Effekt. Nicht selten werden derartige Transaktionen auch zur Gewinnkosmetik genutzt. In einer ertragsschwachen Situation werden durch Veräußerung über den Buchwert und gegebenenfalls auch über den Marktwert stille Reserven aufgelöst. IAS 17.59 und 17.61 schränken diese Möglichkeiten ein:

... IAS: Gewinn z. T. abgrenzen

- Soweit die *sale-and-lease-back*-Transaktion in einem *finance lease* resultiert, ist der Veräußerungsgewinn als *deferred gain* oder *deferred income* passivisch abzugrenzen und über die Leasingdauer aufzulösen.
- Soweit die Transaktion in einem *operate lease* resultiert und der Veräußerungspreis marktgerecht ist, wird ein sofortiger Veräußerungsgewinn ausgewiesen.
- Soweit der Veräußerungspreis jedoch über dem Marktwert liegt, ist der Gewinn auch beim *operate lease* abzugrenzen und über die Nutzungsdauer (in der Regel Mietdauer) zu vereinnahmen.

Beispiel

Die A-GmbH veräußert ihr Grundstück an eine Leasinggesellschaft und mietet es im *operate leasing* zurück. Der Buchwert beträgt 1.000 TEUR. Auf dem Immobilienmarkt ist für vergleichbare Grundstücke das 12fache der Jahrespacht zu erzielen. Bei einer marktüblichen Jahrespacht von 100 TEUR beträgt der Markt- bzw. Ertragswert des Grundstückes daher 12 x 100 = 1.200 TEUR. Mit der Leasinggesellschaft wird jedoch für 20 Jahre eine Pacht von 150 TEUR p.a. vereinbart. Die Leasinggesellschaft akzeptiert demzufolge einen höheren Veräußerungspreis von 1.800 TEUR (= 12 x 150).

Marktgerecht wäre ein Veräußerungserlös von 1.200 TEUR gewesen. In Höhe der Differenz zum Buchwert, d. h. mit einem Betrag von 200 TEUR, wird ein sofortiger Veräußerungsgewinn ausgewiesen. Die weitere Differenz von 600 TEUR, d. h. der Überschuss über den Marktwert, wird als ***deferred gain*** passivisch abgegrenzt und über die Mietdauer ertragswirksam aufgelöst.

Buchungen HGB:

Bank		1.800 TEUR	
an	Grundstück		1.000 TEUR
an	Ertrag		800 TEUR

Buchungen IAS:

Bank		1.800 TEUR	
an	Grundstück		1.000 TEUR
an	*deferred gain*		600 TEUR
an	Ertrag		200 TEUR

4.3 Nicht betrieblich genutzte Grundstücke – *investment properties*

z. B. vermietete Grundstücke

Auch dem deutschen Bilanzrecht ist der Gedanke nicht fremd, vom Betrieb selbst genutzte Grundstücke anders zu beurteilen als fremdvermietete Grundstücke. Bekannt ist die steuerbilanzielle Unterscheidung von notwendigem und gewillkürtem Betriebsvermögen. Weniger geläufig ist eine Unterscheidung im handelsrechtlichen Schrifttum. In der Abwesenheit von Marktpreisen ist der beizulegende Wert betrieblich genutzter Anlagegegenstände im Normalfall als Wiederbeschaffungswert zu ermitteln. Eine Ertragswertbetrachtung wird dagegen für vermietete Vermögensgegenstände des Anlagevermögens empfohlen.[6] Begründet wird dies damit, dass einem solchen Vermögensgegenstand ein selbstständiger Ertrag zugeordnet werden kann.

Kapitalanlage

Die besondere Behandlung nicht vom Betrieb genutzter Grundstücke nach IAS geht über diese Überlegungen hinaus. Während es in der Steuerbilanz ohnehin nur um die Ansatzfrage (bei Personenunternehmen) geht, greift die handelsrechtliche Literatur zwar das Bewertungsproblem auf, muss es jedoch wegen des Niederstwertprinzips auf Fälle des niedrigeren beizulegenden Wertes beschränken. IAS 40 hingegen eröffnet generell die Möglichkeit der *fair-value*-Bewertung für *investment properties*. Als *investment properties* gelten nach IAS 40.5

- Grundstücke oder Gebäude,
- die nicht zur betrieblichen Nutzung dienen,
- sondern zur Erzielung von Mieten oder langfristigen Wertsteigerungen (Kapitalanlage).

fair-value-Ansatz

Wegen des fehlenden unmittelbaren Bezugs zum Betriebsgeschehen generieren derartige Grundstücke ihre Cashflows weitgehend unabhängig von anderen Vermögensgegenständen des Unternehmens. Sie sollen deshalb nach der bevorzugten, nicht durch zusätzliche Anhangsangaben diskriminierten Methode wie folgt bewertet werden:

- Nur im Zeitpunkt des Zugangs erfolgt der Ansatz zu Anschaffungs- oder Herstellungskosten.
- An den folgenden Bilanzstichtagen soll der Markt- bzw. Zeitwert (*fair value*) angesetzt werden (IAS 40.33).
- Jede Veränderung des Marktwertes ist als Gewinn oder Verlust auszuweisen (IAS 40.35).

wahlweise AK/HK

Die *fair-value*-Methode ist nicht zwingend. Bei Anwendung der alternativen Kostenmethode (fortgeführte Anschaffungs- bzw. Her-

---

[6] Vgl. Berger/Ring, in: Beck'scher BilKomm, 5. Aufl., § 253, Anm. 290.

stellungskosten) sind jedoch umfangreichere Anhangsangaben erforderlich.

Zur Klassifizierung eines Grundstückes als *investment property* einerseits oder „normales“ Grundstück andererseits werden unter anderem folgende Regeln gegeben:

- Bei unbestimmter zukünftiger Nutzung, d. h., wenn noch keine Verwendungsentscheidung getroffen ist, ist das Grundstück als *investment property* anzusehen (IAS 40.8b).
- Bei gemischter Nutzung eines Grundstückes ist zu untersuchen, ob der fremdvermietete Teil unabhängig von dem betrieblich genutzten verkauft werden könnte. In diesem Fall sind die beiden Teile separat, nämlich zum einen als „normales“ Anlagevermögen, zum anderen als *investment property* zu würdigen und auszuweisen.
- Ist die getrennte Veräußerbarkeit nicht gegeben, ist das Grundstück nur dann *investment property,* wenn der selbst genutzte Teil unwesentlich ist (IAS 40.10).

Die *fair-value*-Methode für *investment properties* ähnelt der Neubewertung (vgl. Abschnitt 3.3) mit dem wesentlichen Unterschied, dass die Wertänderungen bei *investment properties* nicht erfolgsneutral gegen Neubewertungsrücklage, sondern in der GuV erfasst werden. Lediglich zum Zugangs- oder Umwidmungszeitpunkt gegebene Wertänderungen sind als Neubewertung erfolgsneutral zu behandeln.

Beispiel

Die New-Economy-GmbH hat neben vielen anderen Dingen auch wesentliche Logistikteile, insbesondere den Transport, outgesourct. Die LKW-Garagen werden nicht mehr benötigt, sondern fremdvermietet. Ihr Buchwert zum Umwidmungszeitpunkt beträgt 1.000 TEUR, ihr Marktwert 1.200 TEUR. An den beiden folgenden Bilanzstichtagen beträgt der Marktwert 1.300 TEUR bzw. 1.250 TEUR. Kurz nach dem zweiten Bilanzstichtag werden die Garagen für 1.250 TEUR veräußert.

Im Zeitpunkt der **Umwidmung** erfolgt eine Zuschreibung um 200 TEUR. Die Gegenbuchung erfolgt gemäß IAS 40.61 in Verbindung mit IAS 16 **erfolgsneutral** in der Rücklage.

Die Wertänderungen zu den beiden folgenden Bilanzstichtagen werden in der GuV mit 100 TEUR Ertrag im ersten Jahr und 50 TEUR Aufwand im zweiten Jahr erfolgswirksam erfasst.

Dem späteren Veräußerungserlös von 1.250 TEUR steht zu diesem Zeitpunkt auch ein Buchwert von 1.250 TEUR gegenüber. Aufzulösen bleibt nur noch die Neubewertungsrücklage. Diese Auflösung erfolgt ohne Berührung der GuV unmittelbar gegen Gewinnvortrag (IAS 16.41).

Das IAS-Wahlrecht muss ähnlich wie bei der Neubewertung von Sachanlagen einheitlich ausgeübt werden. Es ist nicht zulässig, einzelne *investment properties* zum *fair value* zu erfassen und andere zu ihren fortgeführten Anschaffungs- bzw. Herstellungskosten.

5 *Notes*, insbesondere Anlagenspiegel

Die IAS-Vorschriften betreffend die Erläuterung des Anlagevermögens in den *notes* verwirren zunächst dadurch, dass sie über verschieden Standards verstreut sind. Im Einzelnen finden sich Regelungen:

- in IAS 16.73 ff. allgemein zu Sachanlagen,
- in IAS 38.107 ff. allgemein zum immateriellen Anlagevermögen,
- in IAS 40.66 ff. allgemein zu *investment properties*,
- in IAS 36.113 ff. speziell für außerplanmäßige Abschreibungen und Wertaufholungen,
- in IAS 17.47 und 56 speziell zu Fragen des Leasings,
- in IAS 22.86 ff. speziell zu Fragen des Goodwills.

Die Vorschriften sind jedoch in sich übersichtlich gegliedert und gehen im Großen und Ganzen nicht über die HGB-Anforderungen hinaus.
Systematisch geordnet fordern sie im Wesentlichen Folgendes:

1. Grundsätzliche Angaben

- Grundsätzliche Angaben: Für jeden Posten im Sach- und immateriellen Anlagevermögen Angabe der Abschreibungsmethode, der Nutzungsdauer oder Abschreibungsrate und eventueller Verfügungsbeschränkungen, z. B. Grundpfandrechte oder Sicherungsübereignung (IAS 16.73 und 16.74, 38.107 und 38.111d). Bei außerplanmäßigen Abschreibungen kann die Methode zur

Ermittlung des beizulegenden Wertes erläuterungsbedürftig sein, jedoch nur dann, wenn der Abschreibungsbetrag von materieller Bedeutung ist (IAS 36.117).

2. Anlagenspiegel

- Anlagenspiegel: Angaben zu kumulierten Abschreibungen, Zu- und Abgängen (IAS 16.73 und 38.107). Der Anlagenspiegel ersetzt zugleich die gegenüber dem HGB regelmäßig fehlende bilanzielle Untergliederung des Anlagevermögens. (Sein Aufbau wird unten erläutert).

3. Ermessensfälle, z. B. FuE

- Ermessensbehaftete Aktivierungsfälle: Die Frage, ob Aufwendungen zu aktivieren oder sofort ergebniswirksam zu behandeln sind, ist beim Sachanlagevermögen vor allem in der Abgrenzung zu Instandhaltungsaufwendungen und beim immateriellen Anlagevermögen in der Abgrenzung zwischen Entwicklungs- und Forschungskosten ermessensbehaftet. Im ersten Fall werden deshalb allgemeine Aussagen zur Rechnungslegungsmethode gefordert, im zweiten Fall eine Angabe der in der Periode insgesamt aufwandswirksam behandelten Forschungs- und Entwicklungskosten (IAS 16.73a und 38.115).

4. Sonderfälle: z. B. Leasing

- Sonderfälle: Besondere Angaben sind geboten im Falle der Neubewertung (IAS 16.77 und 38.113: insbesondere Bewertungsverfahren sowie Abweichung zwischen Neuwert und fortgeführten Anschaffungs-/Herstellungskosten), in Leasingfällen (IAS 17.47 ff.: überwiegend betroffen aber nur die Verbindlichkeitsseite des Leasings), bei *investment properties* (IAS 40.65 ff.: unter anderem Angabe, der Aufwendungen und Erträge aus den nicht betriebsnotwendigen Grundstücken) sowie bei Good- und Badwill (IAS 22.86 ff.).

Praxis: kurz gefasst

Umfang und Tiefe der Erläuterung unterliegen dem allgemeinen Kriterium der *materiality*. Die Praxis kommt deshalb zum Teil mit sehr kurzen Erläuterungen aus, wie folgendes Beispiel der RWE-IAS-Bilanz 98/99 zeigt, in der ein Sach- und immaterielles Anlagevermögen von knapp 20 Milliarden (!) EUR nur durch den Anlagenspiegel und folgenden kurzen Hinweis erläutert wird:

Beispiel

„Im Berichtsjahr wurden insgesamt 398 Mio. EUR (Vorjahr: 183 Mio. EUR) für Forschung und Entwicklung aufgewendet. Die Aktivierungskriterien in IAS 9 (jetzt 38) erfüllten 16 Mio. EUR. Gegenstände des Sachanlagevermögens unterliegen im Umfang von 352 Mio. EUR (Vorjahr: 94 Mio. EUR) Verfügungsbeschränkungen in Form von Grundpfandrechten und Sicherungsübereignungen. Vom Buchwert der Sachanlagen entfallen 14 Mio. EUR (Vorjahr: 67 Mio. EUR) auf auf dem Wege des Finanzierungsleasings gemietete Vermögenswerte; sie betreffen im Wesentlichen die Telekommunikationsanlagen. Die Abgänge im Sachanlagevermögen ergeben sich neben dem Abbau und der Stilllegung von Anlagen auch durch ihre Einbringung in Beteiligungsgesellschaften."

Anlagenspiegel IAS

Als wesentlich praktische Umstellungsherausforderung bleibt damit der vom HGB abweichende Anlagenspiegel. Ein grundsätzlicher Unterschied zum HGB besteht darin, dass die Bewegungen im Anlagevermögen (Abgänge, Zugänge, Umbuchungen)

- im HGB zu Anschaffungs-/Herstellungskosten ausgewiesen werden (so genannte direkte **Brutto**methode),
- während IAS 16.73e den Ausweis der Bewegungen zum Buchwert vorsieht (direkte **Netto**methode).
- In der deutschen IAS-Praxis hat sich jedoch eine dritte Variante herausgebildet, die es im Anschaffungskostenteil bei der HGB-Gliederung belässt, die kumulierten Abschreibungen aber ebenfalls nach den Bewegungen auflöst und somit insgesamt alle Angaben enthält, die IAS verlangt.

Tipp

Die deutsche Variante stellt einen ordentlichen, alle Anforderungen von HGB und IAS gerecht werdenden Kompromiss dar und bereitet in der praktischen Umsetzung keine übermäßigen Schwierigkeiten. Diese Variante ist deshalb zu empfehlen.

Anlagenspiegel IAS, HGB, IAS „deutsch"

IAS	HGB	IAS „deutsch"
BW	**AK/HK**	**AK/HK**
BW 1.1. + Zugang (BW) - Abgang (BW) +/- Umbuchung (BW) - planmäßige Abschreibung GJ (BW) -/+ a. pl. m. Abschreibung Wertaufholung GJ (BW) +/- Neubewertung	AK/HK 1.1. + Zugang (AK/HK) - Abgang (AK/HK) +/- Umbuchung(AK/HK)	AK/HK 1.1. + Zugang (AK/HK) - Abgang (AK/HK) +/- Umbuchung (AK/HK)
= BW 31.12.	= AK/HK 31.12.	= AK/HK 31.12.
+ Kumulierte Abschreibung	**– Kumulierte Abschreibung**	**– Kumulierte Abschreibung**
Abschreibungen 1.1.		Abschreibungen 1.1. + Zugang - planmäßige Abschreibung GJ (BW) -/+ a. pl. m. Abschreibung Wertaufholung GJ (BW) - Abgang +/- Umbuchung
Abschreibungen 31.12.	Abschreibungen 31.12.	= Abschreibungen 31.12.
= AK/HK	**= BW**	**= BW**
AK/HK 1.1. AK/HK 31.12.	BW 31.12. BW Vorjahr	BW 31.12. BW Vorjahr

Gegenüber dem HGB weist der IAS-Anlagenspiegel neben den besprochenen Unterschieden noch die Besonderheit auf, dass außerplanmäßige Abschreibungen und korrespondierende Wertaufholungen ebenso wie die Wertänderungen aufgrund einer Neubewertung gesondert ausgewiesen werden. Sachlich ist der Anlagenspiegel nach den materiell bedeutsamen Gruppen von Anlagegegenständen zu untergliedern. Eine Aufnahme der Finanzanlagen in den Anlagenspiegel ist jedoch anders als im HGB nicht notwendig.

6 Zusammenfassung

Beim Ansatz des Anlagevermögens ergeben sich Unterschiede zwischen IAS und HGB vor allem für

- **Ingangsetzungsaufwendungen,** die im Unterschied zu § 269 HGB nach IAS nicht aktivierungsfähig sind,
- **Entwicklungsaufwendungen,** die nach IAS (bei verlässlicher Abgrenzung von Forschungsaufwendungen) aktivierungspflichtig sind, und den
- **Goodwill**, der im Unterschied zum Wahlrecht des § 255 Abs. 4 HGB nach IAS zwingend zu aktivieren ist.

Bei der Zugangs-Bewertung sieht IAS im Unterschied zum HGB eine

- Aktivierungspflicht für Herstellungsgemeinkosten sowie die
- Einbeziehung von **Rückbaupflichten** in die AK/HK vor (Buchung: „per Anlagen an Rückstellung").

Bei der Folge-Bewertung sind von praktischer Bedeutung vor allem

- die Unzulässigkeit steuerlicher Abschreibungen,
- das unbedingte **Zuschreibungsgebot** nach Wegfall von Wertminderungsgründen sowie
- das Wahlrecht zur **Neubewertung** von Anlagevermögen (Buchung: „per Anlagen an Neubewertungsrücklage").

Eher von theoretischem Interesse sind dagegen die unterschiedlichen Definitionen des Niederstwertes. In der Bilanzierungspraxis stimmen HGB- und IAS-Voraussetzungen für außerplanmäßige Abschreibungen regelmäßig überein.
Auch die IAS-Abgrenzung von aktivierungspflichtigem *finance*-Leasing und aufwandswirksamen *operate lease* entspricht weitgehend den deutschen (steuer)bilanziellen Regeln. Bilanzpolitik durch

sale-and-lease-back-Geschäfte schränkt IAS hingegen stärker ein als das HGB.

Besonderen Ausweis- und Bewertungsregeln unterliegen als sog. ***investment properties*** die nicht eigenbetrieblich genutzten Grundstücke.

Für den Anhang (*notes*) zum Anlagevermögen genügen unter *materiality*-Aspekten in der Praxis i. d. R. ein gegenüber dem HGB leicht angereicherter Anlagenspiegel und einige kurze Erläuterungen.

D Finanzvermögen

1 Überblick

1.1 Klassifizierung von Finanzvermögen nach IAS und HGB

Die Behandlung des Finanzvermögens gehört zu den schwierigeren Aufgaben bei der Überleitung und Umstellung von HGB nach IAS. Der wesentliche Grund liegt darin, dass ein eher schlichtes HGB-System auf differenzierte Regelungen nach IAS trifft.

HGB: Klassifizierung kaum bewertungsrelevant

Die Bewertung von Finanzvermögen, d. h. von Anteilen an verbundenen Unternehmen und von Beteiligungen, von Ausleihungen und von kurzfristigen Forderungen, von Wertpapieren des Anlage- und Umlaufvermögens, unterliegt nach HGB

- grundsätzlich dem Anschaffungskostenprinzip unter Beachtung des Niederstwertprinzips,
- wobei sich die Bewertungsproblematik praktisch auf den kleinen Bereich der Wertpapiere beschränkt, bei denen klärungsbedürftig sein kann, ob Anlagevermögen (gemildertes Niederstwertprinzip) oder Umlaufvermögen (strenges Niederstwertprinzip) vorliegt,
- während alle anderen Klassifizierungsfragen kaum bewertungsrelevant sind und nur reine Ausweisprobleme betreffen („Ist ein Anteil noch sonstiges Anlagevermögen oder schon Beteiligung oder verbundenes Unternehmen?"). Diese Ausweisprobleme erledigen sich bei der von Großunternehmen praktizierten Zusammenfassung aller Finanzanlagen zu einem einzigen Posten „Finanzanlagevermögen" gegebenenfalls sogar von selbst.

IAS: je nach Klassifizierung AK oder *fair value*

Das IAS-System ist demgegenüber
- durch differenzierte und differenzierende Bewertungsmaßstäbe (Anschaffungskosten, amortisierte Anschaffungskosten, *equity*, *fair value*) gekennzeichnet,
- wobei die primäre Differenzierung nicht nach der Fristigkeit (Anlage- oder Umlaufvermögen), sondern nach dem wirtschaftlichen Gehalt erfolgt,
- mit der Folge, dass etwa Ausleihungen und bis zur Endfälligkeit gehaltene Rentenwerte des Anlagevermögens ebenso wie Forderungen verschiedener Art des Umlaufvermögens zu Anschaffungskosten bilanziert werden, Aktien hingegen unabhängig von der Dauer der Verwendungsabsicht im Allgemeinen zum *fair value*.

Diese differenzierte Handhabung spiegelt sich auch in der Unterschiedlichkeit und Vielzahl der Regelungsquellen wider. Die Behandlung des Finanzvermögens ist geregelt:
- für Beteiligungen in IAS 27 (Tochterunternehmen), IAS 28 (assoziierte Unternehmen) und IAS 31 (*joint ventures*) sowie für eventuelle außerplanmäßige Abschreibungen auf Beteiligungen in IAS 36,
- für das übrige Finanzvermögen in IAS 39, dabei mit einer Unterscheidung zwischen Forderungen, Ausleihungen und Fälligkeitsinvestments einerseits und zur Veräußerung verfügbaren oder zu Handelszwecken gehaltenen finanziellen Vermögenswerten andererseits (IAS 39.45 ff.).

Sicherungsgeschäfte

Die IAS-Regelungen erweisen sich aber nicht nur als differenzierter als das HGB-System, sie gehen bei einigen Punkten auch über das HGB hinaus. Gemeint ist insbesondere die umfassendere Behandlung von Finanzderivaten und Sicherungszusammenhängen.

Beispiel

1. Ein deutscher Autohersteller wird im ersten Quartal des Folgejahres ca. 50.000 PKW zu je ca. 20.000 US-$ in den USA verkaufen und einen voraussichtlichen Erlös von 1 Milliarde US-$ erzielen. Er sichert noch im Herbst des alten Jahres die erwarteten Dollareingänge des ersten Quartals durch **Dollar-Terminverkäufe** zu einem Kurs von 1,10 EUR/US-$ ab. Zum

Bilanzstichtag beträgt der Terminkurs für Dollarverkäufe mit gleichem Fälligkeitsdatum 1,00 EUR.

2. Weiterhin sichert der Autoproduzent Rohstoffbezüge des 1. Quartals des Folgejahres in Höhe von 100 Mio. US-$ zu den gleichen Konditionen durch einen **Dollar-Terminkauf** ab. Der Kauf-Terminkurs zum Stichtag beträgt ebenfalls 1,00 EUR.

Aus dem Dollar-Terminverkauf „droht" zum Stichtag ein Gewinn von 100 Mio. EUR, aus dem Dollar-Terminkauf ein Verlust von 10 Mio. EUR. Nach noch herrschender Meinung kann der Zusammenhang zwischen den **Termingeschäften** und den erwarteten **(antizipierten) Cashflows** des Folgejahres **(Grundgeschäfte)** im HGB-Abschluss keine Berücksichtigung finden. Gegebenenfalls kann bei gleicher Fälligkeit und weiteren Voraussetzungen lediglich eine „Saldierung" zwischen den beiden Termingeschäften vorgenommen werden: der „drohende" Gewinn würde mit einem Teilbetrag von 20 Mio. US-$ gegen den „drohenden" Verlust aufgerechnet. Die Folge wäre, dass die Sicherungsgeschäfte bilanziell überhaupt nicht in Erscheinung treten würden: der Dollar-Terminverkauf nicht, weil der Gewinn noch nicht realisiert ist; der Dollar-Terminkauf nicht, weil der drohende Verlust still gegen den Gewinn aus dem Verkauf saldiert wird.

Nach IAS ist der „drohende" Gewinn aus dem Terminverkauf aktivisch und der „drohende" Verlust aus dem Terminkauf passivisch zum Bilanzstichtag zu erfassen. Die Gegenbuchung erfolgt jeweils erfolgsneutral im Eigenkapital. Die Erfolgswirksamkeit tritt in der Folgeperiode ein, d. h. zu dem Zeitpunkt, zu dem die gesicherten Geschäfte selbst erfolgswirksam werden. Würde kein Sicherungszusammenhang bestehen, sondern wären die Termingeschäfte lediglich spekulativ abgeschlossen worden, gäbe es keinen Bezug zur Folgeperiode. Beide Termingeschäfte wären in diesem Fall nach IAS noch im alten Jahr erfolgswirksam zu buchen.

Bei fehlenden Regelungen zur Behandlung von Sicherungszusammenhängen im Gesetz selbst ist der HGB-Bilanzierende auf das kontroverse Schrifttum angewiesen. Der IAS-Bilanzierende kann demgegenüber auf ausdrückliche Regelungen in IAS 39 zurückgreifen.

1.2 Ausweis

Das Finanzvermögen bereitet auf der Ebene der Bilanz selbst keine besonderen Ausweisprobleme.

- **Finanzanlagen**: Die Position Finanzanlagen wird in der (deutschen) IAS-Praxis entweder gar nicht oder, wie von IAS 1.68 verlangt, lediglich in *equity*-Beteiligungen einerseits und übrige Finanzanlagen andererseits unterteilt.
- **Forderungen** des Umlaufvermögens: Im Umlaufvermögen ist die Bildung von separaten Posten für Forderungen aus Lieferung und Leistung einerseits und übrige Forderungen und Vermögenswerte andererseits verbreitet.
- **Wertpapiere** des Umlaufvermögens: Wertpapiere des Umlaufvermögens werden entweder mit in der Unterposition „Übrige Forderungen und Vermögenswerte" erfasst oder bei wesentlichen Beträgen als dritter Posten des Finanz-Umlaufvermögens aufgeführt.

untergliedern in *notes*

Die relevanten Erläuterungen und Untergliederungen des Finanzvermögens finden sich demgemäß nicht auf der Ebene der Bilanz, sondern in den *notes*. Insoweit wird auf Abschnitt 7 „*Notes*, insbesondere Beziehungen zu nahe stehenden Parteien" verwiesen.

2 Beteiligungen

2.1 Tochterunternehmen, assoziierte Unternehmen und Gemeinschaftsunternehmen

Hinsichtlich der Bilanzierung von Anteilen an anderen Unternehmen im Einzelabschluss differenziert IAS zwischen

- unter alleiniger Kontrolle stehenden **Tochterunternehmen** (IAS 27),
- unter signifikantem Einfluss stehenden **assoziierten Unternehmen** (IAS 28),
- unter gemeinsamer Kontrolle stehenden **Gemeinschaftsunternehmen** (*joint ventures*) (IAS 31) und schließlich
- **sonstigen Anteilen** ohne signifikante Einflussmöglichkeit (IAS 39).

- Bei den sonstigen Anteilen ist in der Regel die Bewertung zum Stichtagszeitwert *(fair value)* geboten. Bei der einzelbilanziellen Darstellung von Anteilen an Tochterunternehmen, assoziierten Unternehmen und Gemeinschaftsunternehmen besteht ein Wahlrecht zwischen Anschaffungskostenansatz oder Zeitbewertung (IAS 27.37). Dieses Wahlrecht wird durch den allgemeinen Grundsatz der Bewertungseinheitlichkeit eingeschränkt. Es ist daher z. B. im Allgemeinen geboten, das Wahlrecht für alle Tochterunternehmen gleichartig auszuüben. Nach bis 2004 noch anwendbarem altem Recht ist in diesem Rahmen auch ein *equity*-Ansatz zulässig.

sonstige Anteile vs. Beteiligung

Für die Abgrenzung zwischen Beteiligungen und sonstigen Anteilen kommt es auf die Frage an, ob ein signifikanter Einfluss vorliegt. Hier formuliert IAS 28.6 eine widerlegbare Vermutung:

IAS: Einfluss

- Beträgt der unmittelbar oder mittelbar gehaltene Stimmrechtsanteil mindestens 20 %, so wird ein signifikanter Einfluss unterstellt, es sei denn, dass diese Annahme eindeutig widerlegt werden kann.
- Umgekehrt wird bei einem Stimmrechtsanteil unter 20 % angenommen, dass kein signifikanter Einfluss vorliegt, es sei denn, ein solcher Einfluss könnte eindeutig belegt werden.

HGB: dauernde Verbindung

Eine ähnliche Regelung findet sich in § 271 Absatz 1 Satz 3 HGB. Als Beteiligung gelten handelsrechtlich im Zweifel Anteile an einer Kapitalgesellschaft, die insgesamt 20 % des Nennkapitals dieser Gesellschaft überschreiten. Der Beteiligungsbegriff des HGB stellt jedoch nicht auf die Einflussnahme, sondern auf die Herstellung einer dauernden Bindung zum eigenen Unternehmen ab. Anders als nach IAS genügt es daher handelsrechtlich nicht, eine Einflussnahme auf die Geschäftsführung auszuschließen. Es muss weiterhin ausgeschlossen sein, dass die Anteile zur Herstellung einer sonstigen dauernden Verbindung dienen sollen. Die HGB-Definition ist insofern subjektiver, da sie an den Verwendungszweck und nicht an die objektive Einflussmöglichkeit anknüpft.

Anteile im IAS/IFRS-Einzelabschluss: Definition u. Bewertung

	Definition	Bewertung
Töchter IAS 27	KONTROLLE über Finanz- und Geschäftspolitik	wahlweise - zu AK, oder - zu Zeitwert
Assoziierte U. IAS 28	SIGNIFIKANTER EINFLUSS Im Zweifel: Anteil ≥ 20 %	wahlweise - zu AK, oder - zu Zeitwert
Gemeins. U. IAS 31	GEMEINSAME KONTROLLE	wahlweise - zu AK, oder - Zeitwert
Sonstige Anteile IAS 39	WEDER KONTROLLE NOCH SIGNIFIKANTER EINFLUSS	zu Zeitwert

Tipp

Bei der Aufstellung der Handelsbilanz wird die Frage, ob ein z. B. 15%iger Anteil schon als Beteiligung oder noch als sonstige Finanzanlage einzustufen ist, gemeinhin rasch entschieden. Insbesondere der steuerrechtlich Geschulte ist es gewohnt, kein „Ausweisfetischist" zu sein und sich nicht lange mit Fragen aufzuhalten, die für die Bewertung und den Erfolg unerheblich sind. Bei der Aufstellung der IAS-Bilanz gilt es umzudenken: Die Einstufung als Beteiligung oder sonstige Finanzanlage entscheidet über Bewertung und Bewertungserfolg. Die Einstufungsfrage ist deshalb sorgsam und als allererstes zu prüfen.

2.2 Realisierung von Gewinnen und Verlusten aus der Beteiligung

Die Frage, wann Gewinne und Verluste aus Tochterunternehmen und Beteiligungen im HGB-Einzelabschluss (und in der Steuerbilanz) zu realisieren sind, ist nicht einfach zu beantworten. Die Antwort hängt unter anderem von der Rechtsform und von der Beteiligungsquote ab. Sie fällt überdies für Gewinne anders aus als für Verluste. Im „einfachsten" Fall eines identischen Geschäftsjahres der Unternehmen gelten unter anderem folgende Regelungen für die Handelsbilanz:

deutsche Rechtslage: verworren

- Handelt es sich bei dem Beteiligungsunternehmen um eine Personengesellschaft und gelten die gesetzlichen Bestimmungen für Entnahmen usw., so ist der Gewinnanteil ggf. bereits phasengleich, d. h. im gleichen Geschäftsjahr, beim Mutterunternehmen zu erfassen. Sieht der Gesellschaftsvertrag des Personenunternehmens einen Gewinnverwendungsbeschluss der Gesellschafter vor, so kann es darauf ankommen, ob dem Gesellschafter die Mehrheit der Stimmrechte zusteht (IDW RS HFA 7).

PersGes

- Besteht die Beteiligung an einer Kapitalgesellschaft, so bedarf es für die Realisierung des Gewinns eines Dividendenbeschlusses. Der resultierende Dividendenanspruch *durfte* nach früherer Auffassung des BGH phasengleich aktiviert werden (Wahlrecht), wenn das ausschüttungsberechtigte Unternehmen mit Mehrheit beteiligt war. Nach neuerer Rechtsprechung ist jetzt im Falle ei-

... vs. KapGes

ner Mehrheitsbeteiligung nicht mehr von einem Aktivierungsrecht, sondern ggf. von einer Aktivierungspflicht auszugehen.

HBil vs. StBil

- Dem früheren handelsrechtlichen Aktivierungswahlrecht und jetzigem handelsrechtlichen Aktivierungsgebot steht nach der Entscheidung des Großen Senates des BFH vom 07.08.2000 (GrS 2/99, DB 2000,1993) steuerbilanziell ein Aktivierungsverbot gegenüber.

Gewinn vs. Verlust

- Verluste wiederum sind handelsbilanziell nur dann zu berücksichtigen, wenn sie eine außerplanmäßige Abschreibung begründen.
- Steuerbilanziell kommt es bei Verlusten darauf an, ob die Beteiligung an einer Personengesellschaft besteht oder an einer Kapitalgesellschaft. Im ersten Fall erfolgt die Verlustberücksichtigung ohne weiteres über die so genannte Spiegelbildmethode, im zweiten Fall müssen die Voraussetzungen einer Teilwertabschreibung gegeben sein.

Diese verwirrende Rechtslage ist ein gutes Beispiel für die Grenzen abstrakter Gesetzesregeln. Eine Vorschrift, nach der Gewinne nur dann zu berücksichtigen sind, wenn sie am Abschlussstichtag realisiert sind (§ 252 Abs. 1 Nr. 4 HGB) gibt für konkrete Fragen wenig her. Es kommt deshalb zu unterschiedlichen und im Zeitlauf schwankenden Antworten (hierzu mehr in Kapitel E „Vorräte, Fertigungsaufträge, Ertragsrealisierung").

IAS: *equity*-Methode

Auch die entsprechende IAS-Regelung, nach der Dividenden dann zu vereinnahmen sind, wenn ein Rechtsanspruch etabliert ist (IAS 18.30), ist in bestimmten Fällen interpretationsfähig.

3 Forderungen und Ausleihungen

3.1 Werthaltige Darlehen und Forderungen

Die Behandlung von Darlehen und Forderungen (*loans and receivables*) ist in IAS 39 geregelt. Als *loans and receivables* gelten gem. IAS 39.9 nur solche Darlehen und Forderungen, die keinen notierten Börsen- oder Marktpreis haben. In erster Linie sind dies

- Ausleihungen sowie
- Forderungen aus Lieferungen und Leistungen,
- daneben aber auch Forderungen, die ein Factoring-Unternehmen durch Kauf erworben hat, sofern es sie nicht alsbald weiter veräußern will.

Auf dem Kapitalmarkt erworbene Schuldtitel (Anleihen) unterliegen hingegen grundsätzlich den in Kapitel D 4 „Wertpapiere und ähnliche Finanzinvestitionen" dargestellten Regelungen für Finanzinvestitionen.

fair-value-Forderungen: (amortisierte) AK

Die in diesem Kapitel interessierende Gruppe der vom Unternehmen selbst ausgereichten Kredite und Forderungen wird nach der Zugangsbewertung zu Anschaffungskosten in den Folgeperioden gemäß IAS 39.46

- weiter zu Anschaffungskosten bilanziert, wenn keine feste Fälligkeit vereinbart ist,
- hingegen zu fortgeführten bzw. amortisierten Anschauungskosten erfasst, wenn feste Laufzeiten vorliegen.
- Nach der Neufassung von IAS 39 im Dezember 2003 kann durch Widmung bei Erstverbuchung als Handelswert (*trading asset*) wahlweise auch eine Folgebewertung zum *fair value* erreicht werden (vgl. Kapitel D 4 „Wertpapiere und ähnliche Finanzinvestitionen").

IAS 39 verwendet den *fair-value*-Begriff allerdings irreführend schon für die Zugangsbewertung. Forderungen und Kredite, deren Folgebewertung nicht (wahlweise oder zwingend) zum *fair value* erfolgen soll, sind nach IAS 39.43 bei Erstverbuchung mit dem *fair value* zuzüglich evt. Anschaffungsnebenkosten zu erfassen. Die *Application Guidance* zu IAS 39 hält fest, dass damit tatsächlich die Anschaffungskosten *(transaction price)* gemeint sind, wie sie aus dem *fair value* der zur Entstehung der Forderung hingegebenen Leistung resultieren (IAS 39.AG64).

Beispiel:

> DG gewährt DN ein Darlehen von 100 (Nominal- und Auszahlungsbetrag).
>
> Nach alter Begrifflichkeit war es mit den Anschaffungskosten von 100 zu aktivieren.
>
> Nach neuer Begrifflichkeit ist der *fair value* maßgeblich. Nach den Anwendungsbestimmungen zu IAS 39 soll es tatsächlich aber auf den *fair value* der hingegeben Leistung (hier den Wert der gewährten Geldsumme) ankommen. Nach allgemeinem Sprachgebrauch und in der Begrifflichkeit sonstiger Rechnungslegungssysteme (Steuerrecht, HGB, US-GAAP usw.) sind dies gerade die Anschaffungskosten.

Die neue Begrifflichkeit stiftet unnötige Verwirrung. Unsere weitere Darstellung folgt daher dem erprobten Sprachgebrauch.

Bei der Ermittlung der Anschaffungskosten und der fortgeführten Anschaffungskosten sind kurzfristige Forderungen ohne ausdrückliche Verzinsung dann nicht zu diskontieren, wenn die Anwendung des impliziten kalkulatorischen Zinssatzes keine wesentliche Auswirkung hätte.

Effektivzinsmethode

In den übrigen Fällen fester Laufzeit sind für die Bewertung nicht die Anschaffungskosten, sondern die mit der Effektivzinsmethode ermittelten amortisierten Anschaffungskosten maßgeblich. Analog zur handelsrechtlichen Bilanzierung eines Zero-Bonds im Jahresabschluss des Gläubigers (vgl. HFA 1/1986) ist danach

- zunächst die interne Rendite (Effektivzins) zu ermitteln,
- um sodann die Anschaffungskosten im Zugangszeitpunkt als mit dieser Rendite abgezinster Rückzahlungsbetrag zu bestimmen und
- schließlich die Periodenzinsen und Stichtagsbuchwerte durch Anwendung des Effektivzinses auf den Vortragswert und den eventuellen Zahlungsstrom der Periode festzulegen.

Tipp

Die Berechnung des Effektivzinses lässt sich leicht mit Tabellenkalkulationsprogrammen durchführen. Ein Excel-Beispiel (mit Formeln):

Fälligkeitsdarlehen über 1.250, Disagio 20 %, somit Auszahlung 1.000, Nominalzins: 4,7 %, somit 59 p. a.

Tabellarische Aufbereitung:

	Spalte A	Spalte B	Lösung
Zeile 1	Auszahlung	1.000	
Zeile 2	Zins 01	-59	
Zeile 3	Zins 02	-59	
Zeile 4	Zins 03	-59	
Zeile 5	Zins 04	-59	
Zeile 6	Zins 05 + Rückz.	-1.309	
EXCEL Menü „Einfügen/Funktion/ IKV"		**EXCEL-Befehl „=IKV(B1:B6)"**	**10 %**

Aus dem errechneten Effektivzins ergibt sich die effektive Verzinsung der Periode und im Vergleich mit Zinszahlungen und Tilgungsleistungen die Fortschreibung (Amortisierung) der Anschaffungskosten.

Beispiel

Ein Unternehmen reicht am 31.12.2000 einen Kredit mit folgenden Konditionen aus:

Auszahlung 1.000,

Rückzahlung 1.250,

Laufzeit 5 Jahre,

jährlich zu zahlender Zins 4,7 % von 1.250 (= 59).

Mit der in Tabellenkalkulationsprogrammen integrierten Internen Zinsfluss-Funktion lässt sich aus den 6 Werten der Zahlungsreihe (s. obige Tab.: -1.000, 59, 59, 59, 59, 1.309) rasch der Effektivzins von 10 % errechnen. Seine Anwendung führt zu folgenden Buchwerten:

Jahr	(a) amortisierte AK per 1.1.	(b) Zinsertrag a x 10 %	(c) Cashflow	(d) amortisierte AK 31.12. a+b+c
2001	1.000	100	-59	1.041
2002	1.041	104	-59	1.086
2003	1.086	109	-59	1.136
2004	1.136	113	- 59	1.190
2005	1.190	119	-1.309	0

3.2 Wertberichtigungen auf Forderungen

Ein Unternehmen hat an jedem Bilanzstichtag eine Einschätzung vorzunehmen, ob es objektive Hinweise dafür gibt, dass bei einzelnen finanziellen Vermögenswerten oder einer Gruppe von Vermögenswerten eine Wertminderung eingetreten ist (IAS 39.58).
Objektive Hinweise auf einen Wertberichtigungsbedarf können zum Beispiel sein:

- Ausfall oder Verzug von Zins- oder Tilgungszahlungen,
- Zugeständnisse von Seiten des Kreditgebers, die er ohne finanzielle Schwierigkeiten des Kreditnehmers nicht gewähren würde (z. B. Stundung der Zinsen, Verlängerung der Kreditlaufzeit),
- bei einem Forderungsportfolio außerdem historische Erfahrungen mit dem Forderungseinzug.

Die Herabstufung des Kreditratings eines Kunden durch eine Rating-Agentur ist für sich genommen noch keine objektive Evidenz; sie kann es jedoch zusammen mit anderen verfügbaren Informationen sein (IAS 39.60).
Soweit ein Wertminderungsbedarf evident wird, d. h. die Wahrscheinlichkeit besteht, dass ein Unternehmen nicht alle fälligen Tilgungen und Zinsen vertragsgemäß erbringen wird, ist der Wertberichtigungsbedarf zu berechnen. Er ergibt sich durch Gegenüberstellung von Buchwert (fortgeführten Anschaffungskosten) und Barwert (*present value*). Der Barwert entspricht dabei den erwarte-

ten zukünftigen Cashflows, diskontiert mit dem ursprünglichen Effektivzinssatz (IAS 39.63). Bei kurzfristigen Forderungen kann eine Abzinsung unterbleiben.

pauschalierte Einzelwertberichtigung

Diese Betrachtungen sind nicht notwendigerweise Einzelbetrachtungen. Gruppen von Vermögenswerten können zusammengefasst werden, insbesondere kann das Portfolio der Kundenforderungen nach Alter und Mahnstufen untergliedert werden. Auf diese Weise sind zwar keine Pauschalwertberichtigungen im engeren Sinne zulässig, jedoch unternehmensspezifische pauschalierte Wertberichtigungen auf der Basis von Erfahrungswerten der Vergangenheit (IAS 39.64).

Ist eine Forderung abgesichert, ist der (gegebenenfalls abgezinste) *fair value* der gestellten Sicherheit bei der Höhe des Wertberichtigungsbedarfs zu berücksichtigen (*Guidance on Implementing*, IAS 39.E.4.8).

Beispiel

Eine Bank reicht am 31.12.2000 einen Kredit mit folgenden Konditionen an ein Großunternehmen aus:

Auszahlung 1.000 Mio. EUR,
Rückzahlung 1.250 Mio. EUR,
Laufzeit 5 Jahre,
jährlich zu zahlender Zins 4,7 % von 1.250 (= 59 Mio. EUR).

Der interne Zinsfuß beträgt 10 %. Ende 2002 verschlechtert sich das Rating des Kreditnehmers. Für neue Kreditaufnahmen zahlt er 15 %. Per Ende 2003 hat sich das Rating noch nicht wieder verbessert (Zinssatz nach wie vor 15 %). Die kreditgebende Bank hat inzwischen weitere Informationen über einen Sanierungsbedarf des Kreditnehmers. Gegen Stellung von Sicherheiten in Form von Grundstücken mit einem Marktwert von 1.000 Mio. EUR ist die Bank bereit, den Rückzahlungsbetrag um 250 Mio. EUR auf 1.000 Mio. EUR (ursprünglicher Auszahlungsbetrag) zu mindern. Von einer Zwangsvollstreckung ist vorläufig nicht auszugehen.

Das verschlechterte **Kreditrating** allein hat zunächst keine Auswirkung. Der erwartete Cashflow ist weder per 31.12.2002 noch zu einem späteren Zeitpunkt mit 15 % abzuzinsen. Maßgeblich bleibt der ursprüngliche Effektivzins.

Ein Wertminderungsgrund ist erstmals per 31.12.2003 gegeben. Der **erwartete Zahlungsstrom** fällt um 250 Mio. EUR niedriger aus, als zuvor vereinbart und erwartet. Abgezinst mit 10 % ergibt sich ein Barwert von 929 zu diesem Stichtag und von 963 zum nächsten Stichtag.

Die sichernden Grundstücke sind bei der Bewertung zu berücksichtigen. Der Marktwert liegt zwar etwas über dem Barwert des Kredites, wegen der Unsicherheit und der bei der Realisierung evt. anfallenden Kosten ist eine höhere Bewertung aber nicht geboten.

	(a) amortisierte AK 1.1. ab 04 erzielbarer Betrag	(b) Zinsertrag a x 10 %	(c) Cashflow	(d) amortisierte AK 31.12. ab 04 erzielbarer Betrag a+b+c	(e) niedrigerer Barwert
01	1.000	100	-59	1.041	-
02	1.041	104	-59	1.086	-
03	1.086	109	-59	1.136	**929**
04	**929**	**93**	**-59**	**963**	**963**
05	**963**	**96**	**-1.059**	0	

Fremdwährungsforderungen werden nach IAS 21.11a zum Stichtagskurs umgerechnet, auch wenn dadurch die Anschaffungskosten überschritten werden (vgl. Kapitel H 2.2.2 „Verbindlichkeiten; Fremdwährungsverbindlichkeiten").

3.3 Factoring und *off-balance*-Finanzierungen

Werden Forderungen an einen Factor verkauft, hängt die **handelsrechtliche Behandlung** von der Risikotragung ab:

- Bei unechter Zession bleibt das Forderungsausfallrisiko (Bonitätsrisiko) ganz oder überwiegend beim Verkäufer. Es erfolgt (richtigerweise) keine Ausbuchung.
- Bei echter Zession geht das Risiko auf den Käufer über. Die Forderung wird ausgebucht.

IAS 39 folgte in seiner alten Fassung nur begrenzt diesem Risikogedanken. Nur, wenn so gut wie alle Risiken beim Forderungsverkäufer bleiben, unterbleibt ggf. die Ausbuchung (IAS 39.38c). Im Übrigen galt aber der *control and component approach.*

bisher: *control and component approach*

- Die Forderung war auszubuchen, wenn die Kontrolle auf den Factor übergegangen war, d .h. er die Forderung weiterveräußern oder beleihen konnte (IAS 37.35).
- Ein beim Forderungsverkäufer verbleibendes Teil-Risiko war hingegen als separate Komponente auf seine Rückstellungsfähigkeit zu würdigen. Zu einer Rückstellung kam es nur dann, wenn ein Risiko wahrscheinlich war.

Beispiel

Unternehmer U veräußert eine Kundenforderung über 100 TEUR gegen K an den Factor F, der die Forderung einziehen, weiterveräußern, verpfänden usw. darf. Ein Ausfall von bis zu 80 TEUR geht voll zu Lasten von U. Den darüber hinausgehenden Ausfall trägt F. Nach den Erfahrungen der Vergangenheit liegt die Ausfallquote des Forderungsportfolios bei 2,5 %. Die Bonität von K liegt jedoch über dem Portfoliodurchschnitt. Nach bisherigem Recht war wie folgt zu verfahren:

- Die Forderung ist mit Abtretung an F bei U auszubuchen, da F die *Kontrolle* (Einziehung, Verpfändungsrecht usw.) erlangt.
- Das Regressrisiko ist separat zu würdigen und auf seine Rückstellungsfähigkeit zu prüfen. Da die Bonität des Forderungsportfolios gut, die Ausfallwahrscheinlichkeit gering ist, wäre eine mögliche Schätzung ein Regressrisiko von 2 TEUR (= 80 TEUR x 2,5 %). Die Bonität von K liegt aber über dem Durchschnitt. Ggf. kann deshalb ganz auf die Einbuchung einer Verbindlichkeit verzichtet werden, da der Wert des Risikos gegen null tendiert.

Die Lösung des Beispiels offenbart ein eher formalistisches Verständnis des Übergangs der Kontrolle. Sie begünstigt Konstruktionen, in denen Risiken unterhalb der Rückstellungsschwelle nicht mehr *on-balance*, sondern *off-balance*, d. h. bestenfalls im Anhang gezeigt werden.

jetzt: *risks and continuing involvement*

In der Folge von Enron und anderen Skandalen ist der Missbrauch solcher *off-balance-sheet*-Finanzierungen in die Kritik geraten. Der IASB hat auch vor diesem Hintergrund sein Kontrollkonzept aufgegeben.

Nach der Neufassung von IAS 39 ist zunächst die Risikotragung zu würdigen. Eine einfache Lösung ergibt sich dann, wenn das Risiko (fast) ausschließlich von einer Partei getragen wird:

- Wenn so gut wie alle Risiken *(substantially all of the risks)* auf den Forderungskäufer übertragen werden, ist die Forderung (oder der sonstige Vermögenswert) beim Verkäufer auszubuchen (IAS 39.20a).
- Umgekehrt unterbleibt eine Ausbuchung, wenn so gut wie alle Risiken beim Verkäufer verbleiben (IAS 39.20b).

Werden die Risken teils übertragen, teils behalten, ist zusätzlich der Kontrollaspekt zu würdigen:

- Hat der Käufer der Forderung die Kontrolle, d. h., hat er die praktische Fähigkeit *(practical ability)*, die Forderung ohne Auflagen und Beschränkungen an einen Ditten weiterzuveräußern, bucht der Verkäufer die Forderung aus und beurteilt das verbleibende Risiko separat auf seine Rückstellungsfähigkeit (IAS 39.20a(i); Lösung wie bisher).
- Erwirbt der Käufer die Kontrolle, bucht der Verkäufer die Forderung nur zum Teil aus. In Höhe seines Risikoanteils *(continuing involvement)* behält er sie in den Büchern (IAS 39.20a(i); Lösung abweichend von bisherigem Recht).

Beispiel

U veräußert eine Forderung von 100 TEUR an F. Ein Ausfall von bis zu 80 TEUR geht zu Lasten von U, darüber hinaus zu Lasten von F.

Variante 1:

Die Veräußerung wird dem Schuldner angezeigt. Er wird angewiesen an F zu überweisen. F hat das alleinige Recht auf Einziehung der Forderung, Weiterveräußerung etc.

Wie nach dem bisherigen Recht ist die Forderung bei U auszubuchen und die Risikokomponente separat auf ihre Rückstellungsfähigkeit zu beurteilen (siehe voriges Beispiel).

Variante 2

U behält mit Rücksicht auf die Geschäftsbeziehung zu seinem Kunden das alleinige Recht auf Einziehung der Forderung. F kann die Forderung nur mit dieser Beschränkung weiterveräußern.

Die Forderung ist bei U insoweit auszubuchen, als er nicht mehr in ihr Risiko involviert ist (20 TEUR). In Höhe des fortbestehenden Risikos (*continiung involvement*), d. h. mit 80 TEUR, wird die Forderung fortgeführt.

Variante 3

Die von U veräußerte Forderung besteht gegenüber der öffentlichen Hand.

Mit der öffentlichen Hand als Schuldner ist das Ausfallrisiko vernachlässigbar klein. Auf das formell bei U verbleibende Risiko kommt es deshalb nicht an (IAS 39.AG40e). Die Forderung ist in vollem Unfang auszubuchen.

Das nachfolgende Prüfschema gibt den neuen Rechtsstand wieder:

Prüfschema: Ausbuchung Finanzaktiva

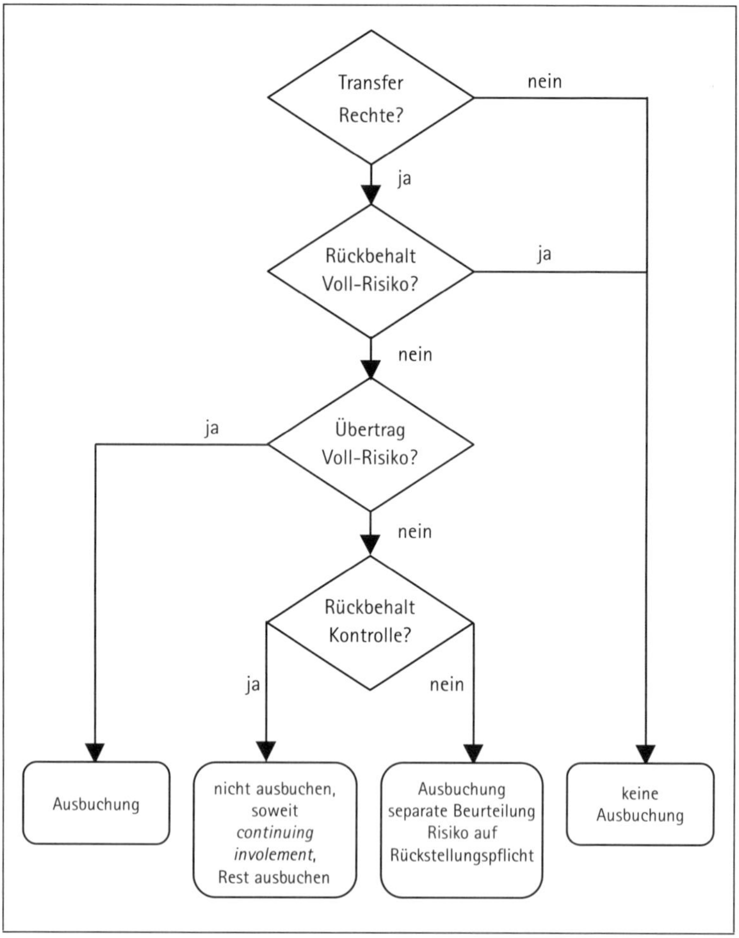

4 Wertpapiere und ähnliche Finanzinvestitionen

Die Grundzüge der Bilanzierung von Wertpapieren und ähnliche Finanzinvestitionen gemäß IAS 39 sind weniger kompliziert, als es die Vielzahl der Veröffentlichungen zu gerade diesem Thema vermuten lassen:

- Erste Aufgabe ist die Klassifizierung des Finanzvermögens nach dem Verwendungszweck. 1. Klassifizierung
- Abhängig von dieser Klassifizierung erfolgt der Bilanzansatz entweder zu amortisierten Anschaffungskosten oder zum *fair value* (Stichtagszeitwert). 2. Bewertung
- In Fällen des *fair-value*-Ansatzes ist dann drittens gegebenenfalls noch zu entscheiden, ob Wertänderungen erfolgswirksam über die GuV oder erfolgsneutral über das Eigenkapital erfasst werden sollen. 3. Erfolgswirkung

Zu unterscheiden sind gemäß IAS 39.9 nach dem Verwendungszweck bzw. der Fristigkeit drei Arten von Wertpapieren und ähnlichen Finanzinvestitionen: 3 Klassen

- bis zur Endfälligkeit zu haltende Finanzinstrumente (*held-to-maturity assets*), die zu amortisierten Anschaffungskosten fortgeführt werden, 1. Fälligkeitswerte: amortisierte AK
- zu Handels- bzw. Spekulationszwecken gehaltene finanzielle Vermögenswerte (*trading assets*), die am Bilanzstichtag zum *fair value* erfasst werden, und 2. Handelswerte: *fair value*
- zur Veräußerung verfügbare finanzielle Vermögenswerte (*available-for-sale assets*, die weder in die erste noch in die zweite Kategorie fallen. Sie werden am Bilanzstichtag ebenfalls zum *fair value* erfasst. Die Wertänderungen zwischen den Bilanzstichtagen sind jedoch erfolgsneutral. Nach der alten Fassung von IAS 39 konnten sie wahlweise auch erfolgswirksam behandelt werden. 3. veräußerbare Werte: *fair value*

Bei Handelswerten und veräußerbaren Werten kommen hilfsweise die Anschaffungskosten zum Ansatz, wenn der *fair value* nicht zuverlässig messbar ist (z. B. Anteile an nichtbörsennotierter Gesellschaft).

Tipp

Wie für Beteiligungen/sonstige Anteile gilt auch für Wertpapiere: „Erst klassifizieren, dann bewerten."

Bilanzpolitisch kann die Regel in Grenzfällen natürlich auch umgedreht werden: „Welche Bewertung ist erwünscht? Welche Klassifizierung dafür notwendig?"

Fälligkeitspapier: Sperrfrist

Die Klassifizierung als *held-to-maturity investment* ist auf Gläubigerpapiere beschränkt und auch hier nicht die Regel. Voraussetzung für eine entsprechende Einordnung ist nämlich, dass das Unternehmen die positive Absicht und Fähigkeit hat, das Investment bis zur Endfälligkeit zu halten. Dies wird unter anderem daran gemessen, ob das Unternehmen im laufenden und in den zwei vorangegangenen Jahren als *held-to-maturity* klassifizierte Investments mit wesentlichen Beträgen vor Ablauf der Fälligkeit veräußert hat (IAS 39.9). Ist dies der Fall, so ist die entsprechende Halteabsicht generell widerlegt und das Unternehmen darf keines seiner Investments mehr als *held-to-maturity* klassifizieren. Eine wesentliche Ausnahme von dieser „Strafregelung" ist nur bei Verkäufen vorgesehen, die durch unerwartete Ereignisse erzwungen wurden.

Beispiel

Die Asset GmbH hält diverse Rentenpapiere, die sie in einer Hochzinsphase erworben hat, mit Restlaufzeiten zwischen 5 und 8 Jahren. Die Verzinsung liegt über dem aktuellen Zinsniveau, die Bonität der Emittenten ist ordentlich. Die Geschäftsführung freut sich über den guten Zinsstrom und da die GmbH über ausreichende Liquidität verfügt und die Rentenpapiere der internen Deckung von Pensionszusagen dienen, hat die Geschäftsführung nicht die Absicht, die Papiere vor Fälligkeit zu veräußern. Die Halteabsicht ist im Übrigen auch durch bindende Anweisungen der Gesellschafterversammlung gestützt. Entsprechende Protokolle liegen vor. Die Geschäftsführung möchte die Papiere im Abschluss 03 zu amortisierten Anschaffungskosten und nicht zum höheren Stichtagszeitwert ausweisen. In 01 hat die Geschäftsführung zwecks Pensionsabfindung eines ausscheidenden Geschäftsführers zwar eine nicht unbedeutende

Zahl von Rentenpapieren veräußert. Die nächste Geschäftsführerpensionierung steht jedoch erst in 10 Jahren an.

Trotz bester Belege für die **Absicht** (und **Fähigkeit**), die Papiere bis zur Endfälligkeit zu halten, scheidet eine Klassifizierung als *held-to-maturity* und damit auch eine Bilanzierung zu amortisierten Anschaffungskosten aus, da innerhalb der letzen **2 Jahre** Verkäufe wesentlichen Umfangs vor Fälligkeit getätigt wurden. Eine Ausnahme von der „Strafregelung" liegt nicht vor. Ausscheiden und Abfindung waren keine unerwarteten, erzwungenen Ereignisse. Eine Neubeurteilung ist erst wieder in 03 möglich, da dann die Zweijahresfrist überschritten ist. Voraussetzung ist, dass keine neuen Verkäufe getätigt werden.

Das Gegenstück zu Fälligkeitsinvestments sind *trading investments.* Zu Handelszwecken werden Vermögenswerte dann gehalten, wenn sie hauptsächlich mit der Absicht erworben wurden, einen Gewinn aus kurzfristigen Schwankungen von Preisen oder Kursen oder aus Händlermargen zu erzielen (IAS 39.9).

veräußerbare Papiere: *fair value*, aber erfolgsneutral

In der Vielzahl der Fälle, wo weder eine eindeutige Handelsabsicht vorliegt, noch die strengen Voraussetzungen zur Klassifizierung als *held-to-maturity* erfüllt sind, wird die *available-for-sale*-Kategorie als Auffangklasse bedeutsam. Die Besonderheit hier ist, dass die Änderungen des *fair value* gegen die Position kumuliertes sonstiges Gesamteinkommen (*cumulated other comprehensive income*) gebucht werden. Die Wertänderungen werden dann ohne Berührung der GuV erfolgsneutral ins Eigenkapital eingestellt. Bilanziell wird zwar zu jedem Bilanzstichtag der *fair value* dargestellt, Eingang in die GuV finden die Wertänderungen jedoch erst zum Veräußerungszeitpunkt (IAS 39.55b).

Beispiel

Die Finanz GmbH hält Anfang 01 angeschaffte inländische Aktien ohne direkte Handelsabsicht, daneben ausländische Aktien mit Spekulationsabsicht.

- Die Anschaffungskosten betragen jeweils 1 Mio. EUR.
- Kurswert inländische Aktien per 31.12.01: 1,5 Mio. EUR
- Kurswert ausländische Aktien per 31.12.01: 1,2 Mio. EUR.

Anfang 02 werden 1/5 der inländischen Aktien und alle ausländischen Aktien zum Kurswert verkauft. Wertänderungen sind seit dem 31.12.01 nicht eingetreten.

Buchungen 01:

Inlandsaktien		0,5 Mio. EUR	
Auslandsaktien		0,2 Mio. EUR	
an	Rücklagen (w/Inlandsaktien)		0,5 Mio. EUR
an	Ertrag (w/Auslandsaktien)		0,2 Mio. EUR

Buchungen 02:

Bank		1,5 Mio. EUR	
Rücklagen (w/Inlandsaktien) (1/5)		0,1 Mio. EUR	
an	Inlandsaktien (1/5)		0,3 Mio. EUR
an	Ertrag (w/Inlandsaktien)		0,1 Mio. EUR
an	Auslandsaktien (100 %)		1,2 Mio. EUR

Besondere Schwierigkeiten bereitet noch die Umklassifizierung von Wertpapieren. In Fällen, in denen ein *held-to-maturity investment* als *available-for-trade* umklassifiziert werden muss, ist der Bewertungserfolg zum Umklassifizierungszeitpunkt so zu erfassen, als ob von Anfang an nach der neuen Klassifizierung vorgegangen worden wäre. Die aufgelaufene Wertänderung ist in das Eigenkapital einzustellen.

Als Flussdiagramm unter Einbeziehung von Darlehen und Forderungen fasst das nachfolgende Prüfschema die Klassifizierungs- und Bewertungsfragen zusammen.

Prüfschema: Klassifizierung und Bewertung Finanzinstrumente

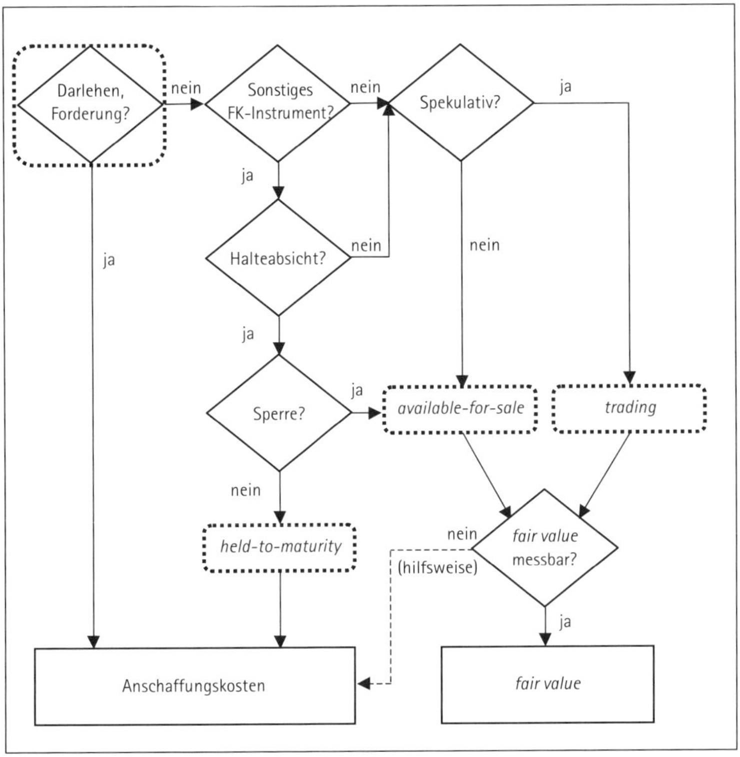

Wertpapiere und ähnliche Finanzinvestitionen

	held-to-maturity	*available-for-sale*	*trading*
1. KRITERIEN			
Definition	Absicht und Fähigkeit, bis zur Endfälligkeit zu halten	Negativdefinition: Keine der beiden anderen Klassen	Für kurzfristige Gewinnmitnahmen gehalten
Kapitalform	FK	FK oder EK	FK oder EK
2. AUSWEIS			
Bilanz	AV oder UV	AV oder UV	i. d. R. UV
Cashflow-Rechnung	CF aus Investitionstätigkeit	CF aus Investitionstätigkeit	CF aus laufender Geschäftstätigkeit
3. BEWERTUNG UND BEWERTUNGSERFOLG			
Zugangsbewertung	AK	AK	AK (ohne Nebenkosten)
Folgebewertung	amortisierte AK	*fair value*	*fair value*
Ergebnis der Folgebewertung	entfällt	bis Veräußerung erfolgsneutral (EK)	Aufwand/Ertrag
außerplanmäßige Abschreibung	Aufwand	in bestimmten Fällen: zuvor in EK berücksichtigten Verlust in GuV übernehmen	entfällt
Zuschreibung nach außerplanmäßige Abschreibung	Ertrag	bei FK-Instrument. sonst gegen EK	entfällt
4. UMKLASSIFIZIERUNG			
von held-to-maturity nach *available-for-sale*		Bewertungserfolg erfolgsneutral gegen EK	
von *available-for-sale* nach *held-to-maturity*	*Fair value* als neue AK-Basis. Alte, bisher im EK erfasste Wertänd. über ND auflösen		

Die Unterschiede in der Stichtagsbewertung (Anschaffungskosten vs. *fair value*) strahlen auf die Zugangsbewertung zurück.

- Bei Finanzvermögen, das der Folgebewertung zu amortisierten Anschaffungskosten unterliegt (neben *held-to-maturities* auch Darlehen und Forderungen), werden im Zugangszeitpunkt neben Anschaffungskosten auch Anschaffungsnebenkosten eingebucht.
- Finanzvermögen, das der erfolgswirksamen Folgebewertung zum *fair value* unterliegt (also *trading assets*), wird hingegen bei Erstverbuchung mit den Anschaffungskosten ohne Berücksichtigung der Anschaffungsnebenkosten erfasst.

Die unterschiedliche Behandlung erklärt sich daraus, dass nur im ersten Fall unter Anwendung der Effektivzinsmethode eine Verteilung der Anschaffungsnebenkosten auf die Laufzeit möglich ist. Im zweiten Fall besteht diese Möglichkeit nicht. Der zum Bilanzstichtag anzusetzende *fair value* entspricht dem Markwert ohne Berücksichtigung von Anschaffungsnebenkosten und ebenso ohne Berücksichtigung von eventuellen Veräußerungskosten.

Beispiel:

Eine Aktie (*trading asset*) wird am 31. Dezember 01 für 100 Euro + 3 Euro Nebenkosten erworben. Am 31. Dezember 02 notiert sie weiterhin mit 100 Euro.

Nach der alten Fassung von IAS 39 war wie folgt zu buchen:

In 01:	per Wertpapier	103	an Geld	103
In 02:	per Aufwand	3	an Wertpapier	3

Tatsächlich hat die Aktie in 02 aber keinen Wertverlust erlitten. Ihr *fair value* beträgt unverändert 100. Der Aufwand von 3 Euro aus den Anschaffungsnebenkosten ist periodengerecht dem Jahr 01 zuzurechnen (IAS 39, neue Fassung):

In 01:	per Wertpapier	100	an Geld	103
	per Aufwand	3		

Nachfolgend ein Vergleich der Behandlung von Anschaffungsnebenkosten bei den 3 Kategorien von Wertpapieren.

Beispiel

Ein Unternehmen erwirbt Anfang 01 ein Gläubigerwertpapier (WP) mit folgenden Werten:

Laufzeit 5 Jahre

Anschaffungskosten 1.000 EUR + 20 EUR Nebenkosten.

Das Papier notiert zu den Bilanzstichtagen an der Börse wie folgt

01 mit 1.000 Euro,

02 mit 970 Euro,

03 mit 1.030 Euro.

Anfang 04 wird es für 1.030 EUR abzüglich 40 EUR Provision veräußert. Der Gesamterfolg beträgt stets - 30 Euro. Abhängig von der Klassifizierung des Papiers ergibt sich jedoch eine unterschiedliche Verteilung. Bei *held-to-maturities* und auch bei *available for sales* (IAS 39.55b) werden Anschaffungskosten auf Gläubigerpapiere verteilt über die Langzeit (im Beispiel vereinfacht linear). Bei *tradings* führen sie sofort zu Aufwand.

	held-to-maturity	*available-for-sale*	*trading*
Bilanzansatz			
01	1.016	1.000	1.000
02	1.012	970	970
03	1.008	1.030	1.030

	held-to-maturity	*available-for-sale*	*trading*
Buchungen			
01	WP 1.020 an Bank 1.020 Aufwand 4 an WP 4	WP 1.020 an Bank 1.020 EK 20 an WP 20 Aufwand 4 an EK 4	WP 1.000 Aufwand 20 an Bank 1.020
02	Aufwand 4 an WP 4	Aufwand 4 an EK 4 EK 30 an WP 30	Aufwand 30 an WP 30
03	Aufwand 4 an WP 4	Aufwand 4 an EK 4 WP 60 an EK 60	WP 60 an Ertrag 60
04	Bank 990 Aufwand 18 an WP 1.008	Bank 990 Aufwand 18 EK 22 an WP 1.030	Bank 990 Aufwand 40 an WP 1.030

gewillkürte *trading assets*

Die Neufassung von IAS 39 im Dezember 2003 erweitert das Klassifizierungsschema der Finanzinstrumente durch Ergänzung der Kategorie Handelswerte (*trading assets*). Neben zur kurzfristigen Veräußerung bestimmten, damit eigentlichen Handelszwecken dienenden Finanzinstrumenten gelten als *trading assets* nun auch solche Finanzinstrumente, die durch entsprechende Widmung bei der Erstverbuchung freiwillig der erfolgswirksamen *fair-value*-Bewertung unterworfen werden sollen. In Anlehnung an eine aus dem Steuerrecht bekannte Begrifflichkeit kann man von gewillkürten Handelswerten sprechen. Die Einführung dieser neuen Kategorie kompensiert den Wegfall des frühern Wahlrechtes in der GuV-Behandlung von *available-for-sale assets.*

Beispiel

U hat diverse Aktien erworben, die nicht kurzfristig weiterveräußert werden sollen.

Nach altem IAS 39 waren sie als *available-for-sale assets* zu qualifizieren mit einem Wahlrecht zwischen erfolgsneutraler und erfolgswirksamer Behandlung der Wertänderungen.

Nach neuem IAS 39 besteht dieses Wahlrecht für *available-for-sale assets* nicht mehr. U hat jedoch eine gleichwertige Option:

- Der eigentlichen Verwendungsabsicht entsprechend Einbuchung als *available-for-sale asset* mit Erfolgsneutralität der Wertänderungen.
- Der Verwendungsabsicht nicht entsprechende Einbuchung als gewillkürtes *trading asset* mit Erfolgswirksamkeit der Wertänderung.

Die Willkürmöglichkeit gilt auch für Verbindlichkeiten und hat dort noch größere Effekte (vgl. Kapitel H „Verbindlichkeiten"). Statt als Handelswert können Forderungen und Fälligkeitswerte auch als veräußerbare Werte gewillkürt werden.

5 Finanzderivate und *hedge-accounting*

Als Finanzderivate definiert IAS 39.9 Finanzinstrumente,

- deren Wert sich infolge einer Änderung eines (Referenz-) Zinssatzes, Wertpapierkurses, Rohstoffpreises, Wechselkurses, Indexes oder einer ähnlichen Variablen verändert,
- wobei verglichen mit sonstigen Verträgen, die in ähnlicher Weise auf Änderungen der Marktbedingungen reagieren, keine oder nur eine geringe anfängliche Investition erforderlich ist und
- der Ausgleich zu einem späteren Zeitpunkt erfolgen wird.

z. B. Option, Termin, Swap

Wichtige Finanzderivate sind in erster Linie

- alle Arten von Optionen,
- Termingeschäfte sowie daneben
- Zinssatz-Swaps.

HGB: Bilanzierung strittig

Die handelsbilanzielle Behandlung solcher Derivate ist uneinheitlich. So ist etwa im Falle drohender Verluste die Bildung einer

Rückstellung bei Währungstermingeschäften unstrittig, bei Optionsgeschäften der Höhe nach strittig (Glattstellungs- oder Ausübungsmethode), bei Zinsswapgeschäften auch dem Grunde nach strittig.

Dienen Finanzderivate nicht spekulativen Zwecken, sondern Sicherungszwecken *(hedging)*, so kann der Gewinn/Verlust aus dem Grundgeschäft handelsrechtlich gegebenenfalls mit dem Verlust/Gewinn aus dem Sicherungsgeschäft kompensiert werden. Eine Bewertungseinheit wird gebildet, die die Kompensation bis zur Höhe eines drohenden Verlustüberschusses rechtfertigen soll. Soweit die Derivate der Sicherung schwebender oder geplanter Transaktionen dienen, soll die Bildung einer Bewertungseinheit nach herrschender Meinung handelsrechtlich nicht zulässig sein. Handelsrechtlich unzulässig wäre danach etwa die Saldierung von Kursgewinnen aus einem Anfang Dezember geschlossenen Dollarterminverkaufsgeschäft, das der Absicherung von Dollar-Einnahmen aus erwarteten US-Umsätzen im Januar dienen soll.

... ggf. Bewertungseinheit

Die Regelungen in IAS 39.71 ff. weisen im Vergleich zu diesen handelsrechtlichen Regeln eine höhere Stringenz auf:

IAS stringenter

- Derivate sind grundsätzlich zum *fair value* zu erfassen. Wertänderungen sind nicht nur im Falle drohender Verluste, sondern auch bei „drohenden“ Gewinnen zu berücksichtigen.

... grundsätzlich *fair value*

- Soweit Derivate nicht zu Sicherungszwecken gehalten werden, gelten sie als *trading investments* mit der Folge, dass alle Wertänderungen erfolgswirksam in der GuV zu erfassen sind (vgl. Kapitel D 4 „Finanzvermögen; Wertpapiere und ähnliche Finanzinvestitionen“).

... erfolgswirksam, wenn spekulativ

- Soweit Derivate der Sicherung dienen (*hedge-accounting*), ist zu unterscheiden: bei Absicherung des ergebniswirksamen Zeitwertrisikos vorhandener Vermögenswerte (*fair value hedge*) ist auch die Wertänderung des Derivats in der GuV ergebniswirksam. Bei Absicherung zukünftiger Cashflows (*cash flow hedge*) sind die Wertänderungen des Derivats zunächst erfolgsneutral gegen Eigenkapital zu buchen und erst in der Periode in der GuV zu erfassen, in der auch das Grundgeschäft erfolgswirksam wird.

... differenziert, wenn Sicherung (*hedge-accounting*)

- Daneben bestehen Sonderregelungen für bestimmte Währungssicherungen, sog. *foreign currency hedges.* Dieser Begriff und die

Sonderregeln umfassen jedoch nicht die Absicherung laufender Geschäfte in fremder Währung (*cash flow* oder *fair value hedge*), sondern beschränken sich auf die Sicherung von Investments in ausländischen Niederlassungen, Betriebsstätten usw.

Derivate und *hedge-accounting*

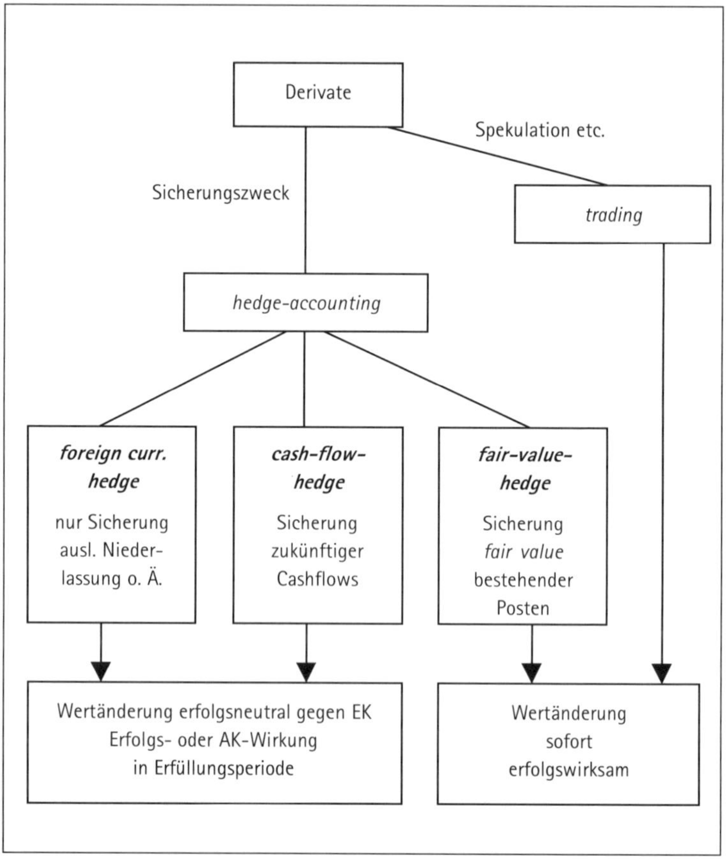

Die unterschiedlichen Sicherungsformen und ihre Behandlung sind in vorstehender Abbildung zusammengefasst.

Von originären Derivaten sind eingebettete Derivate zu unterscheiden, die Bestandteil so genannter hybrider Finanzinstrumente sind. Ein klassisches Beispiel sind Wandelschuldverschreibungen. In das Schuldinstrument (Schuldverschreibung) ist das Recht zur Umwandlung in ein Eigenkapitalinstrument (Aktien) eingebettet. Unter in IAS 39.10 ff. näher beschriebenen Voraussetzungen sind derartige eingebettete Derivate getrennt vom Basisvertrag zu erfassen und zu bewerten.

eingebettete Derivate

So wie im Falle eingebetteter Derivate ein einheitlicher Vertrag wirtschaftlich in ein Basisinstrument und ein Derivat aufgesplittet werden kann, ist umgekehrt auch die wirtschaftliche Zusammenfassung getrennter Verträge zu einem synthetischen Instrument denkbar.

synthetische Instrumente

Beispiel

Unternehmen A erwirbt Anfang 01 eine variable Anleihe fünfjähriger Laufzeit. Der Zinssatz der Anleihe ist Euribor plus 2 %. Zur gleichen Zeit schließt das Unternehmen mit der Bank B einen 5-Jahres-Zinsswap-Vertrag, demzufolge das Unternehmen Euribor plus 2 % an die Bank zu zahlen hat und von der Bank im Gegenzug einen Festzins von 5 % erhält. Der Euribor beträgt bis zum vorletzten Zinszahlungstermin des Jahres 02 3,5 % und sinkt dann auf 2,5 %. Das Unternehmen hat die positive Absicht und Fähigkeit, die Anleihe bis zur Fälligkeit zu halten (*held-to-maturity*). Bilanziell betrachtet es die Kombination von variabler Anleihe und Zinsswap als eine synthetische Festzinsanleihe mit einem Zinssatz von 5 %. Es beabsichtigt demgemäß nur die Anleihe zu Kosten zu bilanzieren und das Derivat nicht zu berücksichtigen.

Nach IAS 39 Guidance on Implementing C.6 wäre die synthetische Betrachtung unangemessen. Jeder der beiden Verträge hat seine eigenen Bedingungen und Konditionen und kann **separat** veräußert oder beglichen werden. Demgemäß sind die beiden Verträge auch getrennt zu klassifizieren. Die beabsichtigte bilanzielle Handhabung ist deshalb unzulässig. Das **Grundgeschäft** wird zu (amortisierten) Kosten angesetzt. Der Zinsswap-Vertrag kann als ein ***cash flow hedge*** interpretiert werden. Er sichert die zukünftigen *cash-inflows* aus den Zinszahlungen gegen Änderungen des Euribors ab. Unter Vernachlässigung der

Zinseszins-Betrachtung ist etwa zum Bilanzstichtag 02 ein Aktivum in Höhe von 3 x (5,0 - 4,5 =) 1,5 zu bilanzieren. Die Gegenposition befindet sich im Eigenkapital. Sie wird erfolgswirksam erst in den Folgeperioden.

Voraussetzungen *hedge-accounting*

Ob das Unternehmen *hedge-accounting* anwendet bzw. Bewertungseinheiten bildet, kann angesichts der Bedeutung und des Risikopotenzials von Finanzderivaten für die Lage des Unternehmens nicht ins Belieben der Bilanzierenden gestellt werden. Objektive Anwendungsvoraussetzungen müssen die Vornahme des *hedge-accounting* rechtfertigen. Soweit sich der Sicherungszweck nicht unmittelbar aus dem Vertrag selbst ergibt, verlangt die Anwendung des *hedge-accounting* gemäß IAS 39.88 deshalb unter anderem:

- formale Dokumentation des Sicherungszusammenhangs und der Risikoziele und Risikostrategien des Unternehmens zu Beginn des Sicherungsgeschäftes,
- hoher Grad und verlässliche Messbarkeit der Effizienz der Absicherung,
- bei *cash flow hedges* außerdem hohe Wahrscheinlichkeit der vorhergesagten zukünftigen Transaktionen.

Das Effizienzkriterium ist zum Beispiel dann kritisch zu untersuchen, wenn Währungsgeschäfte durch eine „verbundene" Währung abgesichert werden sollen.

Beispiel

Ein deutscher Autohersteller wird in der Folgeperiode neben 500.000 Einheiten in die USA 25.000 Einheiten nach Kanada liefern. Der Future-Markt für US-Dollars ist liquider und preisgünstiger als der für Kanadische Dollars. Das gesamte vorhergesagte Nordamerika-Volumen wird daher über US-Dollar-Futures abgesichert.

Ob auch die vorhergesagten Kanada-Transaktionen bzw. der diesbezügliche Teil des Future-Kontraktes als *cash flow hedge* qualifiziert werden können, hängt davon ab, wie effizient das Sicherungsgeschäft ist. Kann dargelegt werden, dass in der mittelfristigen Vergangenheit US-Dollar und Kanadischer Dollar sich überwiegend gleichförmig zur DM (bzw. zum Euro) verändert haben, dass also zwischen dem US-Dollar und dem Kanadischen Dollar statistisch eine **hohe Korrelation** besteht, so ist auch der Kanada betreffende Teil des Sicherungsgeschäftes **effizient** und ein *hedge-accounting* zulässig.

In Fremdwährungsfällen ist zu beachten, dass auch die abgesicherten monetären Aktiva oder Passiva selbst gemäß IAS 21 zum Bilanzstichtag erfolgswirksam umzurechnen sind. Hierdurch werden Unterscheidungen zwischen *fair value* und *cash flow hedge* häufig gegenstandslos: Fremdwährungsfälle

Beispiel

Ein Unternehmen hat im Herbst 01 ein Fremdwährungsdarlehen aufgenommen, das es in sechs Monaten zurückzahlen muss. Es schließt einen zeitkongruenten Terminkauf über Devisen ab.

Würde der Sicherungszusammenhang als *fair value hedge* der bestehenden Verbindlichkeit gewertet, so wären sowohl das Ergebnis aus dem Terminkauf als auch das gegenläufige Ergebnis aus der Verbindlichkeit erfolgswirksam zum Bilanzstichtag zu berücksichtigen.

Würde das Sicherungsgeschäft als *cash flow hedge* der zukünftigen Rückzahlung gewertet, wäre der Erfolg aus dem Sicherungsgeschäft zwar grundsätzlich gegen Eigenkapital einzubuchen. Er wandert jedoch zu dem Zeitpunkt vom Eigenkapital in die GuV, in dem das Grundgeschäft die GuV berührt. Dies ist bereits zum 31.12.01 der Fall. Der Bewertungserfolg des Sicherungsgeschäftes findet demnach auch in diesem Fall bereits im alten Jahr Eingang in die GuV.

Nach der Neufassung von IAS 39 gelten als *fair value hedge* (und nicht mehr als *cash flow hedge*) auch Absicherungen des *fair value* von noch nicht existenten, aber schon fest kontrahierten Vermögenswerten oder Schulden gelten. Neuregelung

Beispiel

Raffinerie R schließt im November einen Vertrag über den Einkauf von 1 Mio. Barrel Öl zu 30 Mio. Dollar ab. Liefertermin ist Januar. Fakturiert wird in Dollar. Das Währungsrisiko sichert R bei einem Kurs von 1 zu 1 durch einen Dollarterminkauf ab. Zum Stichtag ist der Dollarkurs auf 1,2 Dollar je EUR gestiegen.

Das Dollartermingeschäft hat einen positiven Marktwert von 6 Mio. EUR, denn R kann aufgrund der Terminvereinbarung die Dollars zu 30 Mio. EUR statt zu 36 Mio. EUR beschaffen. Der Einkaufsvertrag über das Öl hat hingegen einen negativen Marktwert von 6 Mio. EUR. R muss (ohne Betrachtung des Dollartermingeschäftes) 36 Mio. EUR statt ursprünglich geplanter 30 Mio. EUR für das Öl aufwenden.

Nach **alter Regelung** war wie folgt zu buchen:

per Derivat 6 Mio. EUR an Eigenkapital 6 Mio. EUR

Die 6 Mio. EUR aus dem Ölkontrakt waren hingegen nicht zu berücksichtigen (es sei denn drohender Verlust).

Der gesamte Vorgang war zwar GuV-neutral, die Vermögenslage (Eigenkapital) wurde aber um 6 Mio. EUR zu günstig ausgewiesen.

Nach **neuer Regelung** sind folgende Buchungen vorzunehmen:

per Derivat 6 Mio. EUR an Ertrag 6 Mio. EUR

per Aufwand 6 Mio. EUR an Verbindlichkeit aus Einkaufsvertrag 6 Mio. EUR

In der GuV ändert sich unter Beachtung der Saldierungsmöglichkeit aus IAS 1 nichts. Das Eigenkapital wird aber um 6 Mio. EUR niedrigerer (und zutreffender) als bisher ausgewiesen.

Werden voraussichtliche zukünftige Anschaffungen von abnutzbaren Anlagegütern währungsgesichert, so ist der im Eigenkapital verbuchte Derivateerfolg wahlweise wie folgt zu behandeln:

- Auflösung gegen Anschaffungskosten (d. h. Einbuchung mit Sicherungskurs)
- Auflösung parallel zur Abschreibung (IAS 39.98).

Beispiel

L plant im Frühjahr 02, Flugzeuge in den USA für 10 Mio. USD anzuschaffen. Anfang Dezember 01 sichert L das Währungsrisiko durch einen Dollarterminkauf von 10 Mio. USD bei einem Kurs von 1 zu 1. ab. Zum Stichtag ist der Dollarkurs auf 1,2 Dollar je EUR gestiegen. Das Dollartermingeschäft hat einen positiven Marktwert von 2 Mio. EUR.

M bucht zum Stichtag:

per Derivat 2 Mio. EUR an Eigenkapital 2 Mio. EUR.

Ende Januar gibt L die verbindliche Bestellung auf. Die Flugzeuge werden im Februar bei einem Kurs von nach wie vor 1,2 Dollar je EUR geliefert. L bezahlt sofort aus dem Sicherungsgeschäft.

a) L bucht mit Anschaffungskosten zu Sicherungskurs:

per Anlagevermögen 10 Mio. EUR an Geld 10 Mio.

per Eigenkapital 2 Mio. EUR an Derivat 2 Mio. EUR

b) mit Anschaffungskosten zum aktuellen Kurs:

per Anlagevermögen 12 Mio. EUR an Geld 10 Mio. EUR

an Derivat 2 Mio. EUR

Die Auflösung der Eigenkapitalposition erfolgt dann erst über die Abschreibungsdauer der Flugzeuge.

Tipp

Die zweite Alternative ist wenig praktikabel, da bei langlebigen Vermögenswerten die Unterpositionen im Eigenkapital über viele Perioden nachgehalten werden müssen.

Im System des HGB werden Sicherungszusammenhänge vor allem benötigt, um überflüssige Drohverlustrückstellungen zu vermeiden. Wird etwa eine Dollarforderung durch einen Terminverkauf gesichert und steigt der Dollar bis zum Bilanzstichtag, so kann auf die Forderung wegen des Anschaffungskosten- und Imparitätsprinzips keine Zuschreibung vorgenommen werden, während der gegenläufige Verlust aus dem Sicherungsgeschäft als Rückstellung zu berücksichtigen wäre. Die Zulassung von Bewertungseinheiten vermeidet ein solches, dem wirtschaftlichen Gehalt nicht entsprechendes Ergebnis (vgl. Beispiel in Abschnitt 1.1). Über diesen begrenzten Zweck hinaus, insbesondere für Fälle der Absicherung zukünftiger Zahlungsströme, ist ein *hedge-accounting* handelsrechtlich nicht zulässig.

IAS kennt derartige Beschränkungen nicht. Termingeschäfte etwa sind nicht nur passivisch im Falle drohender Verluste, sondern auch aktivisch bei zu erwartenden Gewinnen zu bilanzieren. Die Existenz eines Zusammenhangs mit einem jetzigen oder zukünftigen Grundgeschäft berührt nie den Bilanzausweis, sondern nur die sofortige oder spätere Berücksichtigung in der GuV.

6 EU-*fair-value*-Richtlinie, Änderung des HGB

EU-Doppelstrategie

Die EU verfolgt, wie in Kapitel A „Strategien einer Anpassung der Rechnungslegung" beschrieben, hinsichtlich der IAS-Rechnungslegung eine doppelgleisige Strategie:

- Volle Übernahme des IAS-Regelwerks: Die EU-Verordnung vom Mai 2002 sieht vor, dass ab dem Jahre 2005 mindestens alle börsennotierten Unternehmen ihre konsolidierten Abschlüsse nach den IAS aufstellen müssen. Die Mitgliedstaaten können darüber hinaus für die Konzernabschlüsse anderer Unternehmen und die Einzelabschlüsse die IAS als Rechtsgrundlage entweder vorschreiben oder (so die Bundesrepublik im Bilanzrechtsreformgesetz) erlauben.
- Annäherung der EU-Bilanzrichtlinien an den Inhalt der IAS-Vorschriften: Die EU-*fair-value*-Richtlinie vom 27. Oktober 2001 sieht vor, dass die 4. und 7. Bilanz-Richtlinie im Hinblick auf die so genannte *fair-value*-Bewertung von Finanzinstrumenten geändert werden.

Das zweite Element der EU-Strategie würde zu fundamentalen Änderungen führen, die (je nach Art der Umsetzung: Erlaubnis oder Pflicht Konzern- oder nur Einzelabschluss) jedes Unternehmen betreffen können.

DSR-Vorschlag zum HGB

Umfang und Richtung der denkbaren Änderung lassen sich am besten dem „Vorschlag zur Umsetzung der EU-*fair-value*-Richtlinie in deutsches Recht" entnehmen, den der DSR im November 2001 unterbreitet hat. Folgende Regelungen sind vorgesehen:

- Änderung des § 246 HGB dahingehend, dass Finanzderivate als Vermögensgegenstände und Schulden gelten, d. h. nicht nur in Drohverlustfällen zu bilanzieren sind.
- Einfügung eines neuen § 253a HGB, der für bestimmte Finanzinstrumente *(available-for-sale assets, trading-assets* und Derivate) den beizulegenden Zeitwert (*fair value*) vorschreibt.
- Einfügung eines § 255b, wonach *fair-value*-Änderungen veräußerbarer Werte *(available-for-sale assets)* und bestimmter *hedges* erfolgsneutral direkt im Eigenkapital zu erfassen sind.

Die Umsetzung des Gesetzesvorschlages, durch den die IAS-39-Vorschriften praktisch zu HGB-Vorschriften würden, ist derzeit aber eher unwahrscheinlich. Endgültige Klarheit wird im Sommer 2004 das Bilanzrechtmodernisierungsgesetz bringen.

7 *Notes*, insbesondere Beziehungen zu nahe stehenden Parteien

Die zum Finanzvermögen geforderten *notes* sind im Wesentlichen geregelt

- in IAS 22 für Tochterunternehmen, IAS 28 für assoziierte Unternehmen, IAS 31 für Gemeinschaftsunternehmen und IAS 24 für Beziehungen zu nahe stehenden Unternehmen
- in IAS 32 für das übrige Finanzvermögen (Finanzinstrumente).

Aufstellung Anteilsbesitz

Für Tochterunternehmen, assoziierte Unternehmen und Gemeinschaftsunternehmen ist eine Aufstellung des Anteilsbesitzes mit Angabe von Eigenkapital, Ergebnissen, Umsatz und Bilanzsumme gefordert.
Soweit nach der *equity*-Methode bilanziert wird, sind alle betreffenden Investments sowohl in der Bilanz als auch in der GuV, als vom übrigen Finanzanlagevermögen separierte Posten gesondert auszuweisen.

Transaktionen mit nahe stehenden Parteien

Bei Beteiligungen ist außerdem IAS 24 zu beachten. Er verlangt die Offenlegung von Transaktionen mit nahe stehenden Unternehmen und Personen, um auf diese Weise Hinweise auf Gewinnverschiebungen erhalten zu können. Im deutschen Recht ist diese Problematik zum einen steuerlich relevant (verdeckte Gewinnausschüttung). Zum anderen ist sie konzernrechtlich von Bedeutung. Die konzernrechtlichen Regelungen beschränken sich jedoch auf den aktienrechtlichen Konzern. Eine abhängige Aktiengesellschaft hat ggf. einen Abhängigkeitsbericht nach § 312 AktG zu erstellen, der wie der Jahresabschluss und der Lagebericht vom Abschlussprüfer zu prüfen ist. Gegenüber diesem Abhängigkeitsbericht unterscheiden sich die von IAS rechtsformunabhängig verlangten Angaben in mehrfacher Hinsicht:

auch Gesellschafter u. Manager

- Als *related party* gelten nicht nur nahe stehende Unternehmen, sondern auch nahe stehende natürliche Personen, die als Gesellschafter oder als Manager signifikanten Einfluss auf das Unternehmen haben.
- Die Berichtspflicht greift nicht erst bei Abhängigkeit (regelmäßig Mehrheitsbesitz), sondern bereits bei signifikantem Einfluss, also zum Beispiel auch bei assoziierten Unternehmen.
- Berichtspflichtig ist nicht nur das abhängige Unternehmen in seinem Jahresabschluss, sondern auch das übergeordnete Unternehmen.
- Berichtspflichtig sind nur Transaktionen zwischen den nahe stehen Parteien, hingegen nicht Maßnahmen, die aufgrund der Verbundenheit der Unternehmen unterlassen wurden.

ggf. nur Hinweis auf Fremdüblichkeit

Die Beschreibung der Transaktionen umfasst nach IAS 24.17 insbesondere das Volumen der Geschäfte. Der Hinweis, dass fremdübliche Konditionen vereinbart wurden, ist nach IAS 24.21 nur zulässig, wenn diese Behauptung substanziiert werden kann, z. B. durch Verweis auf regelmäßigen Vergleich mit Marktpreisen.

Alle IAS-Anforderungen zu den *related parties* beziehen sich zunächst auf den Einzelabschluss. Im Konzernabschluss sind entsprechende Angaben nur für assoziierte Unternehmen gefordert, da Geschäfte mit assoziierten Unternehmen anders als Transaktionen mit Tochterunternehmen nicht konsolidiert werden. Die Transaktionsangaben sind nicht notwendig zu individualisieren. Eine Zusammenfassung nach Kategorien (z. B. Umsatz mit Mutterunternehmen, Umsatz mit assoziierten Unternehmen usw.) reicht aus (IAS 24.18).

Die zum übrigen Finanzanlagevermögen geforderten *notes* lassen sich wie folgt systematisieren: sonstige *notes*

- grundsätzliche Angaben: Die Bewertungsmethode, insbesondere *fair value* oder Anschaffungskostenansatz, ist anzugeben. 1. Grundsätzliche Angaben
- *fair-value*-Angaben: Soweit der Vermögenswert, z. B. im Falle von *held-to-maturity*-Forderungen, bilanziell nicht zum *fair value* erfasst wird, sind entsprechende Angaben im Anhang zu machen (IAS 32.86). Soweit bilanziell die *fair-value*-Methode Anwendung findet, sind die Grundlagen der *fair-value*-Ermittlung (z. B. anerkanntes Schätzverfahren) anzugeben, außerdem, ob Änderungen des *fair value* erfolgswirksam über die GuV oder erfolgsneutral gegen Eigenkapital erfasst werden (IAS 32.92). 2. *fair value*
- allgemeine Risikoangaben: Die Strategie des Unternehmens im Umgang mit Preisrisiken (Währungsrisiken, Zinsrisiken, Kursrisiken) sowie Kreditrisiken ist zu beschreiben (IAS 32.56 ff.). In diesem Zusammenhang sind auch die wesentlichen Konditionen von Finanzinstrumenten (z. B. Laufzeiten, Zinssätze usw.) darzulegen (IAS 32.60 ff.). 3. Risiken
- *hedging*: Die für Sicherungszwecke eingesetzten Instrumente und die Natur der abgesicherten Risiken sind zu beschreiben. Im Falle antizipativer *hedges* zukünftiger Cashflows sind auch Angaben über die prognostizierten zukünftigen Zahlungsströme zu machen (IAS 32.58 ff.). 4. *hedging*

Art und Form der Darstellung (z. B. verbal oder in Tabellen) stehen weitgehend im Ermessen des Bilanzierenden. Hinsichtlich der Detaillierung der Angaben ist der *materiality*-Grundsatz zu beachten. Der Bilanzierende hat einen Mittelweg zu beschreiten „zwischen einem überladenen Bericht mit ausschweifenden Ausführungen zu Details, die dem Bilanzadressaten kaum noch nutzbringende Informationen liefern, und unklaren und dadurch schwer verständlichen Darstellungen wesentlicher Sachverhalte aufgrund einer zu weitreichenden Aggregation der Daten"(IAS 32.54). Mittelweg gefordert

Tipp

Der *materiality*-Grundsatz und der geforderte Mittelweg lässt Interpretationsspielräume. Sie können für eine kräftige Reduzierung des Berichtsumfangs genutzt werden. Bestimmte Mindestangaben (z. B. Laufzeiten, Zinssätze, Klassifizierung der Investments) sind jedoch unverzichtbar. Die Konsequenz ist, dass die Anhangsangaben zum Finanzvermögen regelmäßig deutlich umfangreicher ausfallen müssen als etwa die Angaben zum Sachanlagevermögen (vgl. Kapitel C „Immaterielles und Sachanlagevermögen").

mixed model

Die Schwierigkeiten der Bilanzierung und Anhangserläuterung von Finanzinvestitionen ergeben sich zu einem großen Teil daraus, dass in Abhängigkeit von der Klassifizierung der Investition entweder zu amortisierten Anschaffungskosten oder zum *fair value* bewertet wird. Es gibt seit längerem Bestrebungen, dieses gemischte Bewertungssystem (*mixed model*) durch eine einheitliche *fair-value*-Bewertung abzulösen.[7]

8 Zusammenfassung

Während nach HGB alle Arten von Finanzvermögen dem Anschaffungskostenprinzip unter Berücksichtigung des Niederstwertes unterliegen, entscheidet nach IAS die Klassifizierung des *financial asset* über seine Bewertung.

- **Beteiligungen** dürfen zu Anschaffungskosten oder zum *fair value* bewertet werden.
- Darlehens- und Kunden**forderungen** werden i. d. R. zu amortisierten Anschaffungskosten erfasst (bei Disagio z. B. Aufzinsung mit Effektivzinsmethode).

---

7 Vgl. Breker/Gebhardt/Pape, Das Fair-Value-Projekt für Finanzinstrumente, Stand der Erörterungen der Joint Working Group of Standard Setters im Juli 2000, WPg 2000, S. 729 ff.

- Bei gekauften Forderungen (Rentenwerte) oder Anteilen (Aktien) ist weiter zu differenzieren. Werden sie spekulativ gehalten (***trading investments***), ist der Stichtagszeitwert maßgebend. Soll das Investment bis zur Endfälligkeit bestehen **bleiben** (***held-to-maturity investments***), greifen die amortisierten Anschaffungskosten. Passt weder die eine noch die andere Zuordnung (***available-for-sale investments***), ist wiederum der Stichtagszeitwert entscheidend. Die Wertänderung kann jedoch in diesem Fall erfolgsneutral, d. h. ohne Berührung der GuV, im Eigenkapital „geparkt" werden.

Als *trading investments* werden grundsätzlich auch **Finanzderivate** (Termingeschäfte, Optionen, Swaps) eingestuft. Der erfolgswirksame Zeitwertausweis ist dabei nicht nur im Falle drohender Verluste, sondern auch bei „drohenden" Gewinnen geboten.
Soweit Finanzderivate Sicherungszwecken dienen, gelten besondere Regelungen (***hedge accounting***). Bei Absicherung zukünftiger Cashflows (*cash flow hedge*), z. B. Absicherung erwarteter Dollareinnahmen des Folgejahres durch Dollarterminverkauf, wird die Wertänderung des Derivats erfolgsneutral gegen Eigenkapital gebucht. Bei Absicherung bestehender Posten (*fair value hedge*), z. B. Absicherung von Aktienkursen durch Verkaufsoption, ist die Wertänderung sofort erfolgswirksam.
In den Anhangerläuterungen (*notes*) des Finanzvermögens bestehen keine grundsätzlichen Unterschiede zum HGB. Allerdings lösen Geschäfte mit Beteiligungsunternehmen und anderen nahe stehenden Personen besondere Berichtspflichten aus (*related party transactions*).

E Vorräte, Fertigungsaufträge, Ertragsrealisierung

1 Überblick

Im Vergleich zu den bisher behandelten Aktivposten fallen die IAS-Regelungen zum Vorratsvermögen kurz und eher einfach aus. Alle Grundfragen sind in IAS 2 „*Inventories*" auf wenig mehr als 10 Seiten geregelt. Für das Spezialproblem, die Ertragsrealisierung bei Auftragsfertigung, ist mit IAS 11 „*Construction Contracts*" noch ein zweiter Standard hinzuzuziehen.

IAS 2: Vorräte allgemein

IAS 2 befasst sich zur Hauptsache mit Bewertungs-, daneben mit Ausweisfragen. Die Zugangsbewertung weicht im Wesentlichen nur dadurch vom HGB ab, dass ein Vollkostenansatz vorgeschrieben ist und kein Wahlrecht zum Teilkostenansatz besteht. Beim Ausweis verzichtet IAS auf eine Untergliederung der Position Vorräte in der Bilanz selbst. Eine dem HGB vergleichbare Untergliederung wird nur in den *notes* verlangt.

IAS 11: Auftragsfertigung

Eine wirklich bedeutsame Abweichung zum HGB ergibt sich bei dem Sonderproblem der Auftragsfertigung.

Beispiel

Die Hammer GmbH errichtet in 01-03 einen hydraulischen Schmiedehammer für einen Automobilproduzenten. Installation vor Ort und Abnahme des Hammers erfolgen Anfang 04. Aus dem Auftrag resultiert bei einem Umsatz von 1.000 TEUR insgesamt ein Gewinn von 200 TEUR.

Nach HGB entstehen Umsatz und Gewinn in der Periode 04. Nach IAS 11 sind Umsatz und Ertrag entsprechend des Baufortschrittes *(percentage of completion)* auf die Jahre 01-04 zu verteilen.

Formell führt die anteilige Vereinnahmung bei Fertigungsaufträgen nicht zu Vorratsvermögen, sondern zu Forderungen. Wegen des sachlichen Zusammenhangs erfolgt die Behandlung aber in diesem Kapitel.

2 Bewertung von Vorräten

2.1 Anschaffungskosten und Herstellungskosten

AK wie HGB

Der Ansatz der Vorräte erfolgt nach IAS 2.9 zu Anschaffungs-/Herstellungskosten oder dem niedrigeren realisierbaren Wert. Hinsichtlich des Umfangs der Anschaffungskosten schreibt IAS 2.10 die Berücksichtigung von Anschaffungsnebenkosten und den Abzug von Skonti, Rabatten usw. vor. Insoweit ergeben sich keine Unterschiede zum handelsrechtlichen Anschaffungskostenbegriff und der Regelung des § 255 Abs. 1 HGB.

3 Grundfragen HK-Rechnung

Die eigentlichen Probleme der Vorratsbewertung liegen jedoch nicht in der einfach strukturierten Ermittlung der Anschaffungskosten von Rohstoffen oder Waren, sondern in der komplexeren Ermittlung der Herstellungskosten von Erzeugnissen. Bei der Bewertung von selbst erstellten Vorräten muss sich jedes interne oder externe Rechnungssystem 3 Fragen stellen:

1. Gemeinkosten?

- ob neben direkt zurechenbaren Einzelkosten auch Gemeinkosten berücksichtigt werden sollen (oder dürfen) und falls dies bejaht wird,

2. Verwaltung etc.?

- ob dabei auch produktionsferne Gemeinkosten, z. B. für die allgemeine Verwaltung, einzubeziehen sind und

3. Auslastung?

- auf welcher Basis, insbesondere nach welcher Kapazitätsauslastung die Zurechnung von Gemeinkosten erfolgen soll.

IAS-Antworten:

Die Antworten auf diese Fragen fallen in verschiedenen Kostenrechnungssystemen ebenso unterschiedlich aus wie in verschiedenen Bilanzierungssystemen, hier IAS und HGB:

1. Vollkosten

- Hinsichtlich der Grundsatzfrage, ob Gemeinkosten überhaupt zu berücksichtigen sind, entscheidet sich das HGB für ein Wahlrecht zwischen Einzel- und Vollkostenansatz, IAS 2.12 hingegen für eine Aktivierungspflicht der Gemeinkosten.

- Dabei dürfen nach HGB auch allgemeine Verwaltungskosten und soziale Kosten in die Vollkosten einbezogen werden, während IAS 2.7 und 14c einen Produktionsbezug dieser Kosten verlangt.
- Hinsichtlich des konkreten Umfangs der Gemeinkosten schreibt § 255 Abs. 2 Satz 3 HGB die Begrenzung auf angemessene Teile der notwendigen Material- und Fertigungsgemeinkosten und der durch die Fertigung veranlassten Abschreibungen vor. IAS 2.13 ist im Vergleich zu diesen unbestimmten Begriffen konkreter und sieht vor, dass fixe Gemeinkosten auf der Grundlage der Normalkapazität zugerechnet werden. Der auf die einzelne Produktionseinheit entfallende Betrag erhöht sich bei einem geringeren Produktionsvolumen also nicht.

2. aber produktionsnah

3. Basis Normalkapazität

In der Bilanzierungspraxis spielen die drei genannten Unterschiede eine geringere Rolle als in der Theorie. Dem steuerlichen Aktivierungsgebot für Material- und Fertigungsgemeinkosten folgend, bleibt die Nichteinbeziehung dieser Kosten auch in die HGB-Bilanz die Ausnahme. Die grundsätzliche Übereinstimmung mit IAS ist deshalb regelmäßig gegeben.

Unterschiede in Praxis gering

Hinsichtlich der nach IAS gebotenen Differenzierung zwischen solchen allgemeinen Verwaltungskosten und sozialen Kosten, die sich auf die Produktion beziehen, und solchen ohne Produktionsbezug fällt es schwer, materiell relevante Beispiele zu finden. Zu denken wäre etwa an die Führung der Lohnbuchhaltung für die Produktionskräfte einerseits (Einbeziehungspflicht) und die Führung der Gehaltsbuchhaltung für die sonstigen Arbeitnehmer andererseits (Einbeziehungsverbot). In den veröffentlichten deutschen IAS-Jahresabschlüssen finden sich derartige Differenzierungen jedoch kaum. Entweder werden die allgemeinen Verwaltungskosten insgesamt als Aufwand verrechnet oder es wird ein nicht näher erläuterter Teil in die Herstellungskosten einbezogen. Sowohl die eine als auch die andere Verfahrensweise ist auch nach HGB zulässig.

Auch hinsichtlich des dritten Punktes, der Gemeinkostenzurechnung, ergeben sich regelmäßig keine Unterschiede in der Praxis. In der Bilanzierungstheorie und -praxis werden die handelsgesetzlichen Regelungen zur Notwendigkeit und Angemessenheit im Allgemeinen so interpretiert, dass bei der Umlage der Gemeinkosten von normalen Beschäftigungsverhältnissen auszugehen ist. Werden diese Normalbeschäftigungsverhältnisse nicht punktuell, sondern als Intervall verstanden, so kann stattdessen auch die tatsächliche Kapazitätsauslastung zugrunde gelegt werden, solange sie sich in diesem Intervall befindet. Diese Vorgehensweise entspricht auch dem Hinweis in IAS 2.13, wonach das tatsächliche Produktionsniveau zugrunde gelegt werden kann, wenn es der Normalkapazität nahe kommt.

Tipp

Eine Herstellungskostenbewertung, die den deutschen steuerlichen Anforderungen entspricht, genügt meist auch IAS. Dies sollte i. d. R. bis ins Detail genutzt werden, um Bewertungsunterschiede zwischen IAS und Steuerbilanz zu vermeiden. Ansonsten würden sich Steuerlatenzen (vgl. Kapitel I „Tatsächliche und latente Steuern") ergeben, die gerade bei Vorräten nur mit viel Aufwand nachzuhalten sind.

i. d. R. keine Aktivierung FK-Zinsen

Neben dem Gemeinkostenwahlrecht enthält § 255 HGB in Absatz 3 als weiteres Wahlrecht noch die Einbeziehungsmöglichkeit von Fremdkapitalzinsen. Ein entsprechendes Wahlrecht findet sich auch in IAS 23, jedoch mit stärkerer Einschränkung. Aktivierbar nach IAS sind nur Fremdkapitalzinsen auf qualifizierte Vermögenswerte (*qualified assets*). Qualifiziert sind solche Vermögenswerte, für die ein beträchtlicher Zeitraum erforderlich ist, um sie in einen gebrauchs- oder verkaufsfähigen Zustand zu versetzen. Vorräte, die routinemäßig und über einen kurzen Zeitraum gefertigt werden, erfüllen nach IAS 23.6 nicht die Voraussetzungen eines qualifizierten Vermögenswertes. Aktivierungsfähig bleiben nach IAS damit in der Regel nur die Zinsen, die im Rahmen langfristiger Auftragsfertigung, z. B. beim Großanlagenbau oder bei der Gebäudeerstellung, anfallen. In allen anderen Fällen dürfte es bereits an der handelsrechtlich notwendigen Zurechenbarkeit der Zinsen fehlen. Auch die Beschränkung von IAS auf qualifizierte Vermögenswerte ruft deshalb keinen praktisch bedeutsamen Unterschied zum HGB hervor. Die nachfolgende zusammenfassende Tabelle ist unter diesem Praxis-Vorbehalt zu lesen.

Herstellungskosten nach IAS und HGB

	IAS	HGB
Einzel-kosten	**PFLICHT** neben Material-EK und Fertigungs-EK auch Sonder-EK der Fertigung	**PFLICHT** neben Material-EK und Fertigungs-EK auch Sonder-EK der Fertigung
MGK, FGK Abschreibung	**PFLICHT** systematisch, normalkapazitäts-orientiert, produktionsbezogen	**WAHLRECHT,** soweit angemessen, notwendig, produktionsbezogen
Allg. Verw. Soziales	**PFLICHT,** wenn produktionsnah **VERBOT,** wenn produktionsfern	**WAHLRECHT**
Zinsen	**WAHLRECHT,** soweit längere Herstellungszeit und direkt zurechenbar	**WAHLRECHT,** soweit direkt zurechenbar (in allen anderen Fällen strittig)

EK = Einzelkosten, GK = Gemeinkosten
MGK = Materialgemeinkosten FGK = Fertigungsgemeinkosten

2.2 Bewertungsvereinfachungen

Für die Bewertung des Vorratsvermögens ergeben sich aus § 256 HGB in Verbindung § 240 Abs. 3 HGB und § 240 Abs. 4 HGB handelsrechtlich drei Bewertungsvereinfachungen:

- Festbewertung,
- Gruppenbewertung,
- Unterstellung von Verbrauchsfolgen (Lifo oder Fifo).

Festwert i. d. R. zulässig

Im Vergleich stellen sich die Regelungen nach IAS wie folgt dar: Spezielle Vorschriften zur Festbewertung fehlen. Ein Festwert kann deshalb nur durch den allgemeinen Grundsatz der *materiality* gerechtfertigt werden. Der *materiality*-Gedanke spiegelt sich andererseits auch im HGB wider. § 240 Absatz 3 HGB setzt voraus, dass der Gesamtwert für das Unternehmen von nachrangiger Bedeutung ist und der Bestand in seiner Größe, seinem Wert und seiner Zusammensetzung nur geringen Veränderungen unterliegt. Wo diese Voraussetzungen erfüllt sind, dürfte auch nach IAS regelmäßig nichts gegen einen Festwertansatz einzuwenden sein.

Gruppenwert, wenn austauschbar

Eine Gruppenbewertung zu Anschaffungs- oder Herstellungskosten ist nach IAS 2.25 dann zulässig, wenn es sich um eine große Anzahl von Vorratsgegenständen handelt, die normalerweise untereinander austauschbar sind. Da auch § 240 Abs. 4 HGB die Gruppenbewertung von Vorratsvermögen an die Gleichartigkeit der Vermögensgegenstände bindet, ergeben sich auch hier keine praxisrelevanten Abweichungen.

Fifo

Die Gruppenbewertung erfolgt nach dem Durchschnitts- oder dem Fifo-Verfahren. Lifo ist als alternative Methode ab 2005 nicht mehr zulässig. Bei Anwendung des Lifo-Verfahrens waren gemäß IAS bisher jedoch Anhangsangaben zur Lifo-Reserve zu machen.

Beispiel

Die Ölhandels-GmbH hat zum Jahresanfang einen Heizölbestand von einer 1 Mio. Liter zu 0,10 Euro. Während des Jahres erwirbt sie 10 Millionen Liter zu 0,30 Euro. Zum Jahresende beträgt der Bestand wieder 1 Mio. Liter. Der Stichtagspreis beträgt 0,40 Euro.

Handelsrechtlich kann die GmbH zwischen einem Lifo-Ansatz von 100 TEUR und einem Fifo-Ansatz von 300 TEUR wählen. Nach § 285 Absatz 2 Nr. 4 HGB hat sie in beiden Fällen den Unterschiedsbetrag zum Stichtags-Marktwert von 400 TEUR im Anhang anzugeben.

Nach IAS waren bisher beide Verfahren zulässig. Bei Wahl des Lifo-Ansatzes war im Anhang die Differenz zur Fifo- oder Durchschnittsbewertung zu nennen.

Die konkrete Ermittlung der Anschaffungs- und Herstellungskosten kann insbesondere bei einer großen Anzahl rasch wechselnder Vorratsposten, etwa im Einzelhandel, schwierig sein. Die indirekte Ermittlung durch Abzug der so genannten Brutto-Gewinn-Spanne (*gross profit margin*) von den Verkaufspreisen ist wie im Handelsrecht auch nach IAS zulässig (IAS 2.22).

2.3 Niederstwertprinzip

Nach verbreiteter Auffassung ist das Niederstwertprinzip eine Anwendung des Vorsichtsprinzips. Wegen der geringen Bedeutung des Vorsichtsprinzips im IAS-System (vgl. Kapitel B „Struktur und Grundannahmen des IFRS-Regelwerks“) wäre danach mit einer dem handelsrechtlichen Niederstwertprinzip entsprechenden IAS-Vorschrift nicht unbedingt zu rechnen.
Zu den Basisannahmen der IAS-Rechnungslegung gehört jedoch die periodengerechte Gewinnermittlung. Sie eröffnet einen zweiten Interpretationszugang zum Niederstwertprinzip. Er erklärt, warum der Niederstwertgrundsatz auch nach IAS eine wichtige Rolle spielt.

Beispiel

Die Firework GmbH hat in 01 in Fernost Wunderkerzenpackungen der Marke Antarktika

- zu 0,40 EUR je Packung erworben, die sie üblicherweise
- zu 0,70 EUR an den Großhandel und die Handelsketten veräußert.

Durch unsachgemäße Anwendung ist es an Weihnachten zu einigen bedauerlichen Bränden gekommen. Das Magazin TV-Explosiv sendet unmittelbar nach den Festtagen einen Beitrag

„Feiertage – Feuertage", in dem Hersteller und Markennamen mehrfach genannt werden.

- Die Firework GmbH verkauft daher unmittelbar nach dem Bilanzstichtag alle Bestände zu 0,20 EUR je Packung an einen niederländischen Grossisten.
- In der Handelsbilanz werden die Bestände mit 0,20 EUR bewertet.

Aus Sicht des handelsrechtlichen Vorsichtsprinzips ist der Kaufmann gehalten, sein **Vermögen** nicht zu reich zu rechnen. In der **Handels-Bilanz** hat der Ausweis daher zu 0,20 EUR zu erfolgen.

Aus Sicht der **periodengerechten Gewinnermittlung** ist der Wertverlust verursachungsgerecht zu erfassen. Würde die Stichtagsbewertung zu 0,40 EUR erfolgen, so würde je Packung ein Verlust von 0,20 EUR in der GuV 02 entstehen. Die Verlustursache liegt aber tatsächlich im Jahr 01. Periodengerecht ist es daher, die GuV des Jahres 01 durch eine Niederstwertabschreibung von 0,20 EUR je Packung zu belasten und auch in der **IAS-Bilanz** nur nach 0,20 EUR anzusetzen.

Niederstwert

Wie das Beispiel zeigt, ist das Niederstwertprinzip durch den Periodisierungsgedanken ebenso gut zu rechtfertigen wie durch den Vorsichtsgedanken. Es ist deshalb nachvollziehbar, dass Vorräte auch nach IAS 2.9 mit dem niedrigeren Stichtagswert anzusetzen sind.

Der Unterschied zum HGB liegt im Detail. Zur Bestimmung des niedrigeren beizulegenden Wertes kommen grundsätzlich drei Methoden in Frage:

- **Beschaffungsmarkt**orientiert ist eine Niederstwertabschreibung dann geboten, wenn der Wiederbeschaffungspreis sinkt.
- **Absatzmarkt**orientiert ergibt sich der Niederstwert als Nettoveräußerungswert, d. h. als Verkaufserlös abzüglich der bis zum Verkauf noch anfallenden Kosten der Herstellung, der Lagerung, des Vertriebs usw.
- Sowohl beschaffungs- als auch absatzmarktorientiert ist von den beiden zuvor genannten Werten der niedrigere zu nehmen (sog. **doppelte Maßgeblichkeit**).

HGB überkompliziert

Die theoretisch anspruchsvollste Lösung besteht nun darin, nicht voll auf das eine oder das andere Verfahren zu setzen, sondern nach Nähe zum jeweiligen Markt zu differenzieren. Rohstoffe wären dann beschaffungsmarktorientiert zu bewerten, Erzeugnisse absatzmarktorientiert und Waren gegebenenfalls im Rahmen der doppelten Maßgeblichkeit. Diesem theoretischen Grundgedanken folgen die handelsrechtlichen Kommentare, wobei sie die Theorie durch Ausnahmen noch weiter verfeinern: Für Überbestände an Rohstoffen wird etwa die Ableitung aus dem Absatzmarkt gefordert, für Überbestände an Erzeugnissen die doppelte Maßgeblichkeit und für Erzeugnisse mit Fremdbezugsmöglichkeit wiederum die Ableitung aus dem Beschaffungsmarkt.

Der Abstand dieser Theorie von der Bilanzierungspraxis ist beträchtlich. Die Praxis scheint längst gewöhnt, von einem derart komplexen System nur die Hälfte, ein Viertel oder weniger zu verstehen und sich um das ganze nicht zu kümmern.

IAS einfach, weil absatzorientiert

Ein einfachere, praxisgerechtere Lösung bietet demgegenüber IAS: Der Niederstwert wird nach IAS absatzmarktorientiert als Nettoveräußerungswert bestimmt. Für Waren und Erzeugnisse ist dieser Ansatz plausibel. Bei Rohstoffen, die in aller Regel gerade nicht für den Absatzmarkt bestimmt sind, scheint die absatzmarktorientierte Bewertung zunächst bedenklich und unpraktikabel. Die IAS-Lösung liegt nun darin, nach IAS 2.32 bei Rohstoffen auf eine Niederstwertabschreibung so lange zu verzichten, wie die Fertigerzeugnisse, in die sie eingehen, voraussichtlich zu den Herstellungskosten oder darüber verkauft werden können. Erst wenn die Herstellungskosten der Erzeugnisse über dem Nettoveräußerungswert liegen, ist auch eine Abwertung der Rohstoffe geboten. Sie kann hilfsweise auf der Basis der Wiederbeschaffungskosten erfolgen.

Niederstwertprinzip nach HGB (Theorie) und IAS

	HGB	IAS
Roh-, Hilfs-, Betriebsstoffe	Beschaffungsmarkt aber: Überbestand Absatzmarkt	Absatzmarkt *(net realisable value)*
Erzeugnisse	Absatzmarkt aber: Überbestand doppelte Maßgeblichkeit aber: Fremdbezugoption Beschaffungsmarkt	Absatzmarkt *(net realisable value)*
Waren	Doppelte Maßgeblichkeit (Absatz- und Beschaffungsmarkt)	Absatzmarkt *(net realisable value)*

Beispiel

Die Firework GmbH beschafft in Fernost auf Dollarbasis Bariumnitrat und diverse andere Rohstoffe sowie als Handelsware Kleinfeuerwerk. Die Rohstoffe werden im Inland zu Großfeuerwerk verarbeitet. Wegen der Explosionsgefahr hat die Großfeuerwerksproduktion einen geringen Mechanisierungsgrad. Der

Lohnkostenanteil fällt entsprechend hoch, der Rohstoffanteil entsprechend niedrig aus.

1. Infolge einer Dollarabwertung sinken die Bezugspreise für Rohstoffe und Kleinfeuerwerk bis zum Bilanzstichtag um 20 %.
2. Das Kleinfeuerwerk wurde zuvor durchschnittlich für umgerechnet 0,50 EUR (jetzt 0,40 Euro) eingekauft. Der zukünftig erwartete Veräußerungserlös beträgt 0,60 Euro. Das zum Stichtag nicht veräußerte Feuerwerk kann erst ein Jahr später veräußert werden. Bis zur Veräußerung fallen daher neben Vertriebskosten von 5 % noch Lager- und Zinskosten von 20 % (jeweils bezogen auf den voraussichtlichen Veräußerungspreis) an.

Die Preise für Großfeuerwerk sind auf befriedigendem Niveau stabil.

1. Für die **Rohstoffe** ist nur nach **HGB** eine Abwertung auf die **Wiederbeschaffungskosten** geboten.
   Nach **IAS** bleibt es beim **Anschaffungskostenansatz**, da die Fertigerzeugnisse voraussichtlich mindestens zu den Herstellungskosten veräußert werden können.
2. Für das **Kleinfeuerwerk** ist nach **HGB** wegen **doppelter Maßgeblichkeit** neben dem Wiederbeschaffungspreis (0,40 Euro) auch der Nettoveräußerungspreis zu bestimmen. Er beträgt 0,60 EUR minus 25 %, somit 0,45 Euro. Die Niederstwertabschreibung ist auf den niedrigeren der beiden Werte, also auf 0,40 Euro, vorzunehmen.
   Nach **IAS** ist das Sinken des Wiederbeschaffungswertes für Kleinfeuerwerk unbeachtlich. Ein Vergleich ist nur zwischen dem **Nettoveräußerungswert** und den Anschaffungskosten vorzunehmen. Da der Nettoveräußerungswert mit 0,45 EUR unter den Anschaffungskosten von 0,50 EUR liegt, ist eine Abschreibung von 0,05 EUR vorzunehmen.

Wertaufholungsgebot

Soweit die Gründe für eine Niederstwertabschreibung entfallen, d. h. zum folgenden Bilanzstichtag der Nettoveräußerungswert gestiegen ist, ist nach IAS 2.33 zwingend eine Zuschreibung geboten. Das Handelsrecht sieht ein derartiges Wertaufholungsgebot nur für Kapitalgesellschaften vor (§ 280 Abs. 1 HGB), während Personenunternehmen nach § 253 Abs. 5 HGB ein Wertbeibehaltungswahlrecht haben.

3 Erlös- und Ertragsrealisierung

3.1 Das Realisationsprinzip

Das Periodisierungsprinzip stellt den wichtigsten Pfeiler des Bilanzrechts dar. Erst dadurch, dass „Aufwendungen und Erträge ... unabhängig von den Zeitpunkten der entsprechenden Zahlungen im Jahresabschluss zu berücksichtigen“ sind (§ 252 Abs. 1 Nr. 5 HGB) bzw. Geschäftsvorfälle zu erfassen sind, „wenn sie auftreten und nicht wenn ... bezahlt wird“ (IAS F.22), wird aus der Einnahmen-Ausgaben-Rechnung eine Bilanz- und Erfolgsrechnung. Geregelt wird damit freilich nur die Aufgabenstellung der Doppelten Buchführung, nicht schon deren Lösung. Die Frage, wann ein Geschäftsvorfall auftritt, wann Aufwand zu Aufwand und wann Ertrag zu Ertrag wird, bleibt noch offen.
Für die Beantwortung dieser Frage gibt auch das handelsrechtliche Vorsichtsprinzip aus § 252 Abs. 1 Nr. 4 wenig her: Risiken und Verluste sollen bereits dann berücksichtigt werden, wenn sie vorhersehbar sind, Gewinne nur dann, „wenn sie am Abschlussstichtag realisiert sind“. Damit wird nur deutlich gemacht, dass eine Gewinnchance nicht ausreicht. Aber der Übergang zwischen Gewinnchance und realisiertem Gewinn bleibt unklar.

Beispiel

Die Möbelzentrum GmbH tätigt an Silvester folgende Geschäfte und Auslieferungen:

1. Boutiqueware wird gegen bar verkauft. Die Käufer haben ein vierzehntägiges Rückgaberecht, das erfahrungsgemäß in etwa 5 % der Fälle ausgeübt wird.
2. Eine Regalwand wird an den Kunden Lehmann ausgeliefert. Vereinbart ist Anlieferung ohne Aufbau gegen Barzahlung. Lehmann bezahlt bar. Er bemerkt beim Auspacken, dass die Schrauben fehlen, und besorgt sie sich zwei Tage später im Möbelhaus.
3. Der Kunde Schmitz erhält einen Schlafzimmerschrank. Vereinbart sind Aufstellung und Montage. Schmitz, der den Kaufpreis vorab gezahlt hatte, findet die unangekündigte Anlieferung an Silvester unmöglich und besteht darauf, dass zwar der Schrank da bleibt, die Aufstellung aber erst nach Neujahr erfolgt.

Beurteilung nach HGB und IAS:

1. Handelsrechtlich wird beim **Kauf mit Rückgaberecht** eine Gewinnrealisierung teils generell für unzulässig gehalten, teils zwischen vertretbaren und nicht vertretbaren Vermögenswerten differenziert, teils eine Umsatzrealisierung nur in Höhe der Kosten, nicht in Höhe des Gewinnanteils als zulässig erachtet. Nach IAS 18.16 d ist darauf abzustellen, ob die Wahrscheinlichkeit eines Rücktrittes eingeschätzt werden kann. Diese Voraussetzung ist im Beispiel gegeben. 95 % des Gewinns können deshalb nach IAS als realisiert gelten.
2. Die Regalwand wird ohne Schrauben, also **nur zum Teil** geliefert. Handelsrechtlich muss der noch ausstehende Teil von völlig untergeordneter Bedeutung sein, um eine Gewinnrealisierung anzunehmen. Das Beispiel dürfte diesbezüglich einen Grenzfall darstellen. Nach IAS 18.16 c wird es ebenfalls darauf ankommen, ob man den noch ausstehenden Teil als wesentlich beurteilt.
3. Der Schlafzimmerschrank wurde zur „Unzeit" geliefert und deshalb auf Wunsch des Kunden nicht sofort montiert. Wenn Aufstellung und **Montage** einen wesentlichen Vertragsbestand darstellen, tatsächlich aber noch nicht geleistet sind, sind sowohl handelsrechtlich als auch nach IAS 18.16 c Umsatz und Gewinn noch nicht realisiert.

Die Zahl solcher Grenzbeispiele ließe sich beinahe beliebig vermehren:

- Soll ein *sale-and-lease-back*-Geschäft mit einem Veräußerungspreis über Zeitwert als ertragsrealisierend gelten (HGB) oder der überhöhte Kaufpreis abgegrenzt werden?
- Soll die Dividende der Tochtergesellschaft phasengleich realisiert werden (Handelsbilanz) oder phasenversetzt (Steuerbilanz)?
- Soll der Ertrag aus einer zeitlich begrenzten Einräumung einer Software-Lizenz abgegrenzt werden (HGB) oder die Lizenzierung als Veräußerungsakt interpretiert und deshalb Umsatz und Ertrag sofort ausgewiesen werden (IAS 18. Appendix)?

Dabei zeigen das *lease-back*- und das Dividenden-Beispiel, dass nicht einmal eine Faustregel, die vorsichtsgeprägte Handelsbilanz käme im Zweifelsfall zu einer späteren Ertragsrealisierung, hilfreich wäre.

Aus allem lässt sich folgender Schluss ziehen: Das Realisationsprinzip ist notwendigerweise abstrakt. Für die Lösung konkreter Zweifelsfälle gibt ein abstraktes Prinzip aber wenig her. Als abstrakter Grundsatz sorgt das Realisationsprinzip eher für spannende Literaturbeiträge als für praktische Lösungen.
Hilfreich wäre stattdessen eine Art ABC der Zweifelsfälle, das im Interesse der Einheitlichkeit der Bilanzierung für die wichtigsten Zweifelsfälle jeweils eine Lösung vorschreiben würde. In IAS 18, insbesondere im Anhang, sind Ansätze zu einem solchen ABC zu finden. Das nachfolgende Kapitel fasst die wesentlichen Fälle zusammen.

3.2 Erlösrealisierung beim Verkauf von Gütern

Verfügungsmacht und Risiko

Nach IAS 18.14 ist ein Erlös aus dem Verkauf von Gütern erst dann realisiert, wenn kumulativ folgende Bedingungen erfüllt sind:
- der Veräußerer verliert die **Verfügungsmacht** und
- die maßgeblichen, mit dem Eigentum verbundenen **Risiken** und Chancen gehen auf den Käufer über.

Zum ersten Kriterium stellt der Standard klar, dass die Verfügungsmacht sich vom rechtlichen Eigentum unterscheiden kann, etwa bei Verkauf unter Eigentumsvorbehalt. Das zweite Kriterium wird wie folgt erläutert: Maßgebliche Risiken und Chancen verbleiben beim Verkäufer, wenn
- das Unternehmen über normale Garantien hinaus für Schlechterfüllung *(unsatisfactory performance)* garantiert (IAS 18.16a),
- die eigenen Erlöse von Weiterveräußerungen, Renditen usw. des Käufers abhängen (IAS 18.16b),
- wesentliche vertragliche Nebenleistungen wie Aufstellung und Montage noch nicht erbracht sind (IAS 18.16c),
- der Käufer ein Rücktrittsrecht hat und dessen Ausübungswahrscheinlichkeit nicht eingeschätzt werden kann (IAS 18.16d).

Diese Kriterien konkretisieren sich fallspezifisch wie folgt:

a) Übergang der Preisgefahr, Versendungskauf
Von allgemeiner Bedeutung für den Risikoübergang sind die rechtlichen Bedingungen, wie sie sich aus Gesetz, Vertrag oder Auftragsbedingungen ergeben.

Beispiel

U liefert Waren an K. Die Parteien haben als Erfüllungsort den Sitz des K vereinbart.

Nach § 446 BGB geht die Preisgefahr mit Übergabe an K auf diesen über. Erst in diesem Zeitpunkt ist der Umsatz realisiert.

Variante

Erfüllungsort ist der Sitz des U. U soll jedoch auf Verlangen des K die Ware durch Spediteur an K liefern. Am 30.12. erfolgt die Übergabe an den Spediteur, der die Ware am 2.1. an K übergibt.

Es liegt ein Versendungskauf nach § 447 BGB vor (Versand auf Verlangen des Käufers an anderen Ort als Erfüllungsort). Mit der Übergabe an den Spediteur ist die Preisgefahr auf K übergegangen. Der Erlös ist deshalb noch im alten Jahr zur realisieren.

IAS 18 setzt kumulativ Übergang der Preisgefahr und Verlust der Verfügungsmacht voraus. Zum Zusammenwirken beider Kriterien folgendes Beispiel:

Beispiel

A verkauft B am 10. Dezember abessinischen Rohkaffee „FOB Djibuti, netto Verschiffungsgewicht". Die Partie wird am 30. Dezember verladen. Das darüber ausgestellte Konnossement lautet auf die Commercial Bank of Ethiopia und wurde von dieser blanko indossiert. Das Konnossement wird am gleichen Tag an das Bankhaus Bremen verschickt, bei dem B für die Bezahlung der Warenschuld ein Akkreditiv hatte eröffnen lassen. Der Käufer erhält die Konnossemente erst im neuen Jahr. Erst dadurch erlangt er den Anspruch auf Herausgabe der Ware.

Aus dem Umstand, dass die Warenpartien schon vor dem Bilanzstichtag verschifft wurden, so dass die Preisgefahr nach der vereinbarten FOB-Klausel mit der Verbringung an Bord des

Schiffes auf die Klägerin überging, folgt noch nicht der Verlust der Verfügungsmacht. Verfügungsberechtigt ist der jeweilige berechtigte Inhaber des Konnossements.

Mit der Absendung der Waren und dem Gefahrenübergang ist aber das Schweben des Verkaufsgeschäfts für den Verkäufer dann beendet, wenn er zugleich das Konnossement abgegeben hat. Ob es andererseits schon beim Käufer angekommen ist und dieser schon wirtschaftliches Eigentum erlangt hat, ist dann nicht mehr entscheidend.

b) Ausstehende Montage und Prüfung, Annahme- und Abnahmeverzug

Nach IAS 18 Anhang Tz. 2 soll der Erlös normalerweise erst realisiert sein, „wenn der Käufer die Lieferung akzeptiert und Installation und Endkontrolle abgeschlossen sind." Nach der weiteren Erläuterung soll dies jedoch nicht für Fälle gelten, in denen der Installationsaufwand gering ist, wie beispielsweise bei Installation eines Fernsehers. Im Einzelnen wäre danach wie folgt zu differenzieren:

- Verkäufer schuldet Installation als wesentliche Nebenleistung: Erlös erst mit Installation.
- Verkäufer schuldet keine Installation und Installation ist wenig aufwändig: Erlös mit Übergabe der Sache.
- Verkäufer schuldet keine Installation und Installation ist aufwändig: Erlös mit Installation.

Die letzte Variante ist wenig schlüssig und steht im Widerspruch zu den Regelungen von IAS 10.

Beispiel

Ein „unmöglicher Möbelhändler" U liefert K am 23. Dezember eine Einbauküche vertragsgemäß in kleinsten Einzelteilen und ohne Montage. K schafft es nicht, die Küche aufzubauen, und beauftragt M mit der Montage. Feiertagsbedingt kommt M erst im neuen Jahr zur Montage.

Weder weiß U noch kann er beeinflussen, wann K die Küche montieren lässt. Die Montage ist auch nicht Us Angelegenheit.

Wenn sich bei der Montage im Januar herausstellt, dass die Lieferung von U weder unvollständig noch wesentlich mangelhaft war, so ist dies kein wert- bzw. ansatzbeeinflussendes, sondern lediglich ein wert- bzw. ansatzerhellendes Ereignis. Der Erlös ist im alten Jahr realisiert.

c) Lieferung mit Rückgaberecht des Käufers

Bei Lieferung mit Rückgaberecht hängt nach IAS 18.16d die Erlösrealisierung davon ab, dass die Wahrscheinlichkeit der Rückgabe eingeschätzt werden kann. Für die Rücknahmen ist eine Schuld zu passivieren (IAS 18.17).

Beispiel

Die in 01 gegründete Firework AG liefert im Dezember Feuerwerk an den Handel aus. Mit Rücksicht auf die Vorschriften des Sprengstoffgesetzes und der Sprengstofflagerrichtlinie hat sie sich zur Rücknahme aller bis 31.12.01 nicht an Endkunden weiterveräußerten Waren verpflichtet.

Mangels Erfahrungswerten der Vergangenheit kann die Firework AG die Rückgabewahrscheinlichkeit nicht verlässlich einschätzen. Nach IAS 18.16d dürfte sie in 01 keinen Umsatz ausweisen.

Dieses Ergebnis scheint kaum sachgerecht. Die tatsächlich im Januar und Februar erfolgenden Retouren sind ansatzerhellend i. S. von IAS 10. Bei Bilanzaufstellung im März 02 sollte daher ein Umsatz für 01 ausgewiesen werden. Die Rücknahmen sind als Rückstellungen zu buchen.

Variante

In 05 geht die Firework AG an die Börse. Dem allgemeinen Erwartungsdruck folgend, erstellt sie ihre Jahresabschlüsse jetzt im „*fast close*". Die Bücher werden am 10. Januar geschlossen, um wenige Tage später bereits das Jahresergebnis zu verkünden.

Die tatsächliche Retourenhöhe ist zu diesem Zeitpunkt noch nicht bekannt. Die Firework AG kann aber die Retouren der Jahre 01 bis 04 auswerten und aus diesem Erfahrungswert die wahrscheinliche Retourenhöhe einschätzen.

d) Lieferung an Not leidenden Kunden

Der Kunde kann bereits im Lieferzeitpunkt von Zahlungsunfähigkeit bedroht oder jedenfalls in erheblichen Zahlungsschwierigkeiten sein. Die Motive für eine dennoch erfolgende Lieferung können vielschichtig sein. Neben Unkenntnis über die Zahlungssituation kommt in Frage, dass der Liefergegenstand speziell auf den Kunden zugeschnitten ist, so dass es an anderen potenziellen Abnehmern fehlt, oder dass der Kunde ein bedeutender Abnehmer ist, an dessen Fortbestehen ein eigenes Interesse besteht

Nach IAS 18.18 soll bei derartigen Lieferungen mit ungewissem Zahlungseingang nicht ein Erlös einerseits und eine Wertberichtigung auf Forderungen andererseits gebucht werden. Vielmehr ist bis zur Beseitigung der Ungewissheit keine Erlösrealisierung vorzunehmen.

e) Verkauf mit Erlös- oder Renditegarantie

Nach IAS 18.16b und Tz. 9 des Anhangs ist eine Erlösrealisierung nicht anzunehmen, wenn der Verkäufer in wesentlichem Ausmaß die Erlöse oder Renditen des Erwerbers direkt oder indirekt garantiert.

Beispiel

Bauträger A verkauft Ende 01 ein Gebäude zum überhöhten Preis von 4.000 Euro/qm an Erwerber E und übernimmt im Gegenzug bei tatsächlichen Marktmieten von 15 Euro/qm/Monat eine 10-jährige Mietgarantie über 35 Euro/qm/Monat.

Die Mietgarantie „kostet" 12 x (35 - 15) = 240 Euro/Jahr.

Bei Annahme eines 6%igen Zinses beträgt der Barwert der 10 Zahlungen 1.766 Euro/qm, also beinahe die Hälfte des Veräußerungserlöses.

Bei einem solchen Ausmaß verbleibender Risiken ist die Erlöserfassung verzögert vorzunehmen, z. B. indem der Betrag von 1.766 Euro/qm nicht als Rückstellung, sondern als abzugrenzendes *deferred income* passiviert wird. In Periode 01 würden dann zunächst nur 4.000 - 1.766 = 2.234 Euro/qm erlöswirksam.

f) Verkauf mit Nachbetreuungsleistung, Mehrkomponentenverträge

Die Erlösrealisierungskriterien sind gemäß IAS 18.13 „in der Regel einzeln für jeden Geschäftsvorfall anzuwenden“. Ein Geschäftsvorfall kann jedoch implizit einen zweiten enthalten, etwa wenn der Verkaufspreis eines Produktes einen Betrag für spätere Serviceleistungen enthält. Die amerikanische Rechnungslegung spricht in solchen Fällen von „*Mutiple Deliverables*“, der Deutsche Standardisierungs Rat von Mehrkomponentengeschäften. Ein solches liegt nach E-DRS 17.7 vor bei „Verkauf von mehreren Einzelleistungen (Vermögenswerten und/oder Dienstleistungen), deren Vergütungen in einem wirtschaftlichen Zusammenhang stehen“.

IAS 18.13 bestimmt, dass bei im Kaufpreis enthaltenen Nachbetreuungsleistungen der entsprechende Betrag abzugrenzen und erst über die Laufzeit der Serviceleistung zu realisieren ist. Dies setzt voraus, dass der Wert der Nachbetreuungskomponente geschätzt werden kann und materiell bedeutsam ist.

3.3 Ertragsrealisierung bei (langfristiger) Auftragsfertigung

Beim Großanlagenbau, im Hoch- und Tiefbau, im Schiffsbau, aber auch bei der Erstellung kundenspezifischer Software, kann der Fertigungsprozess über einen oder mehrere Bilanzstichtage hinausreichen. Zu fragen ist dann, ob der Gewinn erst mit Fertigstellung und Abnahme oder in Teilen bereits früher als realisiert gelten soll.

Beispiel

Die Phoenix Bauträger GmbH erstellt auf eigenen Grundstücken schlüsselfertige Eigentumswohnungen mit einem Gesamtumsatzvolumen von 10 Mio. EUR.

In 01 werden sämtliche Verträge mit den Erwerbern geschlossen. Der Strukturvertrieb erhält hierfür in 01 eine Provision von 20 % bzw. 2 Mio. EUR. In 01 wird außerdem das Grundstück für 1 Mio. EUR angeschafft. In 02 wird das Gebäude zu 50 % bei Kosten von 3 Mio. EUR fertig gestellt. In 03 entstehen noch einmal 3 Mio. EUR und es erfolgen Fertigstellung und Abnahme.

Nach älterer handelsrechtlicher Meinung würde das Realisationsprinzip dazu zwingen, in 01 einen Verlust von 2 Mio. EUR aus den Vertriebskosten auszuweisen und in 03 einen Gewinn von 3 Mio. EUR.

Nach anderer Auffassung stellt die langfristige Auftragsfertigung einen begründeten Ausnahmefall (§ 252 Abs. 2 HGB) zum Realisationsprinzip dar. Zulässig soll deshalb die Aktivierung von Selbstkosten, d. h. hier auch der Vertriebskosten sein. In 01 und 02 würde nach dieser Auffassung kein Gewinn oder Verlust und in 03 ein Gewinn von 1 Mio. EUR ausgewiesen.

Nach einer dritten Auffassung kann der Gewinn entsprechend dem Leistungsfortschritt auf die Perioden aufgeteilt werden, also zum Beispiel 0,5 Mio. EUR in 02 und weitere 0,5 Mio. EUR in 03.

Handelsrecht uneinheitlich

Auch die dritte Ansicht wird zum Teil als begründete Ausnahme vom Realisationsprinzip dargestellt, wobei dann besondere zusätzliche Voraussetzungen gestellt werden. Die fortlaufende Ertragsrealisierung soll z. B. nur bei einer Dauer der Projekte von mehr als zwei Geschäftsjahren zulässig sein und nur dann, wenn sich der Gewinnausgleich nicht von selbst, durch ein ständig revolvierendes Auftragssvolumen ergibt. Eine wieder andere handelsrechtliche Begründung verweist auf die Besonderheiten der Auftragsfertigung. Im Unterschied zu sonstigen Fertigungsfällen steht der Abnehmer bereits vor der Fertigung fest und damit auch der vereinbarte Gesamterlös. Es besteht eine klare Zuordnung des Produkts zu dem Auftrag. Es existiert somit keine Ungewissheit mehr, ob und zu welchem Preis das Produkt abgesetzt wird. Unter diesen Voraussetzungen sei daher die fertigungsbegleitende Gewinnrealisierung keine Ausnahme zum Realisationsprinzip, sondern dessen beste Interpretation. Die Teilgewinnrealisierung ist aus dieser Perspektive kein Wahlrecht, sondern eine Pflicht.[8]

IAS: Ertrag nach Fortschritt

Im handelsrechtlichen Schrifttum werden somit vom Aktivierungsverbot über den Selbstkostenansatz und das Teilgewinnrealisierungswahlrecht bis zum Teilgewinnrealisierungsgebot alle Lösungen

[8] Vgl. z. B. Selchert, Das Realisationsprinzip, Teilgewinnrealisierung bei langfristiger Auftragsfertigung, DB 1990, S. 797 ff.

(und damit keine) angeboten. IAS 11 bietet der Bilanzpraxis demgegenüber eine klare Lösung für Fertigungsaufträge, d. h. kundenspezifische Auftragsfertigung: „Ist das Ergebnis eines Fertigungsauftrages verlässlich zu schätzen, so sind die Auftragserlöse und Auftragskosten in Verbindung mit diesem Fertigungsauftrag entsprechend dem Leistungsfortschritt am Bilanzstichtag jeweils als Erträge und Aufwendungen zu erfassen, ein erwarteter Verlust ist ... sofort als Aufwand zu bilanzieren" (IAS 11.22).

Auffassungen zur Teilgewinnrealisierung

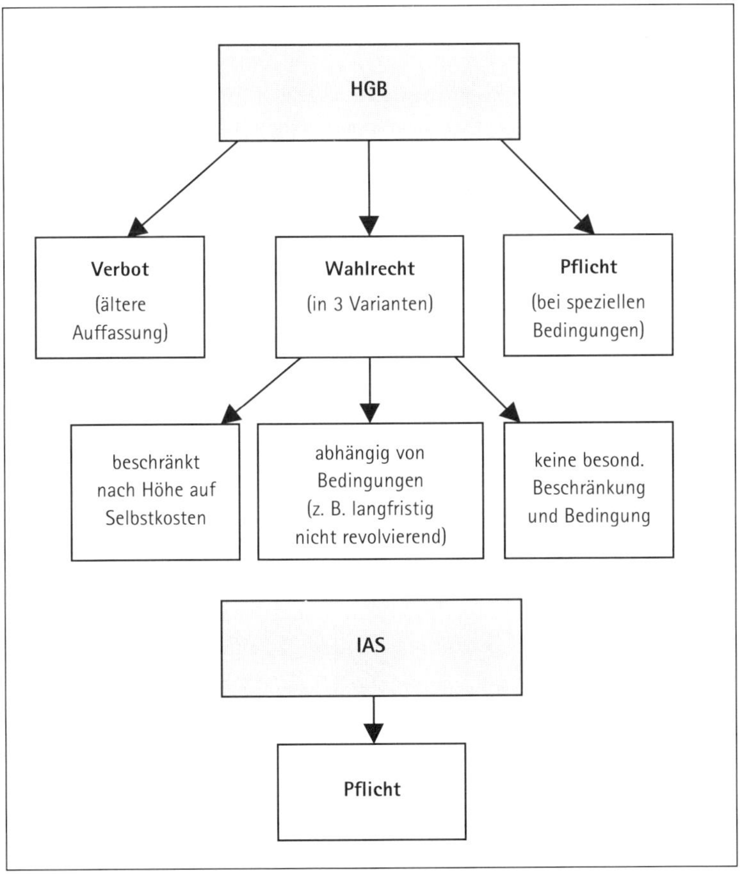

Festpreis- und *cost-plus*-Verträge

Hinsichtlich der von IAS geforderten Verlässlichkeit der Ergebnisschätzung ist zwischen verschiedenen Vertragstypen zu differenzieren:

- Bei *cost-plus*-Verträgen, bei denen festgelegte Kosten zuzüglich eines vereinbarten Prozentsatzes vergütet werden, müssen die dem Vertrag zurechenbaren Auftragskosten eindeutig bestimmt und verlässlich ermittelt werden können.
- Bei Festpreisverträgen müssen zusätzlich die Auftragserlöse feststehen und es müssen die bis zur Fertigstellung des Auftrages noch anfallenden Kosten sowie der Grad der erreichten Fertigstellung am Bilanzstichtag verlässlich ermittelt werden können.

Fertigungsgrad von Kosten- oder Leistungsseite

Das Kernproblem der sog. *percentage-of-completion*-Methode liegt in der Bestimmung des Fertigstellungsgrades zum Bilanzstichtag. Es stellt sich nur bei Festpreisverträgen. Nach IAS 11.30 sind unter anderem die beiden folgenden Verfahren zulässig:

- Begutachtung der erbrachten Leistungen (im Verhältnis zur insgesamt zu erbringenden Leistung),
- Verhältnis der angefallenen Auftragskosten zu den geschätzten gesamten Auftragskosten.

Die zweite Lösung ist einfacher zu handhaben und dominiert in der Praxis. Bei Festpreisvereinbarung ergibt sich nach der zweiten Variante im einfachsten Fall folgendes Berechungsschema:

	01	02	03
a) Kosten der Periode	....	....	....
b) Kosten kumuliert	....	....	....
c) dito in % der geschätzten Gesamtkosten	......%	......%	......%
d) Festpreis	....	....	....
e) Umsatz kumuliert (= d x c)	....	....	....
f) dito Vorjahr	....	....	....
g) Umsatz der Periode (= e – f)	....	....	....
h) Ertrag der Periode (= g – a)	....	....	....

Beispiel

Die Groß-Anlagen GmbH errichtet für ihren Kunden eine Fertigbeton Misch- und Verladeanlage zum Festpreis von 12 Mio. EUR und zu Kosten von 8 Mio. EUR, die zu je 2 Mio. in 01 und 03 sowie zu 4 Mio. in 02 anfallen.

	01	02	03
a) Kosten der Periode	2,0	4,0	2,0
b) Kosten kumuliert	2,0	6,0	8,0
c) dito in % der geschätzten Gesamtkosten	25 %	75 %	100 %
d) Festpreis	12,0	12,0	12,0
e) Umsatz kumuliert (= d x c)	3,0	9,0	12,0
f) dito Vorjahr	0,0	3,0	9,0
g) Umsatz der Periode (= e – f)	3,0	6,0	3,0
h) Ertrag der Periode (= g – a)	1,0	2,0	1,0

Auch bei Festpreisverträgen kann es durch nachträgliche Erweiterungen des Auftragsumfanges zu Änderungen auf der Erlösseite kommen. Sie sind mit den korrespondierenden Änderungen auf der Kostenseiten (sowie sonstigen Kostenänderungen aus fortlaufender Aktualisierung der Kalkulation) entsprechend zu berücksichtigen:

Beispiel

Die Skyscraper GmbH hat in 01 von der New-Age AG den Auftrag zur Erstellung eines Bürohochhauses gegen einen Festpreis von 100 Mio. EUR erhalten. Ursprünglich ging die GmbH von Kosten von 90 Mio. EUR aus. Wegen Schwierigkeiten bei den Gründungsarbeiten ist diese Schätzung zum Bilanzstichtag auf 95,0 Mio. EUR korrigiert worden (davon 19,0 in 01). Einen Ausgleich kann die GmbH in 02 dadurch erreichen, dass die Erweiterung des Bürohochhauses um ein Penthouse für den New-Age-Vorstand zu einem Preis von 10 Mio. EUR bei geschätzten Kosten von 4 Mio. EUR vereinbart wird. Bei Kosten von 40,4 in 02 und 39,6 + 1,0 in 03 wird das Gebäude in 03 fertig gestellt. Die zusätzlichen 1,0 Mio. EUR in 03 fallen in der Endphase zur Fristeinhaltung an (Schnellbaukosten).

Zu jedem Stichtag sind die Gesamterlöse, die Gesamtkosten und aus der Relation der angefallenen Kosten der Fertigstellungsgrad zu ermitteln. Auf dieser Basis ergeben sich Periodenerlös, Periodenkosten und Periodengewinn wie folgt:

	01	02	03
ursprünglicher Erlös	100,0	100,0	100,0
+ Erweiterung	0,0	10,0	10,0
= gesamter Erlös	100,0	110,0	110,0
- gesamte Kosten	95,0	99,0	100,0
= gesamter Gewinn	5,0	11,0	10,0
Kosten bis Stichtag	19,0	59,4	100,0
Fertigstellungsgrad (= kumulierte Stichtagskosten/ geschätzte Gesamtkosten)	20 %	60 %	100 %
kumulierter Erlös (Gesamterlös x % Fertigstellung)	20,0	66,0	110,0
- davon in Vorjahren	0,0	20,0	66,0
= Periodenerlös	20,0	46,0	44,0
kumulierte Kosten (s. o.)	19,0	59,4	100,0
- davon in Vorjahren	0,0	19,0	59,4
= Periodenkosten	19,0	40,4	40,6
Periodengewinn	1,0	5,6	3,4

In der Bilanz sind die kumulierten Erlöse (angefallene Kosten + auszuweisende Gewinne) saldiert mit den Teilabrechnungen sowie wahlweise auch mit den Anzahlungen auszuweisen. Ist dieser Saldo positiv, erfolgt der Ausweis unter den Forderungen, ist er negativ, ist der Ausweis unter den Schulden vorzunehmen. Aus einer „Forderung aus POC“ wird eine „Verbindlichkeit aus POC“.

Beispiel

Die Atlas GmbH erstellt ein Bürogebäude für 100 Mio. EUR. Der Fertigstellungsgrad zum Bilanzstichtag beträgt 20 %. Der Kunde hat 25 Mio. EUR angezahlt. 5 Mio. EUR werden als Verbindlichkeit aus POC ausgewiesen.

Der Anwendungsbereich der POC-Methode ist einzuschränken. Sie darf dort nicht angewendet werden, wo Produkte für einen anonymen Massenmarkt erstellt werden.

kein POC bei Massenfertigung

Beispiel

Der Käufer eines Autos kann in der Regel zwischen einer Vielzahl von Ausstattungsvarianten wählen, zwischen z. B. mehr als 20 Lackierungen, einer ähnlich großen Anzahl von Polsterstoffen, verschiedenen Radiotypen, verschiedenen Bereifungen, verschiedenen Belüftungssystemen, verschieden teilbaren Rückbänken usw. In der Multiplikation der Möglichkeiten ergibt sich leicht eine Auswahl zwischen einigen tausend Ausstattungsvarianten. Unter diesen Voraussetzungen werden Fahrzeuge kaum noch auf Lager produziert, sondern erst nach Eingang des Kundenauftrags. Ähnliche Verhältnisse finden sich bei nicht ganz so zahlreichen Varianten z. B. in der Polstermöbelindustrie, in der ebenfalls der Fertigungsbeginn nach Auftragserteilung dominiert.

Nach der deutschen Übersetzung der IAS könnten diese Geschäfte als Fertigungsaufträge verstanden werden, da bei nicht kleinlicher Betrachtung eine kundenspezifische Fertigung vorliegt. Der englische Originaltext spricht jedoch nicht von „kundenspezifischer Fertigung“, sondern von *„contracts specifically negotiated“*, also von speziell ausgehandelten Verträgen. Mit der herrschenden Meinung können wir Fälle, in denen der Kunde zwar spezielle Ausstattungsvarianten bestimmen kann, dies jedoch nur nach einem „Menü“, d. h. nicht wirklich speziell aushandelt, deshalb aus dem Anwendungsbereich von IAS 11 ausgrenzen.

Der Anwendungsbereich der POC-Methode ist andererseits über IAS 11 hinaus erweitert. Nach IAS 18 ist bei Dienstleistungsgeschäften, deren Ergebnis verlässlich geschätzt werden kann, der

POC bei Dienstleistungen

Ertrag nach Maßgabe des Fertigstellungsgrades zu erfassen. IAS 18.21 bestimmt demgemäß, dass die Anforderungen von IAS 11 „im Allgemeinen" auch auf die Erfassung von Erträgen und zugehörigen Aufwendungen aus Dienstleistungsgeschäften anwendbar sind. Die nachfolgenden Formulierungen in IAS 18 übernehmen zum Teil wörtlich Passagen aus IAS 11. Insgesamt kann daher von einer (analogen) Anwendbarkeit von IAS 11 auf Dienstleistungsfälle ausgegangen werden.

Der Begriff des Fertigstellungsgrades bereitet allerdings bei Dienstleistungen besondere Schwierigkeiten. Nach deutscher Zivilrechtslage schuldet der Unternehmer nur beim Werkvertrag einen Erfolg (eine Fertigstellung). Beim Dienstvertrag werden resultatsunabhängig lediglich Dienste geschuldet. Im einfachsten Fall obliegt dem Auftragnehmer des Dienstvertrages lediglich eine in Stunden oder Monaten gerechnete Arbeitsleistung, ohne dass es je zu einer Fertigstellung käme. Nur bei extensiver Auslegung des Begriffes der Fertigstellung kann hier noch von einem Fertigstellungsgrad gesprochen werden:

Beispiel

Personalconsultingunternehmen P berät ab 15.7.01 U in allen Personalfragen und erhält hierfür ein Jahreshonorar von 120.000 Euro.

Am 31.12.01 hat P 5,5/12 seiner Jahresleistung „fertig gestellt" und kann daher 55.000 EUR als Umsatz realisieren.

Wo Dienstleistungen (i. w. S., d. h. unabhängig von der zivilrechtlichen Terminologie) gegen Zeithonorar geschuldet werden, stellen sich keine besonderen Probleme der Ertragsrealisierung. Zu prüfen ist lediglich, ob die Dienstleistungen ordentlich erbracht wurden, alle Stunden abrechenbar sind und der Leistungsempfänger zahlungsfähig ist. Ggf. ist bei pauschaler Vergütung aber eine Anpassung an die tatsächliche Inanspruchnahme erforderlich:

Beispiel

Steuerberatungsgesellschaft S ist für U ab 1.7.01 auf Basis eines Jahreshonorars von 120.000 EUR tätig. Die größte Arbeit (Jahresabschlusserstellung) wird jeweils in der ersten Hälfte des Kalenderjahres im Frühjahr anfallen. Das zweite Halbjahr wird etwa 1/5 der Jahresarbeitsleistung beanspruchen.

Zum 31.12.01 sind angesichts der geringen Inanspruchnahme des zweiten Halbjahres nicht 60.000 Euro, sondern nur 24.000 EUR als Ertrag anzusetzen.

Nach dem Wortlaut von IAS 18.25 könnte im Beispiel auch der Verzicht auf die Ertragsrealisierung in 01 in Frage kommen. Voraussetzung wäre, dass die Jahresleistung als Summe von Teilleistungen verstanden und die Abschlusserstellung als „Teilleistung von erheblich größerer Bedeutung als die übrigen" interpretiert würde.

4 *Notes*

Die das Vorratsvermögen betreffenden Anhangsvorschriften ergeben sich im Wesentlichen aus IAS 18, IAS 11 und IAS 2.

- IAS 18.35 ff. verlangt insbesondere Angaben zur Methode der Ertragserfassung (Realisierungszeitpunkt). Realisierungszeitpunkt
- IAS 11.39 ff. sieht für Fertigungsaufträge unter anderem die Angabe des Erlöses aus solchen Aufträgen, die Angabe des Verfahrens zur Bestimmung des Fertigstellungsgrades sowie die Angabe aggregierter bzw. kumulierter Kosten und realisierter Gewinne vor. Fertigungsaufträge
- IAS 2.36 ff. verlangt neben einer Offenlegung der Bewertungsmethoden für Vorräte außerdem
- eine Untergliederung des in der Bilanz selbst üblicherweise ohne Unterposten ausgewiesenen Vorratsvermögens sowie Untergliederung
- eine Angabe evtl. Verfügungsbeschränkungen aus Verpfändungen, Sicherungsübereignungen usw. Sicherungsübereignung

Tipp

Die HGB-Untergliederung der Vorräte in Roh-, Hilfs- und Betriebsstoffe, unfertige Erzeugnisse, fertige Erzeugnisse und Waren stellt eine zulässige Untergliederung auch für die IAS-*notes* dar. Ein besonderer Anpassungsbedarf besteht insofern nicht.

Aufgrund des *materiality*-Grundsatzes fallen die Erläuterungen des Vorratsvermögens in IAS-Geschäftsberichten zuweilen sehr kurz aus.

Beispiel

„Vom Gesamtbetrag der zum 30.06.1999 bilanzierten Vorräte (3.382 Mio. EUR) sind 906 Mio. EUR (Vorjahr: 778 Mio. EUR) zu ihrem Nettoveräußerungswert angesetzt. Die Marktwerte der nach dem Lifo-Verfahren bewerteten Bestände liegen um 96 Mio. EUR (Vorjahr: 118 Mio. EUR) über den bilanzierten Buchwerten. Vorräte in Höhe von 1 Mio. EUR (Vorjahr: 14 Mio. EUR) unterliegen Verfügungsbeschränkungen; andere Belastungen liegen nicht vor."

5 Zusammenfassung

Für „normale" Vorräte gleichen sich die grundsätzlichen Bewertungsformeln von HGB und IAS. Wo das HGB den Ansatz zu AK/HK oder niedrigerem Stichtagswert verlangt, fordert IAS analog den Ansatz zu *lower of cost or net realisable value*. Die Unterschiede liegen im Detail und bleiben eher theoretisch:

- Zwar schreibt IAS die **Aktivierung von Herstellungsgemeinkosten** zwingend vor, aber auch in der Handelsbilanz wird von dem theoretischen Wahlrecht zum Teilkostenansatz praktisch nur selten Gebrauch gemacht.
- Zwar nennt IAS bestimmte **Bewertungsvereinfachungen** wie etwa den Festwert nicht ausdrücklich, aber aus allgemeinen *materiality*-Überlegungen lassen sich Festwerte auch in der IAS-Bilanz praktisch rechtfertigen.

Gewichtigere Unterschiede ergeben sich bei der Ertragsrealisierung aus dem Verkauf von Vorräten sowie für den „Sonderfall" **langfristiger Auftragsfertigung** (Anlagenbau, Hoch- und Tiefbau, aber z. B. auch kundenbezogene Softwarefertigung). Nach noch herrschender Meinung/Praxis sind die Umsätze und Gewinne aus den Aufträgen handelsrechtlich erst mit Fertigstellung und Abnahme realisiert. IAS sieht demgegenüber eine kontinuierliche Realisierung nach Maßgabe des Fertigstellungsgrades vor (***percentage-of-completion*-Methode**). Für die betroffenen Branchen ergeben sich durch Anwendung dieser Methode geringere Gewinn- und Umsatzschwankungen.

F Eigenkapital

1 Ausweis und Abgrenzung

1.1 Mindestgliederung

Für den Ausweis des Eigenkapitals sehen IAS 1.76 und IAS 1. Guidance eine Mindestuntergliederung vor in

HGB-Schema grundsätzlich übertragbar

- gezeichnetes Kapital,
- Kapitalrücklagen,
- angesammelte bzw. akkumulierte Ergebnisse (Gewinnrücklagen, Ergebnisvortrag, Jahresüberschuss/-fehlbetrag).

Tipp

IAS schreibt nur diese Mindestgliederung vor. Die Beibehaltung des detaillierteren HGB-Gliederungsschemas ist grundsätzlich möglich und wird auch in deutschen IAS-Abschlüssen überwiegend praktiziert.

Zwingende Abweichungen zum HGB ergeben sich jedoch bei eigenen Anteilen und bei verschiedenen Sonderrücklagen.

eigene Anteile und Sonderrücklagen

Eigene Anteile sind gemäß § 272 Abs. 4 HGB und § 266 HGB handelsrechtlich aktivisch im Umlaufvermögen auszuweisen. Der Aktivposten der Handelsbilanz wird passivisch durch eine Rücklage für eigene Anteile neutralisiert. IAS 32.33 sieht demgegenüber einen passivischen Ausweis durch Kürzung von Eigenkapital vor. Drei Varianten sind möglich:

- Berücksichtigung der gesamten Anschaffungskosten der eigenen Anteile als einziger Abzugsposten im Eigenkapital,
- Abzug des Nominalbetrages der eigenen Anteile vom gezeichneten Kapital und der überschießenden Anschaffungskosten von den Kapitalrücklagen,

- Verteilung der Anschaffungskosten auf jede Kategorie des Eigenkapitals, d. h. zusätzlich zum Nominalkapital und den Kapitalrücklagen, z. B. auch auf Gewinnrücklagen.

Als spezifische (Sonder-)Rücklagen kennt IAS
- Währungsdifferenzen (im Konzern),
- Neubewertung (vgl. Kapitel C „Immaterielles und Sachanlagevermögen"),
- andere nicht GuV-wirksame Einkommensteile, z. B. aus der höheren Stichtagsbewertung von Wertpapieren (vgl. Kapitel D „Finanzvermögen").

Ein besonderer Ausweis dieser speziellen Rücklagen in der Bilanz ist nicht notwendig. Eine Erläuterung im Anhang reicht in Verbindung mit der Eigenkapitalveränderungsrechnung (vgl. Kapitel J „Weitere Abschlussbestandteile") aus. Entsprechend fasst etwa die RWE in ihrem IAS-Abschluss die erfolgsneutralen Unterschiedsbeträge aus der Währungsumrechnung in der Bilanz mit den Gewinnrücklagen zusammen und gibt ihre Höhe nur in der Eigenkapitalveränderungsrechnung an.

1.2 Abgrenzung zum Fremdkapital

substance over form

Sowohl die HGB-Bilanzierung als auch die IAS-Bilanzierung erfolgt nicht nach rechtlich-formellen Verhältnissen, sondern aufgrund wirtschaftlicher Betrachtungsweise (*substance over form*). In bestimmten Fällen, etwa bei der Bilanzierung von Eigentumsvorbehaltsware, führt diese Betrachtungsweise zu zwingenden und deshalb für HGB und IAS übereinstimmenden Lösungen. In anderen Fällen, etwa beim Leasing, stimmen die Lösungen bei Unterschieden im Detail immerhin noch im Kern überein. In wieder anderen Fällen, hier bei der Abgrenzung zwischen Eigen- und Fremdkapital, kommt es hingegen zu konträren Interpretationen:

HGB: Haftungsqualität

- Während das IdW (HFA 1/94) für die handelsrechtliche Abgrenzung zwischen Fremd- und Eigenkapital unter ausdrücklicher Berufung auf die wirtschaftliche Betrachtungsweise auf die Haftungsqualität des überlassenen Kapitals abstellt,

- entscheidet nach IAS 32.15 ff. die vertragliche oder faktische Rückzahlungsverpflichtung über den wirtschaftlichen Gehalt und die Qualifizierung des überlassenen Kapitals.

IAS: Rückzahlungspflicht

Beispiel

Die World Wide AG hat Genussrechte begeben, deren Vergütung sich ausschließlich an Gewinn und Liquidationserlös bemisst. Soweit nicht durch Verluste aufgezehrt, sind die Genussrechte nach 10 Jahren zurückzuzahlen. Im Insolvenzfall werden sie nur nachrangig, nach Befriedigung aller anderen Gläubiger, bedient.

Das Tochterunternehmen Off-shore-Ltd. hat nach ausländischem Recht Vorzugsaktien ausgegeben. Ein Teil der Vorzugsaktien ist obligatorisch nach 10 Jahren von der Ltd. zurückzukaufen (Rückkaufspflicht). Für einen anderen Teil der Vorzugsaktien besteht ein Rückkaufsrecht. Die Vorzugsdividende für die zweite Tranche beträgt in den Jahren 11 ff. den vierfachen Prozentsatz der Jahre 01 bis 10.

Im **HGB**-(Konzern-)Abschluss der World Wide AG sind die Genussrechte und Vorzugsaktien als Eigenkapital zu behandeln, da sie zwar nur temporär, aber doch längerfristig **Haftungsqualität** aufgrund der Verlustteilnahme und Nachrangigkeit haben.

Im **IAS**-Abschluss kommt es entscheidend auf die **Rückzahlungsverpflichtung** an. Für die Genussrechte und den ersten Teil der Vorzugsaktien ist die Rückzahlungsverpflichtung schon vertraglich gegeben. Sie sind nach IAS ohne weiteres als Fremdkapital auszuweisen.

Für den zweiten Teil der Vorzugsaktien besteht nur ein Rückkaufsrecht. Die Ltd. ist zum Rückkauf nicht verpflichtet. Ab dem Jahr 11 nimmt die Vorzugsdividende zwar eine Größenordnung an, die die Ltd. aus wirtschaftlichen Gründen zum Rückkauf des Finanzinstrumentes zwingen wird. Der **faktische Rückzahlungszwang** reicht aber nicht aus, auch die zweite Tranche als Fremdkapital auszuweisen.

Eine zwischen Bilanzstichtag und Bilanzaufstellung beschlossene Dividende ist noch als Eigenkapital auszuweisen (so die Klarstellung in der Neufassung von IAS 10.11 f.).

Bei so genannten zusammengesetzten Finanzinstrumenten, etwa Wandelanleihen, die gegen eine geringere Verzinsung ein Umtauschrecht in Aktien verbriefen, stellt sich weniger ein Abgrenzungs- als ein Aufteilungsproblem. Der Zufluss aus der Begebung solcher Instrumente ist zwischen Eigen- und Fremdkapital aufzuteilen.

Beispiel

Eine Anleihe der World Wide AG wird bei einem Marktzins von 5 % nominal mit ebenfalls 5 % verzinst. Die Zeichner der Anleihe haben jedoch ein Agio von 10 % zu zahlen. Die Effektivverzinsung liegt demzufolge deutlich unter dem Marktzins.

Die AG hat den Emissionserlös aufzuteilen: in den Ausgabebetrag für die begebenen Anleiherechte und den Betrag, der für die Wandlungsrechte erzielt wurde. Für die Aufteilung in Fremd- und Eigenkapital ist nur die sog. Residualmethode zugelassen:

Gesamtwert – Fremdkapitalwert = Eigenkapitalwert

Sowohl nach § 272 Absatz Nr. 2 HGB als auch nach IAS 32.28 ist der für die Wandlungsrechte gezahlte Betrag, d. h. hier das Agio, in die **Kapitalrücklage** einzustellen.

1.3 Besonderheiten bei Personengesellschaften

Ebenso wie die Ansatz- und Bewertungsvorschriften sind auch die Gliederungs- und Ausweisvorschriften des IAS-Regelwerkes grundsätzlich rechtsformneutral formuliert. Bei der Gliederung des Eigenkapitals und seiner Abgrenzung von Fremdkapital ist dieser Zustand unbefriedigend, weil hier gesellschaftsrechtliche und bilanzielle Fragen miteinander verwoben sind. Die Standards berücksichtigen diese Wechselwirkung nur einseitig zugunsten der Kapitalgesellschaften. Die Kapitalgesellschaft stellt den Modellfall dar, für den Beispiele und Illustrationen gegeben werden. Für die Personengesellschaft bleibt nur der Hinweis, dass die Erläuterungen und Vorschriften sinngemäß gelten (IAS 1.77). Dieser Hinweis hilft kaum bei der Beantwortung der zwei entscheidenden Fragen:

- Wie ist im Personengesellschaftsfall, insbesondere bei Gesellschafterverrechnungskonten, Eigenkapital von Fremdkapital zu trennen?

- Wie ist das Eigenkapital im Personengesellschaftsfall (in der Bilanz oder im Anhang) zu untergliedern?

Personengesellschaften ohne IFRS Eigenkapital?

Nach der Neufassung von IAS 32 im Dezember 2003 bestehen Zweifel, ob eine Personengesellschaft überhaupt über Eigenkapital verfügt. Nach IAS 32.17 ist Fremdkapital durch die vertragliche Verpflichtung der Gesellschaft definiert, einem Vertragspartner Geld zu liefern. Als Beispiel führt IAS 32.18b offene Publikumsfonds bzw. Personengesellschaften an, bei denen der Eigner bzw. Gesellschafter das Recht habe seinen Anteil jederzeit (*at any time*) gegen Ausgleich in Geld zurückzugeben. Eine enge Auslegung dieses Hinweises könnte bedeuten, dass nach dem gesetzlichen Regelstatut verfasste KGs und OHGs in ihren IFRS-Bilanzen sämtliche Kapitalkonten als Fremdkapital ausweisen müssten, da die Gesellschaft bei Kündigung durch einen Gesellschafter fortzusetzen ist (§ 131 Abs. 3 Nr. 3 HGB) und es damit zu Abfindungsleistungen aus dem Gesellschaftsvermögen kommt. Eine derartige Auslegung müsste sich aber folgenden Fragen stellen:

- Handelt es sich bei der im Fall der Kündigung aus dem Gesellschaftsvermögen zu erbringenden Abfindungsleistung überhaupt um eine vertragliche Verpflichtung der Gesellschaft? Den Gesellschaftsvertrag schließen die Gesellschafter untereinander ab. Die Gesellschaft ist Betroffene dieser Regelungen, aber nicht deren Vertragspartner. Unter diesem Gesichtspunkt kann bereits bezweifelt werden, ob bei deutschen Personengesellschaften überhaupt ein Anwendungsfall von IAS 32.17 f. gegeben ist.
- Diese Bedenken verstärken sich im Falle von 2-Personen-Gesellschaften. Die Kündigung eines Gesellschafters führt zur Anwachsung des Gesellschaftsvermögens bei dem anderen Gesellschafter. Der Abfindungsanspruch richtet sich in keiner Weise gegen die Gesellschaft.
- Wenn dieser Zweifel nicht geteilt wird, stell sich weiter die Frage, ob die Kündigung der Personengesellschaft, wie in IAS 32.18b verlangt, „*at any time*“ erfolgen kann. Die gesetzlichen Regelungen des § 132 HGB sehen für die auf unbestimmte Zeit geschlossene Personengesellschaft nur eine Kündigung auf den Schluss des Geschäftsjahres vor. Die meisten Gesellschaftsverträge

schränken diese Möglichkeit weiter ein, z. B. durch Festlegung einer Mindestdauer der Gesellschaft. Auch aus dieser Sicht ergeben sich Bedenken gegen die Anwendung der restriktiven IFRS-Vorschriften auf deutsche Personengesellschaft.

Man kann angesichts dieser Zweifel nach derzeitigem Regelungsstand zwei Auffassungen für vertretbar halten:

1. Meinung: Ausweichlösung „wirtschaftliches" Eigenkapital

- Erste Auffassung: Die Personengesellschaft hat im Normalfall kein Eigenkapital nach IFRS. Angesichts der Besonderheit des Gesellschafterkapitals ist aber nach IAS 32.18b in Verbindung mit dem *Illustrative Example* Nr. 7 zu IAS 32 folgende „Ausweichlösung" zulässig: Die Passivseite der Bilanz wird in Verbindlichkeiten gegenüber Gesellschaftsfremden einerseits und Gesellschaftern andererseits unterteilt. Die Verpflichtungen gegenüber werden aber nicht als Verbindlichkeit bezeichnet, sondern als „den Gesellschaftern zuzurechnendes Nettovermögen" (*net assets attributable to members*). Der bilanzpolitische Charme dieser Ausweichlösung besteht darin, dass in diesen „wirtschaftlichen Eigenkapitalposten" – der u. E. auch so bezeichnet werden dürfte – dann auch Gesellschafterdarlehen einbezogen werden könnten.

2. Meinung: Kapitalkonten I bis III Eigenkapital

- Zweite Auffassung: Die Vorschriften von IAS 32.17 f. sind für deutsche Personengesellschaften i. d. R. nicht einschlägig. Die Einlagen der Gesellschafter („Kapitalkonto I"), nicht entnehmbare Gewinnanteile („Kapitalkonto II") und Verlustvorträge („Kapitalkonto III") stellen Eigenkapital dar. Entnehmbare Gewinnanteile und Gesellschafterdarlehen („Kapitalkonto IV") sind hingegen Fremdkapital.

In der zweiten Varianten bleibt noch die Frage, ob der entnahmefähige Periodengewinn bereits im Entstehungsjahr oder erst in neuer Rechnung als Fremdkapital zu qualifizieren ist.

Sowohl die Beispielbilanz im Anhang zu IAS 1 als auch die dort wiedergegebene beispielhafte Eigenkapitaländerungsrechnung sieht vor, dass Gewinnrücklagen, Ergebnisvorträge und Periodenergebnis in einer Sammelposition „erwirtschaftete Gewinne" zusammengefasst werden. Eine Unterteilung ist zulässig und mindestens im Anhang wegen der gebotenen Erläuterung sämtlicher Rücklagen notwendig. Strittig ist, wie sich die zusammengefasste Darstellungsmöglichkeit sowie die Tatsache, dass in der IAS-Gliederung die Kategorie Bilanzgewinn (handelsrechtlich bei Aufstellung der Bilanz nach Gewinnverwendung) fremd ist, zum Gesellschaftsrecht der Personengesellschaften verhält. Betroffen ist insbesondere die Behandlung des Gewinnanteils des Kommanditisten. Sobald der Betrag der bedungenen Einlage erreicht ist, wird der Gewinnanteil des Kommanditisten gesellschaftsrechtlich nicht mehr dem Kapitalanteil zugeschrieben. Der Kommanditist hat – vorbehaltlich abweichender gesellschaftsvertraglicher Regelungen – auf übersteigende Gewinnanteile einen Auszahlungsanspruch (§ 169 Abs. 1 HGB). Handelsrechtlich befürwortet die h. M. daher den Ausweis des Entnahmeanspruchs als Verbindlichkeit bereits in alter Rechnung. Nach IAS dürfte (immer unter der Prämisse, dass Eigenkapital überhaupt bejaht wird) auch eine andere Lösung zulässig sein. Die Erläuterungen und Beispiele für Kapitalgesellschaften in IAS 1 gehen von der Aufstellung der Bilanz vor Gewinnverwendung aus. Bei sinngemäßer Anwendung auf die KG wäre daher der Gewinnanspruch ebenfalls erst in neuer Rechnung auf Gesellschafterverrechnungskonto bzw. Verbindlichkeit umzubuchen.

In vielen Fällen erübrigen sich derartige Diskussionen, weil der Gesellschaftsvertrag der Gesellschafterversammlung überlässt, über den zu thesaurierenden und den auszuschüttenden Teil des Jahresüberschusses zu entscheiden. Erst mit dem entsprechenden Beschluss entsteht dann gem. IAS 10.11 f. eine Ausschüttungsverbindlichkeit der Gesellschaft.

Die Entnahmefähigkeit ist mindestens im Anhang zu berücksichtigen. Dort wäre ohnehin gem. IAS 1 eine Differenzierung zwischen den mit unterschiedlichen Rechten/Pflichten ausgestatteten Eigenkapitalkategorien vorzunehmen. Hierzu würde auch eine Aufschlüsselung des Eigenkapitals nach Komplementären und Kommanditisten gehören.

2 Eigene Anteile

Kürzung des Eigenkapitals

Während das HGB eigene Anteile (*treasury shares*) als einen im Umlaufvermögen auszuweisenden Vermögensgegenstand behandelt und dies durch eine Rücklage für eigene Anteile gemäß § 272 Abs. 4 HGB passivisch neutralisiert, schreibt IAS 32.33 f. die Kürzung des Eigenkapitals vor. Die Kürzung kann in einem Gesamtbetrag oder nach Zuordnung zu einzelnen Eigenkapitalkategorien erfolgen.

Beispiel

Aufgrund einer Ermächtigung der Hauptversammlung (§ 71 (1) Nr. 8 AktG) hat die World Wide AG (Grundkapital 100 TEUR) Ende 01 10.000 auf 1 EUR lautende eigene Aktien zu einem Preis von 80.000 EUR erworben.

Handelsrechtlich sind 80.000 EUR eigene Anteile im Umlaufvermögen auszuweisen. Ein gleich hoher Betrag ist passivisch in die Rücklage für eigene Anteile einzustellen.

Nach IAS 32 sind die Anteile aktivisch nicht auszuweisen. Stattdessen erfolgt eine Kürzung des Eigenkapitals um 80.000 Euro. Für den Ausweis bestehen u. a. folgende Alternativen: Nach der **Nominalbetrags-Methode** wird das Grundkapital um 10.000 EUR gekürzt, d. h. nur noch mit 90.000 EUR ausgewiesen. Die restlichen 70.000 EUR Anschaffungskosten werden von anderen Eigenkapitalkategorien, insbesondere von den Rücklagen, abgezogen. Nach der **Kosten-Methode** werden alle Eigenkapitalkategorien in ihrer bisherigen Höhe ausgewiesen, das Eigenkapital aber um einen zusätzlichen Posten eigene Anteile ./. 80.000 EUR ergänzt. Eigenkapital und Bilanzsumme sind in beiden Fällen um 80.000 EUR geringer als nach HGB.

3 *Stock options* – Mitarbeiteroptionen

Mitarbeiteroptionen und andere aktienorientierte Vergütungsformen sind insbesondere bei *start-up*-Unternehmen ein wichtiger Bestandteil der Mitarbeiterentlohnung, auch wenn die Beliebtheit durch die Kursentwicklung nach 2000 etwas gelitten hat. Die steuerliche und bilanzielle Behandlung solcher Optionen wird in Deutschland kontrovers diskutiert.

- Steuerlich geht es darum, ob der geldwerte Vorteil aus den Optionen nach den Wertverhältnissen des Zusagezeitpunktes oder nach denen des Ausübungszeitpunktes bemessen werden soll. Die zweite Variante führt in Zeiten steigender Kurse zu einer höheren Lohnsteuerlast.
- Handelsrechtlich wird diskutiert, ob die gesellschaftsrechtliche Gewährung von Mitarbeiteroptionen weiterhin erfolgsneutral behandelt werden soll oder der amerikanischen Sichtweise folgend durch eine Buchung „*Personalaufwand an Kapitalrücklage*" ergebniswirksam werden soll.
- Nach IAS sind derzeit noch beide Bilanzierungsweisen zulässig, da IAS 19 nur Anhangsangaben vorsieht, im Übrigen einen ausdrücklichen Regelungsverzicht für Bilanzierung und Erfolgsbehandlung erklärt.

US-GAAP: per Personalaufwand an Kapitalrücklage

IAS: (noch) fehlt Regelung

Der IASB hat jedoch einen Entwurf ED IFRS 2 „*Share-Based Payment*" vorgelegt. Dessen Kernvorschläge sind:

ED IFRS 2

- Berücksichtigung des Wertes von Mitarbeiteroptionen als Personalaufwand.
- Bemessung der Gesamtaufwandshöhe nach den Verhältnissen des Zusagedatums (*grant date*).
- Verteilung des Gesamtaufwandes auf die so genannte *service-period*, d. h. i. d. R. den Zeitraum zwischen Optionszusage und Datum, an dem das Optionsrecht (durch Ablauf von Wartefristen) unwiderruflich wird (*vesting date*).

Beispiel

In 00 zieht sich der Gründer der AG, ein Erfinder und Menschenfreund, aus dem Vorstand zurück und gewinnt einen Fremdvorstand. Der Fremdvorstand bringt das Unternehmen Anfang 01 an die Börse, um sich kurz danach 3 Millionen Optionen zu einem Basispreis (Ausübungspreis) von 15 Euro, entsprechend dem Börsenkurs zum *grant date*.

Das Optionsrecht ist an eine dreijährige Wartezeit gebunden und wird Anfang 04 unwiderruflich. Der Börsenkurs steigt bis 02 auf 165 Euro. Hilfreich war, dass der Vorstand den 31.12.00 hoch mit allen Arten von Rückstellungen belastete. Auf diese Weise ergab sich ein niedriges Jahresergebnis für 00 und über die Auflösung nicht benötigter Rückstellungen in den Folgejahren ein schöner Gewinnanstieg von 50 Mio. in 00 auf 200 Mio. in 02. In 03 sinkt aber der Kurs auf 10 Euro. Die Optionen werden wertlos.

Bei einer Bilanzierung nach ED 2 würden die Vorstands-Optionen zu Personalaufwand führen. Dieser ist nach dem Zeitwert der Optionen im Zusagezeitpunkt und nicht nach dem inneren Wert (Differenz von Kurswert und Basispreis) zu berechnen. Optionswert und Personalaufwand sind nicht 0, auch wenn Basispreis und Börsenkurs im Zusagezeitpunkt identisch sind.

Der so genannte Zeitwert berücksichtigt die Gewinnchance aus der Schwankung/Volatilität der Aktie.

Da die Schwankung nach unten den Optionsinhaber nicht belastet (er verzichtet lediglich auf die Ausübung), die Schwankung nach oben aber einen Gewinn bringt, hat die Option trotz Identität von Basispreis und Kurs einen Wert. Dieser Wert ist als Personalaufwand auf die *vesting period* zu verteilen. Spätere Änderungen, insbesondere der Wertverlust in 03, berühren diese Buchung nicht mehr.

Nach noch geltenden IAS-Regelungen muss der Vorstand die GuV überhaupt nicht durch Personalaufwand belasten. Er muss im Anhang lediglich einige Angaben zum Optionsplan machen, ohne jedoch den Wert der Optionen darstellen zu müssen. Der Vorstand wird sich deshalb für IAS entscheiden.

Auch in weniger extremen Fällen wird man den Nutzen einer erfolgswirksamen Abbildung von Mitarbeiteroptionen nicht abstreiten können. Es ist eine Sache, im Anhang verbale Ausführungen zu Optionsplänen zu machen, ohne deren Wert zu beziffern, eine andere Sache, die geldwerten Vorteile in der GuV selbst abzubilden. Die korrespondierende Berücksichtigung der geldwerten Vorteile der Mitarbeiter und Vorstände als Personalaufwand der Gesellschaft kann manchem Aktionär (und Analysten) die Augen öffnen. Über den Informationsnutzen hinaus entfaltet dies eine disziplinierende Wirkung. Mit ED 2 ist für die IAS-Bilanz das Ende der regelungsfreien Zeit eingeläutet.

Tipp

Die vergleichbaren amerikanischen Vorschriften enthalten ein Wahlrecht. Der Personalaufwand kann auf den inneren Wert (meist 0) beschränkt werden. Wird in der Bilanz so verfahren, ist im Anhang ein Pro-forma-Jahresergebnis unter Berücksichtigung des Zeitwerts anzugeben. Die Lektüre der entsprechenden Anhangspassagen ist (für das eigene Aktieninvestment) recht spannend. Um nur zwei bekannte Internetwerte mit den Geschäftszahlen 1999 zu nennen:

- Lycos Inc.: **Jahresfehlbetrag:** - 52 Mio. US-$;
  Pro-forma-Ergebnis (nach Option): - 132 Mio. US-$
  (Reduktion: - 154 %)
- Yahoo Inc.: **Jahresüberschuss**: + 11 Mio. US-$;
  Pro-forma-Ergebnis (nach Option): - 60 Mio. US-$
  (Reduktion: - 656 % !)

stock appreciation rights

Die „aktienbasierte Vergütung" kann auch virtuell gestaltet sein. Die Mitarbeiter erhalten sog. *stock appreciation rights*, die sie so stellen, als ob sie eine Option erhalten hätten. Beträgt beispielsweise der Kurs- und Basispreis zum Zusagedatum 100, zum *vesting date* aber 150, sind 50 an den „Inhaber" eines Rechts zu zahlen. Da diese Zahlung aus wirklichem Geld (und nicht aus Aktien, d. h. „eigener Währung") zu leisten ist, wird der Personalaufwand nicht gegen Kapitalrücklage, sondern gegen Rückstellung gebildet. Diese Rückstellung ist schon nach jetzigem Recht nach den Wertverhältnissen des jeweiligen Stichtags zu berechnen. Bei gleich bleibenden Wertverhältnissen wird sie über die *service period* angesammelt, bei schwankenden Werten variieren die Zuführungsbeträge der Perioden.

4 *Notes*

Die Anhangsangaben zum Eigenkapital sind geregelt

- allgemein in IAS 1.76,
- (noch) bezüglich Mitarbeiteroptionen und ähnlichen Kapitalbeteiligungsleistungen in IAS 19.146 ff., zukünftig in IFRS 2.

stock options: Plan- und Ist-Angaben

Bei den Kapitalbeteiligungsleistungen sind Plan- und Ist-Angaben gefordert. Im Falle von Mitarbeiteroptionen beinhaltet die Planbeschreibung Angaben über Anzahl und Bedingungen (Wartezeiten, Ausübungszeitpunkt, Bezugskurs) der Optionen. Die Ist-Beschreibung bezieht sich auf die Anzahl, Ausübungszeitpunkte und Ausübungskurse der in der Periode ausgeübten Bezugsrechte. Um den Anforderungen von IAS 24 „Nahe stehende Parteien" gerecht zu werden, ist es in der Regel erforderlich, Vorstandsoptionen getrennt von allgemeinen Mitarbeiteroptionen zu beschreiben.

Sonstiges:

An allgemeinen Angaben zum Eigenkapital fordert IAS 1.76:

1. Anteile: Art und Zahl

- für jede Klasse von Anteilen, z. B. Stammaktien gegenüber Vorzugsaktien, Angaben über Rechte und Beschränkungen, Angaben über den Nennwert sowie Angaben über die Anzahl der genehmigten, der ausgegebenen und voll eingezahlten, der ausgegebenen und nicht voll eingezahlten Anteile,

2. Rücklage: Zweck

- eine Beschreibung von Art und Zweck jeder Rücklage innerhalb des Eigenkapitals,

3. Dividende

- eine Angabe des Dividendenvorschlags.

Beispiel

Die Struktur des gezeichneten Kapitals ist wie folgt:

- Stammaktien 1,2 Mio. EUR, 473 Mio. Stück
- Vorzugsaktien 0,2 Mio. EUR, 82 Mio. Stück

Stammaktien und Vorzugsaktien sind nennwertlos und rechnerisch mit jeweils rund 2,5 Euro/Stück am gezeichneten Kapital beteiligt.

Bei der Gesellschaft besteht ein genehmigtes Kapital in Höhe von 19 Mio. EUR für die Ausgabe neuer Vorzugsaktien an die Belegschaft sowie ein bedingtes Kapital in Höhe von 51 Mio. EUR zur Gewährung von Bezugsrechten auf Stammaktien an Vorstandsmitglieder und Führungskräfte.

Die Kapitalrücklage enthält das Aufgeld aus der Ausgabe von Aktien und Optionsrechten. Bei den Gewinnrücklagen handelt es sich ausschließlich um andere Gewinnrücklagen. Die erfolgsneutral behandelten Unterschiede aus der Währungsumrechnung werden in der Bilanz mit den Gewinnrücklagen zusammengefasst und in der Eigenkapitalveränderungsrechnung gesondert ausgewiesen.

Der Hauptversammlung wird vorgeschlagen, den Bilanzgewinn wie folgt zu verwenden: Ausschüttung einer Dividende von

1,00 EUR je Aktie auf die 555 Mio. dividendenberechtigten Aktien und Vortrag des Restbetrages von 0,4 Mio. EUR auf neue Rechnung.

Die Angabepflichten sind von Personengesellschaften sinngemäß zu erfüllen (IAS 1.77). Ebenfalls rechtsformunabhängig ist neben den Anhangsangaben eine gesonderte Eigenkapitalveränderungsrechnung gefordert (vgl. Kapitel J „Weitere Abschlussbestandteile").

5 Zusammenfassung

Die Übernahme der handelsrechtlichen Untergliederung des Eigenkapitals in den IAS-Abschluss ist im Allgemeinen zulässig. Neben der Bilanz ist aber eine eigenständige **Eigenkapitalveränderungsrechnung** aufzustellen. In ihr ist neben Rücklagenbewegungen u. a. auch das nicht erfolgs- bzw. GuV-wirksame ***other comprehensive income*** darzustellen. Hierunter fallen z. B. Zeitwertänderungen von *available-for-sale*-Wertpapieren oder von *cash flow hedges.* Daneben bestehen zwei grundsätzliche Unterschiede zur Handelsbilanz:

- IAS grenzt das **Eigenkapital enger** ab **als** das **Handelsrecht**. So gehören etwa langfristige Genussrechte mit voller Verlustteilhabe und Insolvenznachrang handelsrechtlich aufgrund der Haftungsqualität zum Eigenkapital. In der IAS-Bilanz kommt es nur auf das Rückzahlungskriterium an. Es ist bei Genussrechten gegeben. Unabhängig von der Vertragsdauer usw. stellen Genussrechte daher nach IAS Fremdkapital dar.
- IAS behandelt eigene Anteile (*treasury shares*) nicht als Aktivposten. Während die Handelsbilanz einen Vermögensgegenstand ausweist, der durch eine Rücklage für eigene Anteile passivisch neutralisiert wird, sind nach IAS die Anschaffungskosten der **eigenen Anteile vom Eigenkapital zu kürzen**.

Eine besondere Form der Begebung von Eigenkapital (-anwartschaftsrechten) ist die Gewährung von Mitarbeiteroptionen (*stock options*). IAS 19 schreibt bisher nur Anhangangaben und keine bestimmte Bilanzierung des „geldwerten Vorteils" vor. Der Entwurf ED 2 „*Share-Based Payment*" sieht nun eine Anpassung an die amerikanischen Vorschriften vor.

G Rückstellungen

1 Ausweis

Für den Ausweis von Rückstellungen im IAS-Abschluss sind drei Regelungen zu beachten:

- In der Bilanz selbst sind Rückstellungen (*provisions*) gesondert von anderen Schulden auszuweisen (IAS 1.68 und 37.11).
- In der Bilanz oder im Anhang ist eine weitere Untergliederung der Rückstellungen vorzunehmen, wobei grundsätzlich mindestens zwischen Leistungen an Arbeitnehmer und anderen Rückstellungen unterschieden werden sollte (IAS 1.75).
- Die Passivseite der Bilanz ist primär nach Fristigkeit (*current/non-current*) und nicht nach Art der Schulden zu untergliedern. Kurzfristige Rückstellungen sind deshalb von den langfristigen zu separieren (IAS 1.51).

In der praktischen Umsetzung dieser Vorschriften, werden unterschiedliche Wege begangen:

- HGB-orientiert (und damit falsch) wird die Bilanz nach Rückstellungen und Verbindlichkeiten untergliedert.
- IAS-konform wird die Passivseite in langfristiges und kurzfristiges Fremdkapital gegliedert und unter langfristigem Fremdkapital neben Pensionsrückstellungen und anderen langfristigen Rückstellungen ausgewiesen.
- Die auf den Personalbereich entfallenen Rückstellungen, d. h. neben Pensionsrückstellungen z. B. Urlaubsrückstellungen oder Jubiläumsrückstellungen, sind auch über den Anhang nicht immer erkennbar.

provisions vs. *accruals*

Ein weiterer Unterschied zur Handelsbilanz ergibt sich daraus, dass IAS 37.11 zwischen *provisions* und *accruals* unterscheidet.

- *Provisions* sind als Rückstellungen im engeren Sinne durch eine grundlegende Unsicherheit hinsichtlich Grund, Höhe oder Zeitpunkt der Verpflichtung gekennzeichnet. Der Bilanzleser erkennt

am Ausweis als *provision* unmittelbar, das hier unvermeidlich wesentliche Bewertungs- und Ansatzrisiken vorliegen.
- *Accruals* betreffen hingegen Fälle, in denen die Verbindlichkeit dem Grunde nach feststeht und hinsichtlich Höhe und Zeitpunkt lediglich unwesentliche Restunsicherheiten bestehen, etwa weil der Auftragnehmer noch nicht endgültig abgerechnet hat.

Neben klaren Fällen von *accruals* (z. B. Wirtschaftsprüfer hat Kosten der Jahresabschlussprüfung noch nicht abgerechnet, die Berufsgenossenschaft hat noch keinen Bescheid erteilt) gibt es andere Fälle, in denen die Abgrenzung zu *provisions* schwierig ist. Zu denken wäre etwa an Urlaubsrückstände, die zwar in IAS 37.11 als Beispiel für *accruals* genannt werden, tatsächlich aber mit beträchtlichen Unsicherheiten, z. B. hinsichtlich des Verfalls durch Zeitablauf, versehen sein können.

Tipp

In der deutschen IAS-Praxis wird mit dem Problem der Abgrenzung zwischen *provisions* und *accruals* pragmatisch umgegangen. Der Rückstellungsbegriff wird im Zweifel weit ausgelegt. *Accruals* werden in die Rückstellungen einbezogen. Diese Verfahrensweise vermeidet Abgrenzungsprobleme, ist allerdings mit einem gewissen Informationsverlust verbunden. Es ist nicht mehr ohne Weiteres erkennbar, welche Bilanzposition mit wesentlichen Unsicherheiten behaftet ist (*provisions*), und welche Beträge im Wesentlichen feststehen (*liabilities*, einschließlich *accruals*).

2 Bilanzansatz

2.1 Vorliegen einer Verpflichtung

4 Bedingungen

Eine Rückstellung ist nach IAS 37.14 nur dann zu bilden, wenn
- ein Unternehmen eine rechtliche oder faktische **Verpflichtung** gegenüber Außenstehenden hat,
- und zwar aus einem **vergangenen Ereignis** und
- die Erfüllung dieser Verpflichtung zum **Abfluss von Ressourcen** führt sowie

- eine **zuverlässige Schätzung** der Höhe der Verpflichtung möglich ist.

Die geforderte Verpflichtung kann rechtlicher oder faktischer Art sein, gegenüber bestimmten Personen oder einem unbestimmten Personenkreis (z. B. Öffentlichkeit) bestehen, nicht jedoch gegenüber dem Unternehmen selbst. Ausgeschlossen sind damit Rückstellungen für Innenverpflichtungen, wie sie § 249 HGB für unterlassene Instandhaltungen sowie für genau bestimmte Aufwendungen zulässt.

Außenverpflichtung (keine Aufwandsrückstellung)

Beispiel

Die Power Car GmbH betreibt in der Nähe von Bergheim eine Tuning-Werkstatt.

1. Für eingebaute Teile übernimmt sie eine Garantie von sechs Monaten. Für die Beseitigung zwischen dem 7. und 12. Monat auftretender Mängel stellt sie in der Regel aus Kulanzgründen nur das Material in Rechnung.
2. In einem der Nebengebäude der Werkstatt ist das Dach seit kurzem undicht. Es soll im I. Quartal des Folgejahres instand gesetzt werden.
3. Die Power Car GmbH hat an der alle drei Jahre stattfindenden Tuner-Messe „Nur Fliegen ist schöner" teilgenommen. Sie hat die Absicht, in drei Jahren wieder an der Messe teilzunehmen, da es andere für sie attraktive Messeangebote nicht gibt.
4. Ein nicht mehr genutzter Teil des Grundstücks ist altölverseucht. Es besteht eine grundsätzliche Verpflichtung zur Altlastensanierung, jedoch ohne Fristen und Sanktionen.

Beurteilung nach IAS und HGB:

1. Für die Reparaturen außerhalb der Garantiefrist besteht keine rechtliche Verpflichtung. Unter den Kunden ist jedoch hinlänglich bekannt, dass für Reparaturen zwischen dem 7. und 12. Monat keine Lohnkosten berechnet werden. Diese Erwartungshaltung führt zu einer faktischen Verpflichtung. Eine **Kulanzrückstellung** ist nach IAS und HGB zu bilden.
2. Die **unterlassene Instandhaltung** des undichten Daches betrifft keine Außenverpflichtung. Es handelt sich um einen internen Aufwandsposten, der in der HGB-Bilanz wegen der Sondervorschrift des § 249 Abs. 1 Satz 2 Nr. 1 HGB rückstel-

lungspflichtig ist. In der IAS-Bilanz sind Aufwandsrückstellungen nicht zu berücksichtigen.

3. Die Tuner-Messe führt alle drei Jahre zu Aufwendungen, die durch Bildung einer Rückstellung zeitlich verteilt werden können. § 249 Abs. 2 HGB lässt dies für die Handelsbilanz zu. Für die IAS-Bilanz ist der Ansatz einer **Aufwandsrückstellung** unzulässig.
4. Für dic Kosten der **Altlastensanierung** ist nach IAS und HGB (mangels konkreter zeitlicher Vorgaben, jedoch nicht in der Steuerbilanz) grundsätzlich eine Rückstellung zu bilden, da eine gesetzliche Verpflichtung besteht. Allerdings kann die konkrete Passivierung daran scheitern, dass der Rückstellungsbetrag – auch wegen des unbestimmten Abzinsungszeitraums – nicht verlässlich bestimmbar ist.

Unentziehbarkeit

Eine faktische oder rechtliche Verpflichtung führt nach IAS nur dann zu einer Rückstellung, wenn die Verpflichtung aus vergangenen Ereignissen resultiert. Rückstellungsfähig sind damit nur Verpflichtungen, die unabhängig von der künftigen Geschäftstätigkeit eines Unternehmens entstehen (Unentziehbarkeit). Nicht rückstellungsfähig sind hingegen Aufwendungen, die anfallen, um künftig weiterhin unternehmerisch tätig zu sein.

Beispiel

Die Power Car GmbH ist bei den lokalen Behörden und in der örtlichen Presse in die Kritik geraten. Moniert werden vor allem Lärmemissionen, daneben Bodenverunreinigungen. Eine gesetzliche Pflicht zur Sanierung des Bodens besteht nicht. Die Power Car GmbH geht jedoch in die Image-Offensive und erklärt in einer Presse-Konferenz ihre Absicht, im Folgejahr ein 1-Millionen-Programm zur Bodendekontaminierung durchzuführen. Die Aufsichtsbehörde nimmt dies wohlwollend zur Kenntnis, erlässt darüber hinaus eine Verfügung, wonach der Gewerbetrieb am vorhandenen Ort in zwei Jahren einzustellen ist, sofern bis dahin nicht umfangreiche Lärmschutzvorrichtungen (Volumen von 2 Mio. EUR) eingebaut sind.

Die Kontaminierung des Bodens hat ihre Ursache in der Vergangenheit und ist somit grundsätzlich rückstellungsfähig. Mangels gesetzlicher Verpflichtung kommt nur eine **faktische Verpflichtung** in Frage. Sie könnte sich daraus ergeben, dass das Unternehmen entsprechende Absichten veröffentlicht hat. Hat die Power Car GmbH in der Vergangenheit bereits dargetan, dass sie eine veröffentlichte Politik auch einhält, entsteht durch die Pressekonferenz eine faktische Verpflichtung gegenüber der Öffentlichkeit, die zu einer Rückstellung führt. Gibt das bisherige Geschäftsgebaren des Unternehmens zu größeren Zweifeln Anlass, ob es die veröffentlichte Politik auch einhält, muss von einer Rückstellung abgesehen werden.

Der Einbau der Lärmschutzvorrichtungen ist durch die behördliche Verfügung als rechtliche Verpflichtung konkretisiert. Es besteht jedoch kein Zusammenhang mit einem **vergangenen Ereignis**. Die Verpflichtung entsteht nur dann, wenn das Unternehmen den mit Lärm verbundenen Teil seiner Geschäftstätigkeit über den Stichtag der Verfügung hinaus am gegebenen Ort fortsetzt. Eine Rückstellung ist deshalb nicht zu bilden.

wirtschaftliche Verursachung

Der geforderte Vergangenheitsbezug der Rückstellung ähnelt dem handelsrechtlichen Prinzip der wirtschaftlichen Verursachung. Ist beispielsweise eine Fluggesellschaft gesetzlich verpflichtet, ihre Flugzeuge alle drei Jahre generalüberholen zu lassen, so ist für diesen Aufwand weder nach IAS noch nach HGB eine Rückstellungspflicht gegeben. Nach handelsrechtlicher Auffassung fehlt die wirtschaftliche Verursachung, da die Aufwendungen zukunftsgerichtet sind. Eine Verbindlichkeitsrückstellung scheidet damit aus. Zulässig wäre handelsrechtlich lediglich die wahlweise Bildung einer Aufwandsrückstellung nach § 249 Abs. 2 HGB.

Rückbau-Verpflichtungen

Das IAS-Kriterium, sich der Verpflichtung nicht durch Einstellung oder Änderung der Geschäftstätigkeit entziehen zu können, und das HGB-Kriterium der wirtschaftlichen Verursachung führen in vielen, aber nicht in allen Fällen, zu gleichen Ergebnissen. Dies ist jedoch nicht der Fall bei Entfernungs- und Rückbau-Verpflichtungen.

Beispiel

Die Power Car GmbH schließt einen Pachtvertrag über ein neues Betriebsgebäude. Sie nimmt umfangreiche Einbauten vor, die sie am Ende des Pachtzeitraums entfernen muss.

Nach HGB gilt die **Entfernungsverpflichtung** als über die Laufzeit des Pachtvertrages wirtschaftlich verursacht. Sie ist demgemäß ratierlich zu bilden (Ansammlungsrückstellung).

Nach IAS entsteht die Verpflichtung sofort in voller Höhe. Der Rückstellungsbetrag wird korrespondierend auf der Aktivseite beim Mietereinbau erfasst. Der Aufwand der Folgeperioden wird nicht über die Zuführung zur Rückstellung, sondern durch die gegenüber dem HGB höhere Abschreibung der GuV belastet.

2.2 Abgrenzung zu Eventualverbindlichkeiten

51 % Wahrscheinlichkeit

Nicht jede mögliche Außenverpflichtung ist rückstellungsfähig. Es muss eine Mindestwahrscheinlichkeit für die Inanspruchnahme geben. IAS 37.23 setzt diese Wahrscheinlichkeit auf 51 %. Ein drohender Abfluss von Ressourcen ist erst dann rückstellungsfähig, „wenn mehr dafür als dagegen spricht". Dies entspricht der in Deutschland vom BFH vertretenen Auffassung. Nach dessen Rechtsprechung ist eine Rückstellung dann anzusetzen, wenn „mehr Gründe für als gegen das Be- oder Entstehen einer Verbindlichkeit oder die künftigen Inanspruchnahme sprechen" (BFH, Urteil vom 01.08.1984, I R 88/80 BStBl II 85,46). Die deutschen handelsrechtlichen Kommentierungen stehen dieser Steuer-Rechtsprechung überwiegend kritisch gegenüber („Scheinquantifizierung") und bejahen eine Rückstellung zum Teil bereits dann, wenn eine Inanspruchnahme zwar eher unwahrscheinlich ist, aber bei einer gedachten Veräußerung des Unternehmens zu einem Kaufpreisabschlag führen würde.

Beispiel

Rechtzeitig vor Weihnachten lässt Josef Schmitz seinen Kleinwagen bei der Power Car GmbH tiefer legen, den Motor tunen und diverse Spoiler anbringen. Am 23.12. holt er das Fahrzeug ab, macht sich auf den Weg nach Hause in die Voreifel. Am Bliesheimer Kreuz macht er seinem Wahlspruch „Tiefer legen, schneller fliegen" alle, aber leider auch die letzte Ehre. Seine Erben klagen gegen die Power Car GmbH wegen Unterhaltsansprüchen auf 1 Mio. EUR. Ein Urteilstermin ist nicht absehbar. Der Gutachter der Power Car GmbH kommt im Frühjahr zum Ergebnis, dass die Power Car GmbH mit hoher Wahrscheinlichkeit (mündlich als „zu 90 %" erläutert) keine Schuld trifft.

Die handelsbilanzielle Behandlung ist unklar: Nach ADS, 5. Auflage, § 253, Anm. 178 empfiehlt es sich in derartigen Fällen, die Bilanzaufstellung im zulässigen Rahmen zu verzögern, um dadurch mehr Klarheit zu gewinnen. Dieser Hinweis wird im vorliegenden Fall kaum hilfreich sein. Nach Beck'schem Bil-Komm, 5. Auflage, § 249, Anm. 33 ist eine Rückstellung dem Grunde nach zu bejahen, da ein gedachter Erwerber des Unternehmens das schwebende Verfahren in seinem Kaufpreiskalkül berücksichtigen würde. Auch dieser Hinweis hilft nicht wirklich weiter. Das schwebende Verfahren wird die Power Car GmbH eher unverkäuflich machen bzw. nur unter der Voraussetzung verkäuflich machen, dass die Veräußerer werthaltige Garantien abgeben. Aus der Perspektive eines gedachten Erwerbers wäre damit zwar dem Grunde nach eine Rückstellung zu bilden, die aber nicht quantifiziert werden könnte. Soweit man für die Quantifizierung auf den Betrag mit der höchsten Wahrscheinlichkeit abstellen würde (so Beck'scher BilKomm, 5. Auflage, § 253, Anm. 155), käme man zu einer Null-Rückstellung und damit doch wieder zu keiner Rückstellung. Die handelsrechtliche Bilanzierung ist also eine offene Frage.

Nach IAS taugt der Anspruch der Erben Schmitz nur für eine Eventualverbindlichkeit. Eine Rückstellung scheitert schon daran, dass die Inanspruchnahme **nicht überwiegend wahrscheinlich** ist. Die Power Car GmbH hat in den ***notes*** zu ihrem IAS-Abschluss über die **Eventualverbindlichkeit** zu berichten. Eine solche Angabe im Anhang kann nur dann unterbleiben, wenn die Wahrscheinlichkeit der Inanspruchnahme (ganz) unwahrscheinlich (*remote*) ist.

zuverlässige Schätzung

Trotz überwiegender Wahrscheinlichkeit ist nach IAS nur eine Eventualverbindlichkeit und keine Rückstellung angezeigt, wenn eine zuverlässige Schätzung des dem Grunde nach zurückzustellenden Betrages nicht möglich ist. Diese Fälle werden in IAS 37.25 f. als „äußerst selten" bezeichnet, da eine Bandbreiten-Schätzung für die Rückstellungsbewertung im Allgemeinen ausreicht. Die Voraussetzungen der Rückstellungsbildung nach IAS 37 sind in dem nachfolgenden Prüfschema zusammengefasst.

Prüfschema: Rückstellungen nach IAS 37

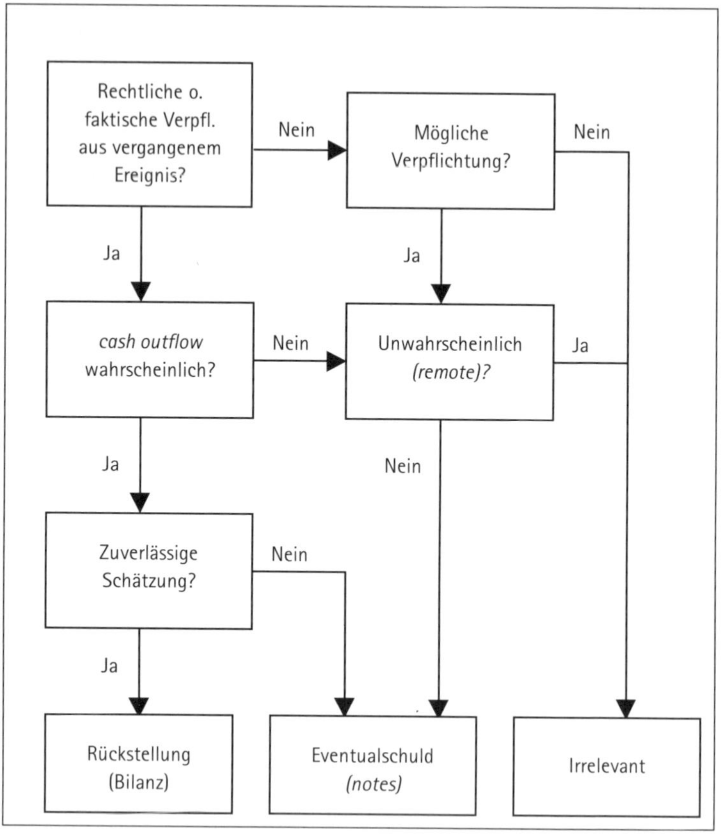

2.3 Drohverlustrückstellungen und Restrukturierungsrückstellungen

onerous contracts

Neben den allgemeinen Regelungen enthält IAS 37 besondere Vorschriften zum Ansatz von Drohverlustrückstellungen und Restrukturierungsrückstellungen. Drohverlustrückstellungen sind zu bilden für belastende Verträge (*onerous contracts*). Dies sind Verträge, bei denen die unvermeidlichen Kosten zur Erfüllung der vertraglichen

Pflichten höher als der (noch) erwartete wirtschaftliche Nutzen sind (IAS 37.68). Je nach handelsrechtlicher Auffassung kann auch für die Handelsbilanz die Drohverlustrückstellung als Unterform der Rückstellung für ungewisse Verbindlichkeiten gelten. Sie unterliegt aus dieser Sicht nur eigenen Bewertungsregeln (Saldierung von Aufwand und Ertrag), hingegen nicht eigenen Ansatzregeln. Für diesen Ansatz ergeben sich keine wesentlichen Unterschiede zwischen IAS und HGB.

Restrukturierung, wenn ...

Auch eine Rückstellung für Restrukturierungskosten ist nach IAS 37.71 nur dann anzusetzen, wenn die allgemeinen Ansatzkriterien erfüllt sind. Die Beurteilung, ob die allgemeinen Ansatzkriterien erfüllt sind, kann jedoch bei Restrukturierungen besondere Fragen aufwerfen. Für deren Beantwortung gibt IAS 37.70 ff. konkrete Hinweise. Restrukturierungsmaßnahmen sind insbesondere der Verkauf oder die Einstellung eines Geschäftsbereichs und die Stilllegung von Standorten *(discontinuing operations)* sowie grundsätzliche Umorganisationen mit wesentlicher Auswirkung auf die Schwerpunkttätigkeit des Unternehmens. Eine rückstellungsfähige faktische Verpflichtung entsteht in derartigen Fällen nur, wenn

1. Plan

- das Unternehmen zum Bilanzstichtag einen detaillierten Restrukturierungsplan hat (betroffene Geschäftsbereiche und Standorte, Zahl der abzufindenden Mitarbeiter, entstehende Ausgaben, Umsetzungszeitpunkte) und

2. Planumsetzung/-ankündigung

- mit der Umsetzung des Restrukturierungsplanes entweder bereits begonnen wurde oder der Plan ausreichend detailliert den Betroffenen gegenüber angekündigt wurde.

Interne Beschlüsse reichen für eine Restrukturierungsrückstellung nicht aus. Eine Außenverpflichtung muss entstanden sein, sei es faktisch durch Ankündigung (in Stilllegungsfällen) oder rechtlich durch Vertragsschluss (in Verkaufsfällen). Nicht rückstellungsfähig sind Kosten für Umschulung oder Marketinginvestitionen in Bezug auf neue Geschäftsfelder. Derartige Ausgaben sind vielmehr der künftigen Geschäftstätigkeit zuzuordnen.

Beispiel

Die Ökosteuer zeigt selbst im Kreis Bergheim ihre Wirkung. Breitreifen und Spoiler gehen nach wie vor gut, aber die Nachfrage nach Motortuning tendiert gegen null. Die Geschäftsführung beschließt noch vor dem Bilanzstichtag die Einstellung des Bereichs Motortuning. Der detaillierte Plan sieht unter anderem die Entlassung von 6 Arbeitnehmern vor. 4 weitere Arbeitnehmer sollen nach entsprechender Schulung in die Voreifel versetzt werden, wo die Power Car GmbH aufgrund guter Absatzsynergien noch die Landmaschinenwerkstatt „Power to the Bauer" betreibt. Der Restrukturierungsplan quantifiziert unter anderem die Abfindung und sonstigen Ausgaben und enthält genaue Umsetzungszeitpunkte.

Der detaillierte Restrukturierungsplan rechtfertigt noch keine Rückstellung. Sofern die Power Car GmbH zum Bilanzstichtag weder mit der Umsetzung des Plans begonnen noch durch detaillierte Information an die Betroffenen faktische Verpflichtungen geschaffen hat, muss eine Rückstellung unterbleiben. Wäre die Mitteilung erfolgt, so wären nur die Abfindungsbeträge der 6 zur Entlassung vorgesehenen Mitarbeiter rückstellungsfähig, hingegen nicht die Umschulungskosten für die 4 zu versetzenden Mitarbeiter.

Tipp

In Stilllegungsfällen hat die Unternehmensleitung es in der Hand, ob sie das aktuelle Jahr noch mit einer Rückstellung belasten will. Möchte sie dies nicht, muss sie die Veröffentlichung des Plans rauszögern. Falls dies nicht möglich ist, kann es helfen, den Plan möglichst wenig zu detaillieren und auf diesem Weg die Passivierungsvoraussetzungen zu umgehen.

Die Restrukturierungsrückstellung ist in vielen Fällen tatsächlich eine Aufwandsrückstellung und damit ein Systembruch. IAS 37 versucht diesen Systembruch zu überdecken. Durch die Bekanntgabe eines Restrukturierungsplans an die Betroffenen soll eine Erwartungshaltung entstehen, die zur faktischen Verpflichtung führt. Wie dünn diese Argumentation ist, zeigt sich im Beispiel der Arbeitnehmerentlassung. Die Bekanntgabe der Betriebseinstellungspläne an den Betriebsrat mag zwar (negative) Erwartungen wecken. Wenn die Unternehmensleitung aber kurz darauf neue Aufträge akquiriert und deshalb die Stilllegungspläne einstampft, wird der Betriebsrat kaum darauf bestehen, er habe sich nun auf die Stilllegung eingestellt und deshalb müsse diese auch durchgezogen werden.

3 Bewertung

3.1 „Bestmögliche Schätzung"

Die Rückstellungshöhe bemisst sich nach IAS 37.37 nach der bestmöglichen Schätzung, d. h. nach dem Betrag, „den das Unternehmen **bei vernünftiger Betrachtung** zur Erfüllung der Verpflichtung zum Bilanzstichtag oder zur Übertragung der Verpflichtung auf einen Dritten zu diesem Termin zahlen müsste“. In der Handelsbilanz ist nach § 253 Abs. 1 Satz 2 HGB der Betrag anzusetzen, „der **nach vernünftiger** kaufmännischer **Beurteilung** notwendig ist.“ Die Übereinstimmung zwischen beiden Formulierungen ist auffällig und lässt den Schluss zu, dass wesentliche Bewertungsunterschiede zwischen IAS und HGB insofern nicht bestehen. Für statistisch fassbare Risiken, wie Garantiekosten, gilt diese Schlussfolgerung uneingeschränkt. Für Einzelverpflichtungen gilt sie dann, wenn es einen wahrscheinlichsten Wert gibt. Dieser wahrscheinlichste Wert ergibt sowohl nach IAS als auch nach HGB den Rückstellungsbetrag. Ein Teil der Literatur konzentriert sich jedoch auf einen (theoretischen) dritten Fall: Bei einer Bandbreite gleich wahrscheinlicher Ereignisse soll demzufolge nach HGB der höchste Wert anzusetzen sein, während nach IAS 37.39 der Mittelwert der Bandbreite zu verwenden ist.

Beispiel

Die Erben des verunglückten Josef Schmitz beanspruchen nach wie vor 1 Mio. EUR von der Power Car GmbH. Zum nächsten Bilanzstichtag gibt es ein neues Gutachten, das für die Wahrscheinlichkeit einer Verurteilung spricht. Für den Fall einer Verurteilung werden Beträge von 0,2 Mio., 0,4 Mio. und 0,6 Mio. EUR als **gleich wahrscheinlich** angesehen. Nach IAS wäre der Wert von 0,4 Mio. EUR zurückzustellen, nach herrschender HGB-Meinung der Wert von 0,6 Mio. EUR.

Der Unterschied ist eher theoretischer Natur. Die Wahrscheinlichkeiten lassen sich nicht wirklich quantifizieren. Man wird Argumente finden können, dass der Wert von 0,6 Mio. EUR etwas wahrscheinlicher ist als die beiden anderen Werte. Auch nach IAS wären dann 0,6 Mio. EUR zurückzustellen. Bei anderer bilanzpolitischer Zielsetzung wird man ebenso Argumente dafür finden können, dass der mittlere Wert der wahrscheinlichste ist. Auch nach HGB wären dann 0,4 Mio. EUR zurückzustellen.

3.2 Rückgriffsrechte und Saldierungen

Drohverlust = Saldogröße

Von vornherein auf eine Saldierung angelegt sind sowohl nach IAS als auch nach HGB Drohverlustrückstellungen. Eine Rückstellung ergibt sich in diesen Fällen nur aus einem drohenden Verlust, d. h. aus einer Saldogröße von Aufwendungen und Erträgen.

Rückgriff bei sonstigen Rückstellungen

Auch bei anderen Rückstellungen kann sich die Saldierungsfrage stellen, nämlich dann, wenn der Verpflichtung bedingte Erstattungsansprüche, z. B. gegen Versicherungen, gegenüberstehen. Nach HGB ist dieser Rückgriffsanspruch dann bei der Bewertung der Rückstellungen zu berücksichtigen, wenn er bei tatsächlicher Inanspruchnahme aus der Rückstellung zwangsläufig und werthaltig entsteht. Diese Voraussetzung ist bei tatsächlich versicherten Risiken (Versicherung ungekündigt, kein sachlicher Risikoausschluss) regelmäßig gegeben. Nach IAS 37.53 führt der Erstattungsanspruch unter vergleichbaren Voraussetzungen zu einem eigenen Aktivposten.

Beispiel

Die Power Car GmbH rechnet zum Bilanzstichtag damit, dass sie 0,4 Mio. EUR an die Erben von Josef Schmitz zahlen muss. Sie ist für diesen Fall mit einer Selbstbeteiligung von 50 TEUR versichert. Die Versicherung ist ungekündigt, alle Prämien sind bezahlt, ein nicht versichertes grob fahrlässiges oder vorsätzliches Handeln ist mit größter Wahrscheinlichkeit auszuschließen.

Nach HGB sind 350 TEUR zurückzustellen.

Nach IAS 37.53 ff. ist die Rückstellung mit 0,4 Mio. EUR zu bewerten und ein separater Vermögenswert für die zu erwartende **Versicherungserstattung** von 50 TEUR zu aktivieren, wenn es so gut wie sicher ist, dass das Unternehmen diese Erstattung bei Verurteilung erhalten wird.

3.3 Abzinsung

§ 253 Abs. 1 S. 2 HGB lässt die Abzinsung von Rückstellungen nur zu, „soweit die ihnen zugrunde liegenden Verbindlichkeiten einen Zinsanteil enthalten“. Im Falle von Sachleistungsverpflichtungen (z. B. bei Rekultivierung) ist diese Voraussetzung nach herrschender Meinung so gut wie nie gegeben. Bei Geldleistungen (z. B. Jubiläumszuwendungen) lehnt die Literatur eine Abzinsung unter Berufung auf das Realisationsprinzip z. T. ebenfalls ab. Die Steuerbilanz sieht demgegenüber nach § 6 Abs. 1 Nr. 3a EStG ein generelles Abzinsungsgebot für Rückstellungen vor, deren Laufzeit am Bilanzstichtag mindestens 12 Monate beträgt und die unverzinslich sind.

Abzinsung nur bei wesentlichem Zinseffekt

Die Regelungen in IAS 37.45 ähneln den steuerlichen Vorschriften, indem sie grundsätzlich eine Abzinsung vorsehen. Es fehlt jedoch der steuerrechtliche Automatismus. Eine Barwertberechnung ist nach IAS nur notwendig „bei einer wesentlichen Wirkung des Zinseffektes“. Im Einzelfall kann deshalb bei niedrigen Beträgen und/oder nicht zu langen Fristen auch bei über die 12 Monate hinausreichenden Laufzeiten von einer Abzinsung abgesehen werden. Insbesondere bei sehr langfristigen Rückstellungen (z. B. für Rekultivierung oder für mietvertragliche Entfernungsverpflichtungen) wird die Abzinsung regelmäßig einen wesentlichen Bewertungseffekt haben und deshalb auch nach IAS geboten sein.

4 Sonderfall Pensionsrückstellungen und sonstige Arbeitnehmerrückstellungen

4.1 Leistungen an Arbeitnehmer

IAS 19 regelt die Bilanzierung und die Angabepflichten für Leistungen an Arbeitnehmer. Unterschieden werden in IAS 19.7 fünf Kategorien von Leistungen an Arbeitnehmer:

- kurzfristig fällige Leistungen (z. B. Löhne), die unabgezinst ausgewiesen werden,
- Leistungen nach Beendigung des Arbeitsverhältnisses (insbesondere Pensionen), die zum versicherungsmathematischen Wert erfasst werden und mit gegebenenfalls vorhandenem Deckungs- bzw. Planvermögen saldiert werden,
- andere langfristig fällige Leistungen (z. B. Jubiläumszuwendungen, daneben auch Erfolgsbeteiligungen, die nicht innerhalb von 12 Monaten gezahlt werden), die zum Barwert, gegebenenfalls unter Berücksichtigung von Fluktuationen, erfasst werden,
- Leistungen aus Anlass der Beendigung des Arbeitsverhältnisses (z. B. Abfindungen), die nur dann als Schuld auszuweisen sind, wenn das Unternehmen vertraglich oder faktisch verpflichtet ist,
- Kapitalbeteiligungsleistungen (*stock options*), für die derzeit noch keine Vorschriften zum Ansatz und zur Bewertung, sondern lediglich zum Anhang bestehen (vgl. Kapitel F „Eigenkapital“).

Mit Ausnahme der Pensionsrückstellungen (und zukünftig der *stock options*) und einer eventuellen Abzinsung ergeben sich keine wesentlichen Abweichungen zwischen IAS und HGB.

Beispiel

Die For-Ever-Young AG schließt unter Nutzung des Altersteilzeitgesetzes Ende 00 eine Betriebsvereinbarung. Alle Arbeitnehmer, die am 31.12.01 das 55. Lebensjahr vollendet haben, können mit Wirkung ab 02 zur 50%igen Teilzeitbeschäftigung im Blockmodell optieren. Danach erhalten sie über einen Zeitraum von 5 Jahren 50 % ihrer bisherigen Vergütung plus 30 % Aufstockung, bei voller Arbeitsleistung in den ersten 2,5 Jahren und Freistellung in den zweiten 2,5 Jahren. Die AG rechnet damit, dass 200 Arbeitnehmer mit einer Lohnsumme von 10 Mio. EUR p.a. das Angebot wahrnehmen werden.

Sowohl nach IAS wie nach HGB ergeben sich zwei Rückstellungstatbestände:

1. Der Aufstockungsbetrag (5 x 3 Mio. EUR) kann wegen seiner Anreizwirkung als **Abfindung**sbetrag (*termination benefit*; IAS 19.133 b) interpretiert werden. Mit Abschluss der Vertriebsvereinbarung in 00 entsteht eine rechtliche Stillhalteverpflichtung, die nach Maßgabe der wahrscheinlichen Inanspruchnahme (hier: 200 Arbeitnehmer) zurückzustellen ist.
2. Während der ersten Phase der 5 Jahre entsteht bei 50 % Grundvergütung und 100 % Arbeitsleistung ein **Erfüllungsrückstand**, der sich in der zweiten Phase auflöst. In dieser Phase entstehen pro vollem Jahr Rückstände von 5 Mio. EUR (50 % von 10 Mio. EUR). Unter dem sowohl für HGB wie IAS geltenden Gesichtspunkt der wirtschaftlichen Verursachung ist diese Rückstellung in Phase 1 kontinuierlich aufzubauen. Unter Vernachlässigung der Abzinsung (nach IAS zwingend, nach HGB strittig) ergibt sich folgender Aufwands- und Rückstellungsverlauf:

	00	01	02	03	04	05	06
RSt Aufstockungsbetrag	15,0	15,0	12,0	9,0	6,0	3,0	0,0
RSt Erfüllungsrückstand			5,0	10,0	10,0	5,0	0,0
Summe RSt	**15,0**	**15,0**	**17,0**	**19,0**	**16,0**	**8,0**	**0,0**
Lfd. Zahlungen			-8,0	-8,0	-8,0	-8,0	-8,0
- Zuführung RSt	-15,0		-5,0	-5,0			
+ Inanspr. RSt			+3,0	+3,0	+3,0	+8,0	+8,0
Aufwand GuV	**-15,0**	**0,0**	**-10,0**	**-10,0**	**-5,0**	**0,0**	**0,0**

4.2 Rückstellungen für Pensionen und ähnliche Leistungen

IAS 19 differenziert bei der betrieblichen Altersversorgung zwischen

beitrags-orientierte Pläne

- beitragsorientierten Pensionsplänen, bei denen ein Unternehmen festgelegte Beiträge an eine eigenständige Einrichtung entrichtet und weder rechtlich noch faktisch über die Beitragspflicht hinaus zu weiteren Leistungen verpflichtet ist, und

leistungs-orientierte Pläne

- leistungsorientierten Pensionsplänen, bei denen die Verpflichtung des Unternehmens in der Gewährung einer zugesagten Leistung besteht.

Die in Deutschland geläufigen Formen der betrieblichen Altersversorgung lassen sich wie folgt einordnen:

- Pensionskassen und Direktversicherungen sind in der Regel als beitragsorientierte Pläne einzustufen.
- Pensionskassen, Direktzusagen und wegen der Subsidiärhaftung des Trägerunternehmens auch Unterstützungskassen sind in der Regel als leistungsorientierte Pläne zu klassifizieren.

Bei den beitragsorientierten Plänen ergeben sich weder nach IAS noch nach HGB Bilanzierungsprobleme. Die laufenden Beiträge sind Aufwand. Rückständige Beiträge, z. B. aus einer fälligen, aber nicht geleisteten Direktversicherungsprämie, sind gegebenenfalls abzugrenzen.

Leistungsplan komplex, ...

Die Bilanzierung und Bewertung von leistungsorientierten Direktzusagen ist hingegen komplex, weil sie eine Reihe von Fragen und Schätzproblemen aufwirft:

1. Biometrie?

- Es müssen biometrische Annahmen über Lebenserwartung und Invalidität getroffen werden, um die Leistungen nach Beendigung des Arbeitsverhältnisses zu bestimmen.

2. Gehalts-trends?

- Es ist zu entscheiden, ob in die Berechnung dieser Leistungen auch zukünftige Gehalts- und Karrieretrends einbezogen werden sollen.

3. Zinssatz?

- Es muss ein angemessener Zinssatz gefunden werden, um die zukünftigen Leistungen in Barwerte umzurechnen.

4. Verteilung?

- Es ist zu entscheiden, wie die Leistungsverpflichtung den Dienstjahren des Arbeitnehmers zugeordnet werden soll, ob orientiert am Barwert der bereits erarbeiteten künftigen Pensionsleistung oder orientiert am Barwert der gesamten zukünftigen Pensionsleistung.

Die Entscheidungen nach IAS 19 fallen zum Teil anders aus, als nach der auch die deutsche Handelsbilanz prägenden Vorschrift des § 6a EStG:

- Zukünftige Gehalts- und Karrieretrends sind nur nach IAS zu berücksichtigen (vgl. aber Kapitel A 4 „Strategien einer Anpassung der Rechnungslegung; Entscheidung zwischen IAS und US-GAAP").
- Während § 6a EStG einen Abzinsungssatz von 6 % gesetzlich festlegt, ist nach IAS 19.78 der fristenkongruente Zins erstrangiger Industrieanleihen heranzuziehen.
- Während die steuerliche Teilwertmethode den Barwert der gesamten zukünftigen Pensionsleistung als Annuität auf die Dienstjahre verteilt, geht IAS vom Barwert der bereits erarbeiteten künftigen Pensionsleistung aus.

IAS-Wert wegen Trends meist höher

Im Ergebnis sind die Pensionsverpflichtungen nach IAS regelmäßig höher als die nach HGB. Hauptgrund ist die Berücksichtigung der zukünftigen Gehalts- und Karrieretrends. Gegenläufig wirkt ein eventuell über 6 % angesetzter Abzinsungssatz. In der Praxis bereitet die Berechnung nach IAS keine besonderen Probleme für das Unternehmen, da die Pensionsgutachter über einschlägige Programme verfügen.

aber: Saldierung Planvermögen

Trotz des regelmäßig höheren IAS-Wertes weisen die Bilanzen angelsächsischer Unternehmen meist niedrigere Pensionsrückstellungen aus als die vergleichbarer deutscher Unternehmen. Der Grund liegt darin, dass in der Regel ein Nettoausweis erfolgt. Die Pensionsrückstellungen wird mit so genannten Planvermögen verrechnet. Diesen Nettoausweis sehen sowohl die amerikanischen Vorschriften als auch IAS 19.7 für den Fall vor, dass

- die Finanzierung der Pensionsleistung über rechtlich selbstständige Einheiten (Fonds) erfolgt,
- deren Vermögen und Erträge außerhalb der Verfügungsgewalt des Unternehmens und des Zugriffs der Gläubiger liegen.

- Ist das Unternehmen außerdem weder rechtlich noch faktisch verpflichtet, Leistungen unmittelbar an Arbeitnehmer zu zahlen, soweit bzw. solange ausreichendes Vermögen im Fonds vorhanden ist,
- so qualifizieren sich die Vermögenswerte des Fonds als Planvermögen und sind zwingend mit der Pensionsverpflichtung zu saldieren (IAS 19.102).

Nur ein etwaiger Überschuss der Verpflichtung über das Planvermögen erscheint dann noch als Pensionsrückstellung, ein etwaiger Überschuss des Planvermögens als Aktivposten. Das Ergebnis dieser Saldierung ist im Vergleich zu deutschen Unternehmen eine Verkürzung der Bilanz und damit eine Verbesserung der Eigenkapitalquote und weiterer Bilanzkennzahlen.

Tipp

Es fehlt inzwischen nicht an Vorschlägen, dieses bilanzielle Handicap deutscher Unternehmen im internationalen Vergleich im Rahmen der HGB-Bilanzierung zu beseitigen. Ein Lösungsansatz sieht etwa vor, zur Rückdeckung vorgesehene Wertpapiere treuhänderisch auf einen Verein zu übertragen, der aus dem Vermögen und den Erträgen die Pensionsverpflichtungen erfüllt. Aus handels- und steuerbilanzieller Sicht verbleibt die Pensionsverpflichtung weiter ausschließlich beim Unternehmen, das daneben weiterhin aufgrund wirtschaftlichen Eigentums auch das Treuhandvermögen bilanziert. In der IAS-Bilanz wird hingegen bei geeigneter Detailgestaltung nur noch der Saldo ausgewiesen. Entsprechende Überlegungen bedürfen sorgfältiger Planung, um einerseits die gewünschte Bilanzierung zu erreichen, andererseits die steuerliche Situation (Lohnversteuerung erst im Pensionsfall) nicht zu gefährden.

Sind nach IAS die Voraussetzungen für eine bilanzielle Saldierung gegeben, wird zugleich auch in der GuV eine Saldierung zwischen Pensionsaufwendungen und Erträgen aus dem Planvermögen vorgenommen.

Die in der Bilanz und GuV auszuweisenden Salden werden nicht auf der Basis der tatsächlichen Entwicklung, sondern nach erwarteten Renditen und Wertentwicklungen ermittelt, um Schwankungen zu glätten. Erst soweit die Schwankungen einen 10-%-Korridor überschreiten, entsteht ein unrealisierter Verlust bzw. Gewinn, der über die durchschnittliche Restdienstzeit aufgelöst wird. Durch Ansatz zu hoher Planrenditen können Unterdeckungen einige Jahre verschleiert werden.

Beispiel

Das Wachstum der Pensionsverpflichtungen und der Rendite auf die *plan assets* betrug bis 00 jeweils 12 %. Danach bleibt wegen einer schlechten Börsenentwicklung die Rendite 2 Jahre auf 0. Sie steigt erst in 03 wieder und erreicht erst in 04 erneut den geplanten Wert. Die resultierende Unterdeckung wird erst mit starker Zeitverzögerung in der Bilanz ausgewiesen. Vereinfacht ergibt sich folgende Lösung:

	00	01	02	03	04	05
a) Nicht erfasster Verlust am 1.1.		0,0	12,0	23,9	29,2	28,2
b) 10-%-Korridor 1.1.		10,00	11,2	12,5	14,0	15,7
c) Übersteigender Betrag 1.1.		0,0	0,8	11,4	15,1	12,4
d) Durchschnittliche Restdienstjahre		15,0	15,0	15,0	15,0	15,0
e) Nicht erfasster Verlust am 1.1. (= a)		0,0	12,0	23,9	29,2	28,2
f) Davon im Jahr zu erfassen (= c/d)		0,0	-0,1	-0,8	-1,0	-0,8
g) Nicht erfasster Verlust des Jahres		12,0	12,0	6,0	0,0	0,0
h) Nicht erfasster Verlust am 31.12.		12,0	23,9	29,2	28,2	27,3
i) Pensionsverpfl. 31.12.	100,0	112,0	125,4	140,5	157,4	176,2
j) Planvermögen 31.12	100,0	100,0	100,0	106,0	118,7	133,0
k) **Unterdeckung**	0,0	**12,0**	**25,4**	**34,5**	**38,6**	**43,3**
l) Nicht erfasster Verlust am 31.12. (= g)		-12,0	-23,9	-29,2	-28,2	-27,3
m) **Rückstellung 31.12. absolut**		**0,0**	**1,5**	**5,3**	**10,5**	**15,9**
n) Dito in % der tatsächlichen Unterdeckung		0,0	5,9	15,4	27,1	36,8

Die Behandlung anderer langfristig fälliger Leistungen an Arbeitnehmer, z. B. Jubiläumsleistungen, unterliegt nach IAS 19.127 ff.

grundsätzlich gleichen Regelungen wie die Bilanzierung von Pensionsverpflichtungen.

5 *Notes*

5.1 Angaben zu den Rückstellungen

Rückstellungen sind gemäß IAS 37.85 im Anhang zu beschreiben

- nach ihrer Art,
- dem erwarteten Belastungszeitpunkt und
- eventuell erwarteten Erstattungsbeträgen.

Dabei dürfen solche Rückstellungen zu einer Kategorie zusammengefasst werden, deren Wesen hinreichend ähnlich ist.

Tipp

Konkret bedeutet die Möglichkeit der Zusammenfassung z. B.: Nicht für jede Produktgruppe ist eine eigene Gewährleistungsrückstellung zu bilden und zu erläutern. **Ein** zusammengefasster Posten Garantierückstellung reicht aus. In diesen Posten dürfen aber andererseits solche auf Produktfehler zurückgehende Verbindlichkeiten nicht einbezogen werden, die zum Beispiel im Rahmen der Produkthaftung Gegenstand eines Gerichtsverfahrens sind.

Rückstellungsspiegel

Für jede Rückstellungskategorie sind außerdem die Buchwerte zu Beginn und Ende des Geschäftsjahres sowie die Bewegungen innerhalb des Geschäftsjahres anzugeben. Die hierzu in IAS 37.84 geforderten Angaben lassen sich zweckmäßigerweise in einem Rückstellungsspiegel zusammenfassen, der für jede Rückstellungskategorie Folgendes beinhaltet:

  Buchwert 1.1.
+ Zuführung
– Inanspruchnahme
– Auflösung
+ Wertänderung aus Aufzinsung
= Buchwert 31.12.

Folgende Darstellungsform ist zweckmäßig:

Rückstellungsspiegel

Art d. Rückstellung	BW 1.1.	Zuführung	Zinseffekt	Inanspruchn.	Auflösung	BW 31.12.
Summe						

Wichtig hierbei ist die Unterscheidung zwischen Inanspruchnahme und Auflösung. Die Inanspruchnahme zeigt die verwendeten, d. h. die tatsächlich entstandenen bzw. gezahlten und gegen die Rückstellung verrechneten Beträge. Die Auflösung zeigt die nicht verwendeten, mindestens in rückwirkender Betrachtung überhöhten Rückstellungsbeträge.

Inanspruchnahme vs. Auflösung

Beispiel

Die World Wide AG hat seit Ende 00 einen neuen Vorstand, der die Bilanz 00 in Ausnutzung sämtlicher Ermessensspielräume umfangreich mit Rückstellungen belastet und dadurch das Ergebnis 00 auf 100 Mio. EUR reduziert. U. a. hat er noch im Dezember 00 die Entlassung sämtlicher Leiter der Übersee-Niederlasssungen verkündet und hierfür eine Abfindungsrückstellung von 50 Mio. EUR gebildet. Weiterhin hat er die Garantierückstellungen (durchschnittliche Garantielaufzeit 1 Jahr) neu kalkuliert und deshalb von 15 auf 20 Mio. EUR erhöht. Schließlich hat er für einen Ende 02 endenden Pachtvertrag eine bisher nicht berücksichtigte Altlastenbeseitigungspflicht von 12,1 Mio. EUR (Barwert bei Zins von 10 %: 10 Mio. EUR) bilanziert.

In 01 scheiden diverse Country-Manager gegen 24 Mio. EUR Abfindung (davon 12 Mio. EUR Europa) aus. Mit weiteren Abfindungen ist nicht zu rechnen. In 01 kommt es zu Garantie-Kosten von 13 Mio. EUR. Die Garantierückstellung wird wieder von 20 auf 15 Mio. EUR zurückgeführt. Der Jahresüberschuss hat sich von 00 nach 01 verdoppelt, wofür der Vorstand eine ordentliche Sondervergütung erhält.

Der IAS-Rückstellungsspiegel 01 ist wie folgt:

Art	BW 1.1.	Zuführung	Zins	Inanspruchn.	Auflösung	BW 31.12.
Abfindung Übersee	50,0			12,0	38,0	0,0
Garantie	20,0	15,0		13,0	**7,0**	15,0
Altlasten	10,0		1,0			11,0
Summe	80,0	15,0	1,0	25,0	**45,0**	26,0

Die Rückstellung Übersee darf nicht für Europa verwendet werden, ihre Auflösung beträgt daher 38,0 und nicht 26,0 Mio. EUR. Die Auflösungsspalte ist insgesamt aufschlussreich für den Bilanzleser: Bei angemessener Rückstellungsdotierung wären die Ergebnisse 00 bzw. 01 mit 145 Mio. EUR bzw. 155 Mio. EUR um 45 Mio. EUR höher bzw. niedriger ausgefallen. Aus der Verdopplung des Jahresüberschusses und der schönen Sondervergütung für den Vorstand wäre nichts geworden.

5.2 Angaben zu Eventualverpflichtungen und Ereignissen nach dem Bilanzstichtag

Nach § 251 HGB sind bestimmte vertragliche Haftungsverhältnisse (z. B. aus Bürgschaften), sofern sie nicht zu passivieren sind, unter der Bilanz anzugeben. Auf die Unwahrscheinlichkeit der Inanspruchnahme kommt es hierbei nicht an. In die Angabe zum Wechselobligo sind deshalb beispielsweise auch weitergegebene Wechsel aufzunehmen, deren Schuldner die öffentliche Hand ist.

Eventualverpflichtung IAS

Der Eventualverpflichtungsbegriff nach IAS 37 ist demgegenüber zugleich enger und weiter gefasst. Die Eventualverpflichtung nach IAS ist

1. enger: nicht *remote*

- enger gefasst, insofern die Verpflichtung nicht ganz unwahrscheinlich (*remote*) sein darf,

- weiter gefasst, insofern nicht nur Haftung aus Bürgschaften, Wechseln, Garantieverträgen und Sicherheitsbestellungen, sondern jede Art möglicher Inanspruchnahme, z. B. auch aus unerlaubter Handlung, angabepflichtig ist.

2. weiter: nicht nur Vertragshaftung

Zu erläutern sind damit alle Verpflichtungen, die einerseits nicht überwiegend wahrscheinlich sind, d. h. unter der Rückstellungsschwelle verbleiben, andererseits nicht als ganz unwahrscheinlich *(remote)* beurteilt werden. Die Erläuterung besteht nach IAS 37.86 mindestens in einer kurzen Beschreibung der Eventualschuld. Falls praktikabel sind daneben Angaben zur Schätzung der finanziellen Auswirkungen, zur Unsicherheit der Beträge und Fälligkeiten und zu Erstattungsmöglichkeiten und Rückgriffsansprüchen zu machen. Die Angabe von Eventualverbindlichkeiten ist Ausfluss des Prinzips, dem Bilanzadressaten entscheidungsnützliche Informationen zu geben (*decision usefulness*).

Ereignisse nach Stichtag

Diesem Ziel dient auch die in IAS 10 geregelte Berichtspflicht für Ereignisse nach dem Bilanzstichtag. Derartige Ereignisse

- haben als so genannte *adjusting events* werterhellenden Charakter, d. h., sie liefern Aufschluss über bereits am Stichtag vorliegende Verhältnisse, oder
- betreffen als so genannte *non-adjusting events* Verhältnisse, die erst nach dem Stichtag eingetreten sind (Wertänderung).

Während die *adjusting events* auf die Wertansätze am Bilanzstichtag zurückwirken, haben die *non-adjusting events* keine Auswirkungen auf die Stichtagsbilanz. Sie können jedoch für das Urteil und die Entscheidungen der Bilanzadressaten von hoher Bedeutung sein. Ein Beispiel wären etwa die Zerstörung einer Produktionsanlage nach dem Bilanzstichtag oder eine Restrukturierung, die erst nach dem Bilanzstichtag angekündigt und begonnen wurde und deshalb die Voraussetzungen für eine Restrukturierungsrückstellung zum Bilanzstichtag noch nicht erfüllte. In derartigen Fällen ist nach IAS 10.21 in den *notes* die Beschreibung und finanzielle Abschätzung der Ereignisse gefordert.

6 Zusammenfassung

Rückstellungsfähig sind nach IAS 37 (faktische und rechtliche) Außenverpflichtungen, denen sich das Unternehmen nicht entziehen kann. Hieraus ergeben sich für den Bilanzansatz folgende Übereinstimmungen und Abweichungen zum Handelsrecht:

- Für **Kulanzleistungen** und andere Leistungen, die ohne rechtliche Verpflichtung erbracht werden, sind nach IAS und HGB Rückstellungen zu bilden. In beiden Systemen reicht es aus, wenn sich das Unternehmen aus faktischen Gründen einer Verpflichtung nicht entziehen kann.
- Liegt weder eine rechtliche noch eine faktische Verpflichtung gegenüber Dritten vor, so sind nur nach HGB in bestimmten Fällen (z. B. bei unterlassener Instandhaltung) Rückstellungen zulässig oder geboten. IAS setzt hingegen zwingend eine Außenverpflichtung voraus. An einer solchen Außenverpflichtung fehlt es aber im Falle der handelsrechtlichen **Aufwandsrückstellungen**.
- Ist z. B. in Fällen eines **ungewissen Prozessausgangs** unklar, ob es überhaupt zur Inanspruchnahme des Unternehmens kommt, so kann handelsrechtlich eine Rückstellung aus Vorsichtsgründen auch dann geboten sein, wenn ein positiver Prozessausgang wahrscheinlicher ist. Nach IAS ist eine Rückstellung dagegen erst dann zulässig und geboten, wenn mehr Gründe für als gegen die Inanspruchnahme des Unternehmens sprechen (sog. 51-%-Regel).
- Einen Verpflichtungscharakter haben auch **drohende Verluste** aus schwebenden Geschäften (*onerous contracts*). Nach IAS und HGB führt der drohende Verlust, d. h. der Verpflichtungsüberschuss, zu Rückstellungen.

Bei der Bewertung von Rückstellungen ergeben sich in der Praxis (anders z. T. in der Theorie) nur geringe Unterschiede zwischen IAS und HGB. Insbesondere ist bei langfristigen Verpflichtungen nach IAS regelmäßig eine **Abzinsung** geboten. Das Handelsrecht sieht Abzinsungen nur in bestimmten Fällen vor.

Einen Sonderfall der Rückstellung stellen **Pensionen** dar. Die Bewertungsvorschriften von IAS 19 verlangen die Berücksichtigung

zukünftiger **Gehalts- und Karrieretrends**. Wird z. B. einem noch jüngeren Arbeitnehmer eine Pension von x % des letzten Aktivgehalts vor Pensionierung zugesagt, so ist die Rückstellung nicht auf Basis des aktuellen Gehaltes und der aktuellen Position, sondern in Abschätzung von voraussichtlicher Karriere- und Gehaltsentwicklung zu berechnen. Hieraus ergibt sich i. d. R. ein deutlich höherer Wert als nach HGB.
Dennoch weisen angelsächsische Unternehmen regelmäßig tatsächlich niedrigere Pensionsrückstellungen aus als deutsche Unternehmen. Ursächlich hierfür sind Saldierungsmöglichkeiten. Nach IAS kann die Pensionsverpflichtung unter bestimmten Bedingungen mit für die Finanzierung vorgesehenem so genanntem **Planvermögen** verrechnet werden. In der Bilanz erscheint dann nur noch die niedrige Saldogröße.

H Verbindlichkeiten

1 Ausweis

Für Verbindlichkeiten sieht IAS 1.68 mindestens den gesonderten Ausweis folgender Posten in der Bilanz selbst vor: Mindestgliederung

- Verbindlichkeiten aus Lieferung und Leistung und sonstige Verbindlichkeiten,
- Ertragsteuerschulden,
- langfristige verzinsliche Schulden.

Zusätzliche Posten sind auszuweisen, wenn sie notwendig sind, um die Vermögens- und Finanzlage des Unternehmens den tatsächlichen Verhältnissen entsprechend darzustellen (IAS 1.69). Diese Formulierung lässt viele Spielräume offen und führt zu einer uneinheitlichen Bilanzierungspraxis: Spielräume

- Ein Teil der Unternehmen führt in der Bilanz nur die Posten Verbindlichkeiten und latente Steuern auf und verlagert alle weiteren Angaben in den Anhang.
- Andere unterscheiden auf Bilanzebene zwischen langfristigen Finanzschulden, Verbindlichkeiten aus Lieferungen und Leistungen und übrigen Verbindlichkeiten.
- Einige Unternehmen gliedern die Passivseite in langfristiges und kurzfristiges Fremdkapital und führen im langfristigen Fremdkapital neben Rückstellungen langfristige Finanzschulden und übrige langfristige Verbindlichkeiten auf, im kurzfristigen Fremdkapital neben kurzfristigen Rückstellungen kurzfristige Finanzschulden, Verbindlichkeiten aus Lieferungen und Leistungen, übrige kurzfristige Verbindlichkeiten und Steuern.
- Andere schlüsseln die Verbindlichkeiten auf Bilanzebene selbst kaum auf und verlagern alle Angaben in den Anhang.

Tipp

Die dritte Lösung bzw. der Gliederungsvorschlag in Kapitel B „Struktur und Grundannahmen des IFRS-Regelwerks" sorgt auf Bilanzebene für eine angemessene Transparenz. Die erste Lösung führt nicht wirklich zu einem geringeren Aufstellungsaufwand, da ohnehin für den Anhang Aufgliederungen nach Arten und Fristigkeiten gefordert sind.

2 Bewertung

2.1 Zugangsbewertung

Erstbewertung mit Zeitwert Gegenleistungen

Bei der erstmaligen Erfassung einer finanziellen Verbindlichkeit (im Gegensatz zur Sachleistungsverbindlichkeit) ist diese gemäß IAS 39.66 mit den Anschaffungskosten anzusetzen. Die Anschaffungskosten errechnen sich aus dem beizulegenden Zeitwert der erhaltenen Gegenleistungen. Bei Vereinbarung eines Disagios ist eine Darlehensverbindlichkeit demgemäß zum Nettobetrag anzusetzen.

Beispiel

Die Penny AG erhält am 31.12.00 ein Darlehen von 100 Mio. EUR zu folgenden Konditionen ausgezahlt: Disagio 10 %, Zins (jährlich nachschüssig) 4,98 %, Rückzahlung 31.12. 04. Der Effektivzins beträgt 8 %. Der Vorstand möchte angesichts der Begehrlichkeit der Aktionäre einen möglichst niedrigen Jahresüberschuss ausweisen.

In der Handelsbilanz 31.12.00 ist das Darlehen mit dem Rückzahlungsbetrag von 100 Mio. EUR auszuweisen. Das Disagio in Höhe von 10 Mio. EUR muss nicht als RAP aktiviert werden. Die sofortige Aufwandsverrechnung ist zulässig. Im IAS-Abschluss ist die Verbindlichkeit mit ihren Anschaffungskosten anzusetzen. Sie ergeben sich aus dem **vereinnahmten Betrag** von 90 Mio. EUR.

Die Ableitung der Anschaffungskosten aus dem beizulegenden Zeitwert der empfangenen Gegenleistung gilt grundsätzlich auch für Verbindlichkeiten aus Finanzierungs-Leasingverhältnissen. Maßgeblich ist in diesem Falle nicht der Zeitwert einer erhaltenen Geldsumme, sondern der Zeitwert des Leasingobjektes. Nach IAS 17.20 ist der so ermittelte Anschaffungskostenwert jedoch mit dem Barwert der Mindestleasingzahlungen zu vergleichen. Der Barwert der zukünftigen Leasingzahlungen ist statt des Zeitwertes des Leasingobjektes anzusetzen, sofern der Barwert unter dem Zeitwert liegt.

Beispiel

Die Penny AG erwirbt zum 31.12.00 für den Vorstand 8 Wagen der Oberklasse im *finance lease*. Der Zeitwert (Listenpreis abzüglich Konditionen) beträgt 950 TEUR. Die jährlich nachschüssigen Leasingzahlungen verlaufen degressiv und betragen 350, 250, 250, und 200 TEUR. Die AG hätte die Fahrzeuge zu 8 % effektiv bei der Bank finanzieren können. Aus der Abzinsung der Leasingzahlungen mit 8 % resultiert ein Barwert von 926,74 TEUR.

In der deutschen Steuerbilanz und damit i. d. R. auch in der Handelsbilanz (vgl. Kapitel C „Immaterielles und Sachanlagevermögen") soll die Erstverbuchung zu den Anschaffungskosten des Leasinggebers erfolgen, die u. U. aber gar nicht bekannt sind. Nach IAS ist grundsätzlich der Zeitwert von 950 TDM zugrunde zu legen, hier aber der Barwert von 926,74 TDM, da er niedriger liegt.

2.2 Folgebewertung

2.2.1 Fortgeführte Anschaffungskosten

Regel: fortgeführte AK

Zu den Folgestichtagen sind finanzielle Verbindlichkeiten gemäß IAS 39.47 in der Regel mit den fortgeführten (amortisierten) Anschaffungskosten zu bewerten. Ausnahmen bestehen für Verbindlichkeiten, die zu Handelszwecken gehalten werden, sowie für Verbindlichkeiten aus derivativen Finanzinstrumenten; sie sind jeweils mit ihrem Zeitwert zu erfassen.

aber: *fair value* bei Derivaten

In den beiden Ausnahmefällen gelten die Regelungen für aktive Finanzderivate und zu Handelszwecken gehaltene Finanzaktiva analog und inklusive der besonderen Vorschriften für die Bilanzierung bei Sicherungsgeschäften. Insoweit wird auf Kapitel D „Finanzvermögen“ verwiesen. Tatsächlich aber fällt es schwer, außerhalb des Bereichs der Derivate und der Sicherungsgeschäfte relevante Fälle von zu Handelszwecken gehaltenen Schulden zu finden. Die Lieferverpflichtungen eines Leerverkäufers, der noch nicht in seinem Besitz befindliche Wertpapiere verkauft hat, wäre eine solche zu Handelszwecken gehaltene Verbindlichkeit.

In den praktisch relevanten Fällen bleibt es bei der Bilanzierung zu fortgeführten (amortisierten) Anschaffungskosten. Diese ergeben sich bei verzinslichen Schulden aus der Anwendung der Effektivzinsmethode.

Beispiel

Die Penny AG erhält am 31.12.00 ein Darlehen von 100 Mio. EUR zu folgenden Konditionen ausgezahlt:

- Disagio 10 %,
- Zins (jährlich nachschüssig) 4,98 %,
- Rückzahlung 31.12. 04.

Der Effektivzins beträgt 8 %. Bei Anschaffungskosten von 90 Mio. EUR ergeben sich die fortgeführten Anschaffungskosten wie folgt:

	00	01	02	03	04
1.1.		90,00	92,22	94,62	97,21
Effektivverzinsung 8 %		7,20	7,38	7,57	7,77
Zinszahlung		-4,98	-4,98	-4,98	-4,98
31.12.	**90,00**	**93,22**	**96,62**	**100,21**	**100,00**

trading liabilities

Die Bedeutung der *fair-value*-Bilanzierung hat jedoch zugenommen. Nach der Neufassung von IAS 39 können zukünftig alle Finanzinstrumente (aktive und passive) als Handelswerte gewillkürt werden (vgl. Kapitel D 4 „Wertpapiere und ähnliche Finanzinvestitionen“).

Eine wichtigere Konsequenz soll an einem Beispiel verdeutlicht werden.

Beispiel

Unternehmen U rechnet nach internen Planungen kurz- bis mittelfristig mit einer Verschlechterung seiner Bonität. Es gelingt ihm, einen größerer Finanzierungsbedarf noch durch Platzierung einer Festzins-Anleihe zu Konditionen erster Bonität zu decken. Die Verbindlichkeit aus der Anleihe wird als Handelsverbindlichkeit gewillkürt.

Einige Zeit nach der Anleihenplatzierung verschlechtert sich die Bonität von U. Neue Fremdmittel würden nur mit einem erheblich höheren Zinssatz aufgenommen werden können.

Das verschlechterte Rating senkt den Marktwert der Anleihe. U erzielt einen Gewinn aus der verschlechterten Bonität und bucht demzufolge:

„per Verbindlichkeit an Ertrag (wegen gesunkener Bonität)".

Derartige Fehlanreize sind ein gewichtiger Einwand gegen die neue Regel. Ein weiterer Einwand betrifft die Übersichtlichkeit und Vergleichbarkeit von Abschlüssen. Sie leiden prinzipiell durch die Zulassung von Wahlrechten. Das *Improvement Project* sieht daher die Abschaffung einer Reihe von Wahlrechten vor. Die Neufassung von IAS 39 verlässt diese Linie. Ein Motiv ist das Interesse einer weiteren Durchsetzung des *fair-value*-Gedankens. Die Zweifel am Sinn dieser Zielrichtung sollen an dieser Stelle keine Rolle spielen. Worauf es hier ankommt, ist der Preis, der in Kauf genommen wird. Eine jetzt schon für viele Anwender und Bilanzadressaten wenig übersichtliche Rechtslage im Bereich der Finanzinstrumente wird noch komplizierter.

2.2.2 Fremdwährungsverbindlichkeiten

immer Stichtagskurs

Monetäre Posten in fremder Währung, d. h. sowohl monetäre Aktiva als auch Finanzverbindlichkeiten, sind nach IAS 21.23 bei der Folgebewertung zum Stichtagskurs anzusetzen. Umrechnungsdifferenzen werden sofort zu Aufwand oder Ertrag.

Beispiel

Die Penny AG hat am 01.01.00 ein Darlehen von 10 Mio. US-$ aufgenommen. Der Wechselkurs beträgt 0,90 EUR zum 01.01.00, 1,15 EUR zum 31.12.00 und 0,875 EUR zum 31.12.01.

Nach IAS und HGB wird das Darlehen mit dem Kurs der Erstvalutierung, d. h. mit 9 Mio. EUR eingebucht. Bei der Folgebewertung ist handelsrechtlich das Höchstwertprinzip zu beachten, Kursänderungen sind nur insoweit zu berücksichtigen, als sie zu einem Ansatz über den Anschaffungskosten, d. h. zu Aufwand führen. Am 31.12.00 sind demnach 11,5 Mio. EUR anzusetzen. Per 31.12.01 hingegen nicht 8,75 Mio. EUR, sondern die höheren Anschaffungskosten von 9 Mio. DM.

Nach IAS ist der **Stichtagskurs** auch dann anzusetzen, wenn er zu einem niedrigeren Wert führt. In 00 sind demzufolge 11,5 Mio. EUR anzusetzen (Aufwand 2,5 Mio. EUR), in 01 8,75 Mio. EUR (Ertrag 2,75 Mio. EUR).

hedge-accounting

Besonderheiten bestehen bei der Bilanzierung von Sicherungszusammenhängen. Die in Kapitel D „Finanzvermögen" dargestellten Regelungen gelten entsprechend für Verbindlichkeiten.

Beispiel

Die Penny AG hat ihre Darlehensverbindlichkeit von 10 Mio. US-$ über einen Dollarterminkauf in gleicher Höhe abgesichert. Der Stichtagskurs ergibt für das Darlehen einen Wert von 11,5 Mio. EUR am ersten und von 8,75 Mio. EUR am zweiten Stichtag. Das Termingeschäft hat einen Marktwert von plus 2,5 Mio. EUR am ersten Bilanzstichtag und von minus 0,25 Mio. EUR am zweiten Bilanzstichtag.

Handelsrechtlich ist die Bildung einer Bewertungseinheit zulässig, das Realisationsprinzip bleibt jedoch zu beachten. Die Verbindlichkeit wird daher zum Bilanzstichtag in stiller Saldierung mit dem Termingeschäft zu 9 Mio. EUR ausgewiesen. Bei diesem Ausweis bleibt es auch zum zweiten Bilanzstichtag. Der zu diesem Stichtag drohende Verlust aus dem Termingeschäft von 0,25 Mio. EUR wird still mit der Verbindlichkeit verrechnet und nicht angesetzt.

Nach IAS 39.86 ff. ist das Sicherungsgeschäft *als* ***cash flow hedge*** oder ***fair value hedge*** zu qualifizieren. Die Konsequenzen sind identisch. Die Verbindlichkeit wird an den beiden Stichtagen mit 11,5 Mio. EUR bzw. 8,75 Mio. EUR ausgewiesen. Das Termingeschäft wird am ersten Bilanzstichtag mit 2,5 Mio. EUR aktivisch und am zweiten Bilanzstichtag mit 0,25 Mio. EUR passivisch ausgewiesen.

In Summe ergibt sich weder in der Handelsbilanz noch in der IAS-Bilanz ein Aufwand oder Ertrag.

3 *Notes*

Soweit nicht bereits auf Bilanzebene eine tiefere Untergliederung der Verbindlichkeiten vorgenommen wird, hat dies im Anhang zu geschehen. Ein festes Untergliederungsschema hierfür existiert nicht. Die Übernahme der handelsrechtlichen Untergliederung aus § 266 HGB stellt eine zulässige Möglichkeit dar.

Die wesentlichen Anhangsvorschriften in Sachen Verbindlichkeiten ergeben sich aus IAS 32. Neben allgemeinen Angaben zu Sicherungszusammenhängen sowie Bilanzierungs- und Bewertungsmethoden fordert

- IAS 32.60 für jede Klasse von finanziellen Verbindlichkeiten Informationen über Umfang und Art, einschließlich wesentlicher vertraglicher Vereinbarungen über Laufzeiten und sonstige Konditionen, Laufzeit, Konditionen
- IAS 32.67 ff. Angaben zu Zinsänderungsrisiken, Fälligkeitsterminen und Zinsanpassungsterminen, Zinsänderungsrisiko
- IAS 32.86 Angaben zum beizulegenden Zeitwert der Verbindlichkeiten, Zeitwert
- IAS 32.63 Angaben zu für die Verbindlichkeiten geleisteten Sicherheiten. Sicherheiten

Die Informationen zum Zinsänderungsrisiko können in verbaler Form oder in tabellarischer Form gegeben werden. Tabellarisch empfiehlt IAS 32.64 über die allgemeine geforderte Angabe von Restlaufzeiten bis zu einem Jahr hinaus bei Verbindlichkeiten mit vertraglich festgesetzter Fälligkeit oder Zinsanpassung zusätzlich die

Angabe von Restlaufzeiten in 1-Jahres-Intervallen. Eine derart tiefe Aufgliederung bei Nichtbanken aber nur selten notwendig.

Tipp

Die Angaben zu den Verbindlichkeiten und ihren Laufzeiten können zweckmäßiger Weise in einem Verbindlichkeitenspiegel gemacht werden. In den Verbindlichkeitenspiegel können zur besseren Abstimmung mit der Bilanz auch Verbindlichkeiten mit vertraglich festgesetzter Fälligkeit oder Zinsanpassung einbezogen werden.

Die Angabe von Zeitwerten in den *notes* dient ebenfalls mittelbar der Abschätzung von Zinsänderungsrisiken. Für Lieferantenverbindlichkeiten, denen normale Handelskreditbedingungen zugrunde liegen, sowie für Kontokorrentverbindlichkeiten ergibt sich im Allgemeinen kein abweichender beizulegender Zeitwert. Bei langfristigen Verbindlichkeiten aus Darlehen, Anleihen usw. können sich Buch- und Marktwert jedoch in erheblichem Maße unterscheiden.

Beispiel

Die Penny AG hat in einer Hochzinsphase ein Darlehen von 1.000 TEUR zu 10 % (jährlich nachschüssig) aufgenommen. Die Restlaufzeit per 31.12.00 beträgt 4 Jahre. Das aktuelle Zinsniveau für 4-jährige Darlehen beläuft sich auf 5 %. Die Abzinsung der zukünftigen Zins- und Tilgungszahlungen mit 5 % ergibt folgende Marktwerte:

	00	01	02	03	04
Buchwert 31.12.	**1.000,00**	**1.000,00**	**1.000,00**	**1.000,00**	**0,00**
Marktwert 1.1.		1.177,30	1.136,17	1.092,97	1.047,62
Marktverzinsung (5 % v. Marktwert)		58,87	56,80	54,65	52,38
Zins + Tilgung		-100,00	-100,00	-100,00	-1.100,00
Marktwert 31.12.	**1.177,30**	**2.137,17**	**1.092,97**	**2.050,62**	**0,00**

Die deutsche IAS-Praxis ist in der Beachtung der vorstehenden Vorschriften uneinheitlich. Nicht immer werden Restlaufzeiten und Marktwerte angegeben.

4 Zusammenfassung

Die Bilanzierung von Verbindlichkeiten nach IAS weicht in der Praxis nur in wenigen Punkten vom Handelsrecht ab:

- Für die **Zugangsbewertung** ist nur der **vereinnahmte Betrag** maßgeblich. Weicht der vereinnahmte Betrag wegen eines Disagios vom Rückzahlungsbetrag ab, so ist nach HGB der Rückzahlungsbetrag auszuweisen. Die Differenz wird handelsrechtlich durch eine aktive Rechnungsabgrenzung aufgefangen oder wahlweise sofort in den Aufwand gebucht. Nach IAS ist bei Darlehenszugang hingegen nur der vereinnahmte Betrag zu bilanzieren. Erst über die Laufzeit des Darlehens wird er durch Aufzinsung (Folgebewertung) schrittweise auf den Rückzahlungsbetrag erhöht.
- **Fremdwährungsverbindlichkeiten** sind nach IAS auch dann mit dem **Stichtagskurs** umzurechnen, wenn dadurch die Anschaffungskosten unterschritten werden. Vorsichts- und Höchstwertprinzip spielen insofern keine Rolle. Sinkt etwa zwischen Zugangs- und Bilanzstichtag der Kurs des Dollars gegenüber dem Euro, so wird eine Dollarverbindlichkeit in der IAS-Bilanz unter dem Zugangswert ausgewiesen. Nach HGB bleibt es bei den ursprünglichen Anschaffungskosten, die nicht unterschritten werden dürfen.
- Für den Ausweis von Verbindlichkeiten in der IAS-Bilanz gibt es nur wenige Vorschriften. Die **Untergliederung** des Postens kann im Wesentlichen in die ***notes*** verlagert werden. Hier sind zusätzlich **Laufzeit- und Risikoangaben** (Zinsänderungsrisiko, Marktwert usw.) gefordert.

I Tatsächliche und latente Steuern

1 Überblick

IAS 12 regelt Ausweis, Ansatz und Bewertung von Steueransprüchen und Steuerschulden. Hierbei wird unterschieden zwischen

tatsächliche vs. latente Steuer

- tatsächlichen Steuererstattungsansprüchen und -schulden aus der Differenz von vorausgezahlter und veranlagter Steuer und
- latenten Ansprüchen und Schulden aus temporären Bewertungsunterschieden zwischen IAS-Bilanz und Steuerbilanz.

Beispiel

Die vorausgezahlten Ertragsteuern der Tax Base GmbH entsprechen der veranlagten Steuer. Zwischen der IAS-Bilanz und Steuerbilanz besteht jedoch folgender Unterschied: Aufgrund von Sonderabschreibungen in der Vergangenheit hat ein Gebäude in der Steuerbilanz einen Wert von 500 TEUR und in der IAS-Bilanz einen Wert von 900 TEUR.

Der Ertragsteuersatz beträgt 40 %.

Die IAS-Bilanz weist eine **latente Steuerschuld** von 160 TEUR (40 % von 400) aus. Dies ist der Betrag, den die GmbH in zukünftigen Perioden **auf** die **Wertdifferenz** zahlen muss, weil die zukünftigen steuerlichen Abschreibungen hinter der IAS-Abschreibung zurückbleiben und/oder der zukünftige steuerliche Veräußerungsgewinn höher ausfällt als der nach IAS.

Auf den Punkt gebracht: Würde das Gebäude morgen für 900 TEUR verkauft, ergäbe sich ein Abgangserfolg von 0 in der IAS-Bilanz, aber dennoch eine Steuerzahlung von 160 TEUR.

Diese „schwebende“ Steuerlast legt der IAS-Buchwert nicht offen. Um zu einem zutreffenden Vermögensausweis zu gelangen, die Netto-Vermögensposition nicht zu günstig zu beurteilen, muss die Steuerlast daher in anderer Weise, nämlich als separater Passivposten in Abzug gebracht werden.

latente Steuer dient Periodisierung

Die Berücksichtigung latenter Steuern verbessert die bilanzielle Darstellung der Vermögenslage durch Passivierung zukünftiger Steuerbelastungen und Aktivierung zukünftiger Steuerentlastungen. Daneben dient sie i. d. R. der zutreffenden Verteilung des Steueraufwandes. Der Ansatz latenter Steuern soll insofern ein Periodisierungsproblem lösen, das durch die Diskrepanz zwischen Steuerbilanz und IAS-Bilanz ausgelöst wird.

Beispiel

Ein genau am Bilanzstichtag fertig gestelltes Gebäude wird in der Steuerbilanz degressiv mit 10 % abgeschrieben, in der IAS-Bilanz aber nur mit 1/360 von 2 %, also praktisch mit 0. Es entstehen folgende **Differenzen**:

Der Gebäudewert in der IAS-**Bilanz** liegt über dem Ansatz der Steuerbilanz.

Die IAS-Abschreibung des aktuellen Jahres ist niedriger als die steuerliche Abschreibung. Das IAS-**Ergebnis vor Steuern** des aktuellen Jahres liegt somit über dem Steuerbilanz-Ergebnis vor Steuern.

Aus den Differenzen ergibt sich folgendes **Problem**:

Die **Steuerquote**, d. h. das prozentuale Verhältnis von Steueraufwand zum Ergebnis vor Steuern, ist in der IAS-Bilanz zunächst zu niedrig. Das IAS-Ergebnis vor Steuern ist praktisch nicht mit Abschreibungen belastet, der tatsächliche Steueraufwand aber voll durch die degressive Abschreibung gemindert. Der Steueraufwand ist deshalb im Verhältnis zum IAS-Ergebnis vor Steuern zu gering.

Im Gegenzug werden die Abschreibungen **späterer Jahre** in der IAS-Bilanz höher und die Vor-Steuer-Ergebnisse der IAS-GuV späterer Jahre zunächst niedriger ausfallen als in der entsprechenden Steuerbilanz. Damit entsteht in den späteren Jahren ein umgekehrtes Steuerquoten-Problem: Das IAS-Ergebnis späterer Jahre wird mit Abschreibungen belastet sein, die z. T. über die steuerliche Abschreibung hinausgehen. Der Steueraufwand späterer Jahre wird demzufolge im Verhältnis zum Ergebnis vor Steuern zu hoch ausfallen.

Die aktuelle und die spätere Verzerrung der Steuerquote wird vermieden und der Steueraufwand richtig periodisiert, wenn nach folgender **Lösung** verfahren wird:

Das aktuelle Jahr wird in der IAS-Rechnung mit einer Buchung „Steueraufwand an Passive latente Steuern" belastet.

Die späteren Jahre werden durch die Buchung „Passive latente Steuern an Steueraufwand" entlastet.

IAS-Aktiva > StBil-Aktiva: Passive Latenz

Im Beispiel liegt der Wert eines Aktivpostens (Gebäude) in der IAS-Bilanz über dem entsprechenden Wert der Steuerbilanz. Die richtige Steuerperiodisierung (und der richtige Ausweis zukünftiger Steuerlasten) gelingt in diesem Fall durch Bildung eines Postens für passive latente Steuern.

IAS-Aktiva < StBil-Aktiva: Aktive Latenz

Umgekehrt entsteht eine Aktive Steuerlatenz, wenn der Aktivwert der IAS-Bilanz unter dem Aktivwert der Steuerbilanz liegt. Ein Beispiel wäre eine außerplanmäßige Abschreibung auf Vorratsvermögen, die steuerlich wegen der eingeschränkten Teilwertabschreibung nicht nachvollzogen werden dürfte.

IAS-Verbindl. > StBil-Verbindl.: Aktive Latenz

Spiegelbildlich zu Differenzen in den Aktivposten der Bilanz verhalten sich Unterschiede in den Passivposten. Wird ein Passivposten in der IAS-Bilanz mit einem höheren Wert ausgewiesen als in der Steuerbilanz, so entsteht eine Aktive Steuerlatenz. Ein Beispiel wäre eine Restrukturierungsrückstellung, die steuerlich nicht anerkannt wird.

IAS-Verbindl. < StBil-Verbindl.: Passive Latenz

Zu einer Passiven Steuerlatenz kommt es hingegen dann, wenn ein Passivposten in der IAS-Bilanz mit einem niedrigeren Wert angesetzt ist als in der Steuerbilanz. Ein Beispiel wäre eine Fremdwährungsverbindlichkeit, die wegen günstiger Wechselkursentwicklung nur in der IAS-Bilanz unter Abschaffungskosten ausgewiesen würde.

Beispiel

Die Erdöl-GmbH hat Anfang 01 einen Anfang 02 zu erfüllenden Liefervertrag über 2 Mio. Liter für 6 Mio. EUR abgeschlossen.

Aufgrund gestiegener Preise droht per 31.12.01 ein Verlust von 4 Mio. EUR, der in der Steuerbilanz wegen des Verbots von Drohverlustrückstellungen nicht angesetzt werden darf.

Das handelsrechtliche Ergebnis vor Steuern und vor Berücksichtigung des o.g. Vorgangs beträgt in 01 8 Mio. EUR und in 02 4 Mio. EUR. Der Steuersatz ist 45 %.

Die **tatsächliche Steuer** beläuft sich
- in 01 auf 3,6 Mio. EUR (45 % von 8 Mio. minus 0 Mio.) und
- in 02 auf 0 Mio. EUR (45% von 8 Mio. minus 4 Mio.).

Handelsrechtlich ist der Drohverlust von 4 Mio. EUR bereits in 01 zu berücksichtigen. Das **handelsrechtliche Ergebnis** vor Steuern beträgt demzufolge
- in 01 4 Mio. EUR (8 Mio. minus 4 Mio.) und
- in 02 ebenfalls 4 Mio. EUR (4 Mio. minus 0 Mio.).

Ohne Bildung eines Postens für latente Steuern würde die **Steuerquote** der Handelsbilanz (Steuern/Ergebnis vor Steuern) also
- in 01 90 % (3,6/4) betragen und
- in 02 0 %.

Zu sinnvolleren Ergebnissen (einem Steueraufwand von jeweils 45 % bzw. 1,8 Mio. EUR) führen folgende Buchungen:

Buchungen 01:

Steueraufwand (GuV)	3,6 Mio. EUR	
Aktive Steuerabgrenzung (Bilanz)	1,8 Mio. EUR	
an Steuerrückstellung		3,6 Mio. EUR
an Steueraufwand (Minderung)		1,8 Mio. EUR

Buchungen 02:

Steueraufwand	1,8 Mio. EUR	
an Aktive Steuerabgrenzung		1,8 Mio. EUR

Das Handelsrecht schreibt die Bilanzierung latenter Steuern lediglich im Passivfall vor. Im Aktivfall (also im Beispiel) besteht nach § 274 HGB ein Bilanzierungswahlrecht. IAS 12 macht im Interesse der periodengerechten Gewinnermittlung auch die Bilanzierung aktiver latenter Steuern zum Gebot. Etwas vereinfacht lässt sich für den Einzelabschluss sagen, dass IAS und HGB nur hinsichtlich der Bewertung latenter Steuern und ihrer Passivierung übereinstimmen. Dagegen bestehen wesentliche Unterschiede in Anwenderkreis, Ausweis und Ansatz:

rechtsformunabhängig

- Während die handelsrechtlichen Vorschriften über latente Steuern nur für Kapitalgesellschaften (und GmbH & Co.) gelten, sind die IAS-Vorschriften rechtsformunabhängig.

separater Ausweis

- Nach IAS sind latente Steuern grundsätzlich getrennt von tatsächlichen Steuern auszuweisen, während handelsrechtlich für passive latente Steuern der gemeinsame Ausweis auf Bilanzebene (Separierung nur im Anhang) zulässig ist.

- Die Saldierung aktiver und passiver latenter Steuern ist nach Handelsrecht allgemein zulässig, hingegen nach IAS an besondere Bedingungen geknüpft.

Saldierung eingeschränkt

- Während das Handelsrecht nur den Ansatz passiver latenter Steuern vorschreibt, es dagegen bei aktiven latenten Steuern, die nicht konsolidierungsbedingt sind, bei einem Ansatzwahlrecht belässt, sieht IAS in beiden Fällen ein Ansatzgebot vor.

Aktivierungspflicht

- Die zukünftigen Steuervorteile aus Verlustvorträgen sind nur nach IAS zu bilanzieren, während das Handelsrecht sie mit einem Aktivierungsverbot belegt.

Verlustvorträge

Latente Steuern im Einzelabschluss

	IAS 12	**HGB § 274**
Anwendung	rechtsformunabhängig	Kapitalgesellschaft und GmbH & Co.
Ausweis/ Saldierung	getrennt von tatsächlichen Steuern Aktiv-Passiv-Saldierung eingeschränkt	Zusammenfassung Passive Latenz mit tatsächlicher Steuer zulässig Aktiv-Passiv-Saldierung zulässig
Ansatz	Bilanzierungsgebot Aktivierung Vorteile aus Verlustvorträgen	Gebot nur für passive Abgrenzung Wahlrecht für aktive Abgrenzung keine Aktivierung wg. Verlustvortrag

Die vorgenannten Unterschiede zum HGB sind zwischenzeitlich z. T. nivelliert worden. Der Deutsche Standardisierungsrat (DSR) hat im April 2002 einen Standard DRS 10 „Latente Steuer im Konzernabschluss" vorgelegt, der das Handelsrecht an folgenden Stellen IAS-konform neu interpretiert:

- nur noch eingeschränkte Saldierungsmöglichkeiten,
- Ansatzgebot auch für aktive latente Steuern und für Verlustverträge.

Die Empfehlungen des DSR gelten formell nur für den Konzernabschluss. Die Ausstrahlungswirkung auf den Einzelabschluss ist strittig.

2 Ausweis

Für die bilanzielle Darstellung der Steueransprüche und Steuerschulden sieht IAS Folgendes vor:

- Steueransprüche und Steuerschulden sind getrennt von anderen Vermögenswerten und Schulden darzustellen (IAS 12.69).
- Latente Steueransprüche und Schulden sind von tatsächlichen Steueransprüchen und Schulden zu unterscheiden (IAS 12.69).
- Latente Steueransprüche und Steuerschulden dürfen nicht als kurzfristige Vermögenswerte oder Schulden ausgewiesen werden (IAS 12.70). In einer nach Fristigkeit gegliederten Bilanz (IAS 1.51) zählen sie daher zu den langfristige Vermögenswerten (Anlagevermögen) bzw. Schulden.
- Tatsächliche Steueransprüche und tatsächliche Steuerschulden sind zu saldieren, wenn sie aufrechenbar sind und eine Aufrechnung oder zeitgleiche Erledigung beabsichtigt ist (IAS 12.71).
- Latente Steueransprüche und Schulden sind zu saldieren, wenn sie gegenüber der gleichen Steuerbehörde bestehen (IAS 12.74).

Tipp

Der Forderung nach einem getrennten Ausweis der Steuern wird in der deutschen IAS-Praxis nur bedingt Rechnung getragen. Zwar werden die aktiven und/oder passiven latenten Steuern regelmäßig getrennt von anderen Vermögenswerten und Schulden ausgewiesen. Die tatsächlichen Steueransprüche und Steuerschulden werden jedoch häufig mit den Forderungen und Rückstellungen bzw. Verbindlichkeiten zusammengefasst und im Anhang erläutert.

Saldierungen sind jeweils nur innerhalb der tatsächlichen Steuern oder innerhalb der latenten Steuern zulässig, nicht hingegen zwischen tatsächlichen Steuern und latenten Steuern. Bedingung für die Saldierung ist im Falle der latenten Steuern, dass die Ansprüche gegenüber der gleichen Steuerbehörde bestehen. Für die tatsächlichen Steuern ist die Aufrechnungsmöglichkeit gefordert, die gemäß § 226 AO in Verbindung mit § 395 BGB in der Regel ebenfalls voraussetzt, dass die gleiche Steuerbehörde die Verwaltungshoheit über die Steuern hat (so genannte Kassenidentität). Zusätzlich fordert IAS 12.71 für tatsächliche Steuern, dass entweder der Ausgleich auf Nettobasis (Aufrechnung) beabsichtigt ist oder die Absicht besteht, gleichzeitig mit der Realisierung des betreffenden Vermögenswertes die dazugehörige Schuld abzulösen. Diese Zusatzbedingung wird in der Praxis nicht durchgängig beachtet.

Beispiel

Die Tax Base GmbH hat per 31.12.01

- eine Forderung aus Körperschaftsteuerüberzahlung 00 von 100 TEUR und
- eine Schuld aus Körperschaftsteuer 01 von 150 TEUR.
- Daneben besteht eine Gewerbesteuerschuld aus 01 von 25 TEUR.

Der Körperschaftsteuererstattungsanspruch 00 und die Körperschaftsteuerschuld 01 sind aufrechenbar. Soweit jedoch **eine Aufrechnung** nicht **beabsichtigt** ist und auch nicht die Absicht besteht, bei Eingang der Überzahlung 00 eine Abschlagszahlung auf die Körperschaftsteuer 01 zu leisten, wäre die Saldierung unzulässig.

Eine Saldierung zwischen Körperschaftsteuer und Gewerbesteuer kommt ohnehin nicht in Frage, da es an der Kassenidentität und damit an der **Aufrechnungsmöglichkeit** fehlt. Ein tatsächlicher Steueranspruch von 100 TEUR ist auf der Aktivseite im Umlaufvermögen auszuweisen, und zwar bei strenger Beachtung der IAS-Vorschriften als gesonderter Posten. Eine tatsächliche Steuerschuld von 175 TEUR ist auf der Passivseite gesondert in den Rückstellungen oder Verbindlichkeiten darzustellen.

3 Ansatz

HGB: *timing differences*

Latente Steuern sind nach § 274 HGB handelsrechtlich nur dann passivierungspflichtig bzw. aktivierungsfähig,

- wenn sie aus einem vergangenen oder gegenwärtigen Unterschied zwischen Handelsbilanz- und Steuerbilanzergebnis herrühren und
- sich dieser Unterschied in der Zukunft umkehrt.

Latente Steuern entstehen handelsrechtlich somit nur bei Periodisierungsabweichungen (*timing differences*).

IAS: *temporary differences*

IAS 12 folgt demgegenüber dem weiteren Konzept der *temporary differences.* Zu latenten Steuern führen danach alle Wertunterschiede zwischen IAS-Bilanz und Steuerbilanz, die sich im Zeitablauf steuerwirksam auflösen, unabhängig davon, wie diese Differenzen entstanden sind.

Beispiel

Die Tax Base GmbH hat zum 31.12.00 ihre unbebauten Grundstücke (Buchwert 10 Mio. EUR) von einem Sachverständigen neu auf 20 Mio. EUR taxieren lassen und übernimmt diese neue Bewertung gemäß der Alternativmethode aus IAS 16.29 ff. in die Bilanz. Außerdem hat die GmbH Ende Juni einen Mainframe-Computer für 1 Mio. EUR erworben; in der Steuerbilanz wird er degressiv und unter Anwendung der Vereinfachungsregel mit 0,3 Mio. EUR abgeschrieben, in der IAS-Bilanz linear und pro rata temporis mit 0,1 Mio. EUR.

Im Falle des Computers liegt ein Ergebnisunterschied vor, der sich in der Zukunft umkehrt, somit eine ***timing difference*** (zugleich auch *temporary difference*). Der Computerfall würde daher auch nach HGB (siehe aber unten) zu einer latenten Steuerschuld führen.

Die Neubewertung der Grundstücke vollzieht sich hingegen nicht über die GuV. Es liegt nur eine ***temporary difference*** vor, die nach HGB nicht ansatzfähig wäre.

Zwischen dem IAS-Ansatz und dem Steuerbilanzansatz ergibt sich insgesamt eine Differenz von 10,2 Mio. EUR. Die latente Steuerschuld beträgt 40 % hiervon, somit 4,08 Mio. EUR. Davon werden 0,08 Mio. EUR über die GuV, d. h. aufwandswirksam, eingebucht. 4,0 Mio. EUR werden wie die Neubewertung selbst gegen Eigenkapital eingebucht. Die Neubewertungsrücklage beträgt damit nicht 10 Mio. EUR, sondern 6 Mio. EUR.

Latente Steueransprüche sind nach IAS 12.34 auch für den Vortrag noch nicht genutzter steuerlicher Verluste zu bilanzieren. Vorausgesetzt wird die Wahrscheinlichkeit, dass zukünftig hinreichend positives steuerliches Einkommen zur Verfügung stehen wird, gegen das die Verlustvorträge verwendet werden können.

Beispiel

Die Tax Base GmbH hat in ihrem Gründungsjahr einen geplanten Verlust von 10 Mio. EUR. Im aktuellen Jahr wurden davon 5 Mio. EUR verbraucht. Der verbleibende **Verlustvortrag** wird voraussichtlich im nächsten, spätestens im übernächsten Jahr aufgezehrt worden sein.

Bei einem Steuersatz von 40 % waren im Gründungsjahr 4 Mio. EUR und jetzt noch 2 Mio. EUR als latente Steuern zu aktivieren. Die Auflösung des Postens erfolgt aufwandswirksam gegen die GuV.

Latenzen in IAS-Bilanz wichtiger

Latente Steuern hatten für die IAS-Bilanz bisher eine ungleich größere Bedeutung als für die Handelsbilanz. Die wesentlichen Ursachen sind wie folgt :

1. Verluste

- Nach IAS führen auch Verlustvorträge zu latenten Steuern.

2. Steuer-AfA

- Während steuerliche Abschreibungsvergünstigungen wegen umgekehrter Maßgeblichkeit regelmäßig in der Handelsbilanz nachvollzogen werden dürfen und müssen, ist nach IAS keine Orientierung an steuerlichen Abschreibungen zulässig. Es ergeben sich daher im Falle besonderer steuerlicher Abschreibungen zwingende Bewertungsunterschiede zur Steuerbilanz.

3. Aktivierungsgebot (z. B. bei Drohverlust)

- Soweit es auch zwischen Steuerbilanz und Handelsbilanz zwingende Ansatz- und Bewertungsunterschiede gibt, etwa aus der steuerlichen Abzinsung von Rückstellungen oder aus dem steuerlichen Verbot der Passivierung von Drohverlustrückstellungen, weist die Handelsbilanz regelmäßig höhere Schulden (oder niedrigere Vermögenswerte) als die Steuerbilanz aus. Die latente Steuer ist in diesen Fällen aktivisch. Sie braucht deshalb handelsrechtlich nicht ausgewiesen zu werden, da § 274 HGB für aktive latente Steuer lediglich ein Aktivierungswahlrecht vorsieht. IAS sieht demgegenüber ein Aktivierungsgebot vor und führt daher auch in diesen Fällen zu latenten Steuern.

Beispiel

Die Ironman Business Builder AG hat eine Wettkampfstätte für 100 Mio. EUR errichtet und an einen Fonds veräußert. Gleichzeitig hat sie sich für 10 Jahre als Generalmieter vertraglich verpflichtet. Aus der Anmietung droht ein Verlust von 40 Mio. EUR.

Die Drohverlustrückstellung ist in der Steuerbilanz nicht rückstellungsfähig. Die *temporary difference* von 40 Mio. EUR ist zugleich eine *timing difference* und wäre daher auch nach HGB zu berücksichtigen. Bei einem 40%igen Steuersatz würde eine aktive latente Steuer von 16 Mio. EUR resultieren. Für die Handelsbilanz besteht jedoch nur ein Aktivierungswahlrecht, das zudem mit einer Ausschüttungssperre verbunden ist. In der IAS-Bilanz ist hingegen zwingend ein Ansatz der aktiven latenten Steuern geboten.

Neuerdings hat auch die handelsrechtliche Bedeutung latenter Steuern zugenommen.

- Ursächlich ist nicht nur die in Kapitel 1 „Überblick“ dargestellte Neuinterpretation des Handelsrechts durch DRS 10 (Aktivierungsgebot einschließlich Verlustvorträge).
- Außerdem ist nach § 298 Abs. 1 HGB in der Neufassung durch die TransPuG die Übernahme steuerlicher Abschreibungen in die Konzernbilanz nicht mehr zulässig.

Der zweite Punkt vermehrt die Zahl der temporären Differenzen. Der erste Punkt passt deren Behandlung dem internationalen Recht an.

4 Bewertung

Die Höhe der latenten Steueransprüche oder Steuerschulden ergibt sich aus der Multiplikation der Bewertungsunterschiede mit dem Steuersatz. Da latente Steuern zukunftsgerichtet sind, wäre es folgerichtig, die erwarteten zukünftigen Steuersätze zu verwenden. Im Interesse der Zuverlässigkeit (*reliability*) lässt IAS 12.47 jedoch nur die Anwendung der zum Bilanzstichtag gültigen oder mit Rechtswirkung bereits angekündigten Steuersätze zu. Eine Abzinsung ist auch bei langfristigen Latenzen (z. B. aus Grund und Boden) gemäß IAS 12.53 nicht vorzunehmen.

keine Abzinsung

Tipp

Latente Steuern stellen in der Praxis (neben Finanzinvestitionen) eine Hauptschwierigkeit der Umstellung von HGB dar. Ein Grund liegt darin, dass mit der Steuerbilanz ein drittes Rechenwerk zu berücksichtigen ist. Ein zweiter Grund ist die notwendige „Verfolgung" des Posten über mehrere Perioden. Drittens fehlt wegen der geringeren Bedeutung von Latenzen für die Handelsbilanz die Übung. Es kann sich durchaus empfehlen bei der Erstaufbereitung (IAS-Eröffnungsbilanz) externen Sachverstand (WP/StB) hinzuzuziehen.

Latente Steuern sind nach IAS 12 auf temporäre Differenzen zu bilden. Da jede *timing difference* (Periodisierungsunterschiede) auch *temporary difference*, aber nicht jede *temporary* auf *timing* zurückzuführen ist (z. B. Neubewertungsfälle), kommt es auf die Entstehungsursache der temporären Differenzen nicht an. Die GuV kann insofern ignoriert werden. Arbeitstechnisch ist wie folgt vorzugehen:

Ermittlung der Differenzen zwischen IAS- und Steuerbilanz per 31.12.
Multiplikation mit dem Steuersatz
= Steuerlatenz 31.12
- Steuerlatenz 1.1.
= Steuerlatenz der Periode (aufzuteilen in GuV-wirksamen und erfolgsneutralen Teil)

Für die Berechnung und Aufbereitung der latenten Steuern bietet sich (unter Einbeziehung von Steuersatzänderungen) folgendes Schema an. Es ist streng bilanzorientiert.

Steuerlatenzen

	00				**01**			
	IAS	**StB**	**Pos. Diff.**	**Neg. Diff.**	**IAS**	**StB**	**Pos. Diff.**	**Neg. Diff.**
Goodwill (soweit abschreibbar)								
Sonstiges immater. AV								
Grund und Boden								
Gebäude								
Maschinen								
Sonstige Sachanlagen								
Wertpapiere								
Sonstiges Finanzvermögen								
Teilgewinn langfristige Auftragsfertigung								
Pensionsrückstellung								
Drohverlustrückstellung								
Sonstige Rückstellungen								
Saldo			b1....	b2.....			a1....	a2.....
x Steuersatz (z. B.)			X %	X %			Y %	Y %
= passive/aktive latente Steuern (ohne Verl.vortr.)			....	....			....	....
- Vorjahr							....	....
= Veränderung							....	....
- davon erfolgsneutral							....	....
= Ertrag/Aufwand							c1....	c2.....

Aufschlüsselung Veränderung		
wg. Umkehrung Diff.	+ X % von (a - b)	
wg. Steuersatz	(Y % - X %) von a	
= Veränderung Steuerlatenz (wie oben)		c.......

Beispiel

Der Ertragsteuersatz der Tax Base GmbH beträgt 1999 60 %. Zum Jahresende 1999 ist es wahrscheinlich, dass er mit Wirkung ab 2001 auf 40 % sinkt. Im Verlaufe des Jahres 2000 wird ein entsprechendes Gesetz beschlossen. Unter Berücksichtigung der nachfolgenden Differenzen zwischen Steuer- und IAS-Bilanz und der Steuersatzänderungen ergeben sich die latenten Steuern zu den Stichtagen 1999 und 2000 wie folgt (aktive und passive Latenz vereinfacht saldiert):

	1999			2000		
	IAS	**StB**	**Diff.**	**IAS**	**StB**	**Diff.**
Grund und Boden	20,0	10,0	10,0	20,0	10,0	10,0
Maschinen	0,5	0,7	- 0,2	0,4	0,5	- 0,1
Teilgewinn lfr. Auftragsfertigung	4,2	0,0	4,2	2,1	0,0	2,1
Drohverlustrückstellung	- 4,0	0,0	- 4,0	- 3,0	0,0	-3,0
Saldo	20,7	10,7	**10,0**	19,5	10,5	**9,0**
x Steuersatz %			60			40
= passive latente Steuern			**6,0**			**3,6**
Vorjahr						6,0
Veränderung						-2,4
Davon						
wg. Umkehrung Diff.	+ 60 % von (9,0 -10,0)					- 0,6
wg. Steuersatz	- 20 % von 9,0					- 1,8
Latenter Steuerertrag						- 2,4

Der latente Steueraufwand oder -ertrag ergibt sich aus der Veränderung der aktiven und latenten Bilanzposten. Für Zwecke des Anhangs ist er wie im Beispiel nach Entstehung oder Umkehrung von Differenzen zur Steuerbilanz einerseits und nach Steuersatzänderungen andererseits aufzugliedern.

5 *Notes*

Trennung tatsächlicher und latenter Steueraufwand

Die Anhangsangaben sind in IAS 12.79 ff. geregelt. Sie betreffen zu einem großen Teil die GuV. Während der Unterschied zwischen tatsächlichen und latenten Steueransprüchen und -schulden in der Bilanz selbst darzustellen ist, weist die GuV regelmäßig nur einen zusammengefassten Posten Steueraufwand oder -ertrag aus. Die Unterscheidung zwischen tatsächlichen und latenten Steueraufwendungen und -erträgen ist demzufolge in den Anhang verlagert. Die *notes* sehen deshalb (im Aufwandsfall) u. a. die getrennte Angabe folgender Posten vor:

- tatsächlicher Steueraufwand (davon periodenfremd),
- latenter Steueraufwand aus Entstehung bzw. Umkehrung temporärer Unterschiede,
- latenter Steueraufwand aus Änderungen der Steuersätze (vgl. letztes Beispiel),
- Minderung des tatsächlichen oder latenten Steueraufwandes aufgrund der Nutzung von Verlustvorträgen,
- tatsächliche und latente Steuern aus Neubewertung und anderen Geschäftsvorfällen, die direkt gegen Eigenkapital gebucht wurden.

Die nachfolgende Abbildung zeigt den Zusammenhang der praktisch wichtigsten Größen:

Ertragsteuern nach IAS 12

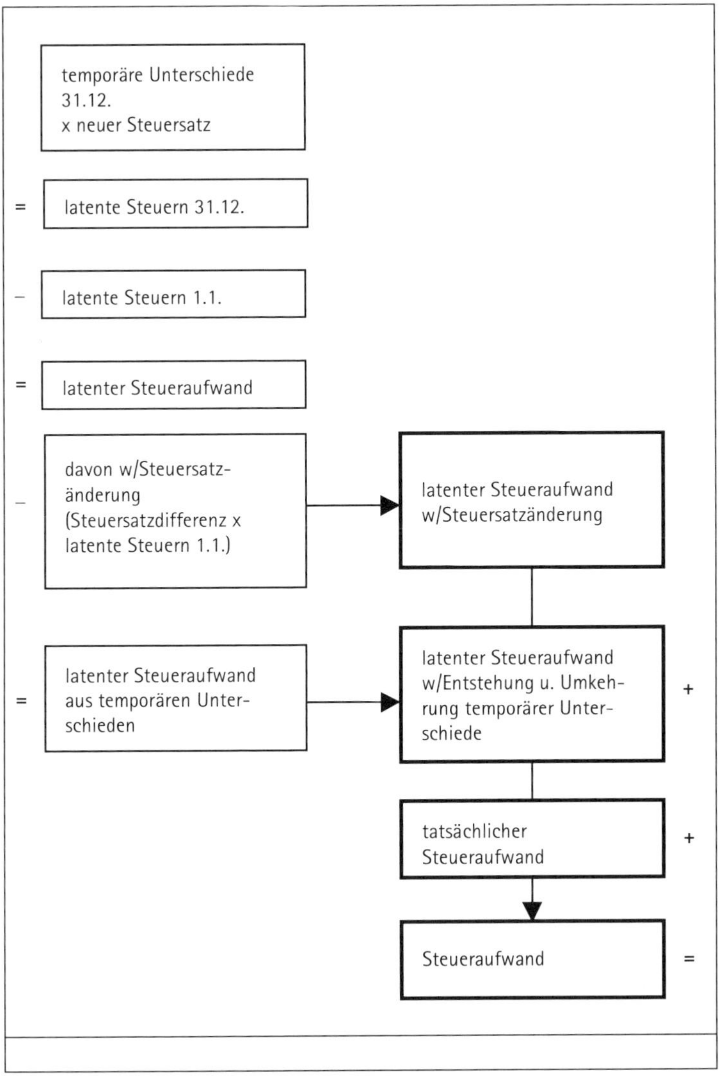

tariflicher vs. effektiver Steuersatz

Neben der Aufgliederung des Steueraufwandes verlangt IAS 12.81c eine Erläuterung der Relation zwischen Steueraufwand und dem Ergebnis vor Ertragsteuern. Die Überleitungsrechnung kann sich entweder am Steuersatz orientieren (effektiver Steuersatz versus anzuwendender tariflicher Steuersatz) oder an absoluten Beträgen. Folgendes Schema ist zweckmäßig:

Anzuwendender und effektiver Steuersatz

GewSt (H = Hebesatz)	H x 5 % =	......%	
unter Beachtung Abzugsfähigkeit bei sich selbst		/ (1 + H x 0,05) =	a.....%
KöSt + SolZ	25 % x 1,055 =	26,4 %	
unter Beachtung Abzugsfähigkeit GewSt		x (1 - a.....) =	......%
Anzuwendender Steuersatz (Tarif)			......%
Effektiver Steuersatz (Steuer/Ergebnis vor Steuern)		=	......%
ÜBERLEITUNGSRECHNUNG			
Anzuwendender Steuersatz			......%
Steuerwirkung nicht abziehbare Betriebsausgaben (nicht abziehbare BA/Ergebnis vor Steuern x anzuwendender Steuersatz)			......%
Effektiver Steuersatz			......%

Beispiel

Die Ironman Business Builder AG erzielt ein Ergebnis vor Ertragsteuern von 9 Mio. EUR. Darin enthalten sind steuerlich nicht abzugsfähige Strafen wegen Beschäftigung von Schwarzarbeitern in Höhe von 500 TEUR und Bestechungsgelder von ebenfalls 500 TEUR. Bei einem GewSt-Hebesatz von 500 %, 25 % KöSt und 5,5 % SolZ errechnet sich der tarifliche (anzuwendende) Steuersatz wie folgt:

GewSt	5 x 5 %	= 25,0 %	
unter Beachtung Abzugsfähigkeit bei sich selbst		/ 1,25 =	20,0 %
KöSt + SolZ	25 % x 1,055	= 26,4 %	
unter Beachtung Abzugsfähigkeit GewSt		x (1 - 0,2) =	21,1 %
Anzuwendender Steuersatz			41,1 %
Effektiver Steuersatz	4,11 Mio./9 Mio.	=	45,7 %

Es ergibt sich folgende Überleitungsrechnung:

ÜBERLEITUNGSRECHNUNG			
Anzuwendender Steuersatz			41,1 %
Steuerwirkung Geldstrafen	0,5 Mio./9 Mio. x 41,1 %	=	2,3 %
Steuerwirkung Bestechung			2,3 %
Effektiver Steuersatz			45,7 %

In der Praxis sind Abweichungen in der umgekehrten Richtung häufig spannender. Die Übertragsrechnung gibt (ansatzweise) Aufschluss, warum bestimmte Großkonzerne z. B. trotz eines nominellen Steuersatzes von 40 % nur einen effektiven Steuersatz von 25 % oder weniger haben.

6 Zusammenfassung

IAS 12 behandelt vor allem die Bilanzierung latenter Steuern. Latente Steuern ergeben sich bei Abweichungen von steuerbilanziellen Werten. Weist etwa die IAS-Bilanz höhere Gebäudebuchwerte aus, weil nur in der Steuerbilanz Sonderabschreibungen vorgenommen wurden oder nur in der IAS-Bilanz eine Neubewertung durchgeführt wurde, so ergibt sich hieraus eine **passive Steuerlatenz**. Zukünftige Abschreibungen (Aufwand) in der IAS-Bilanz werden höher, zukünftige Veräußerungsgewinne (Ertrag) niedriger sein als in der Steuerbilanz. Die zukünftigen Steuerzahlungen werden sich aber nicht nach dem niedrigeren zukünftigen IAS-Gewinn, sondern nach dem höheren Steuerbilanzgewinn richten. Dieser zukünftige Belastungseffekt muss in der IAS-Bilanz passiviert werden, damit neben den aktuellen Steuerverbindlichkeiten auch die latenten Verbindlichkeiten ausgewiesen werden.

Umgekehrt entstehen **aktive Latenzen** beispielsweise dann, wenn wegen einer steuerlich nicht anzuerkennenden außerplanmäßigen Abschreibung Vorratsvermögen in der IAS-Bilanz höher ausgewiesen wird. Bei einer zukünftigen Veräußerung der Vorräte entsteht dann in der Steuerbilanz ein niedrigerer Gewinn als in der IAS-Bilanz. Aus Sicht der IAS-Bilanz entsteht ein Entlastungseffekt, der schon heute aktiviert werden muss. Derartige Entlastungseffekte ergeben sich auch bei **Verlustvorträgen**. Das *start-up*-Unternehmen, das heute Verluste erzielt, (bei realistischer Einschätzung) aber zukünftig Gewinne erzielen wird, kann diese Gewinne steuerlich mit Verlusten verrechnen. Auch dieser Entlastungseffekt ist nach IAS schon in den Verlustjahren als aktive latente Steuern zu berücksichtigen.

Auch das **Handelsrecht** kennt Regeln zur Steuerlatenz. Von IAS 12 unterscheidet sich die traditionelle Interpretation dieser Bestimmung wie folgt:

- Die handelsrechtlichen Regelungen gelten für Kapitalgesellschaften. Die IAS-Regeln sind rechtsformunabhängig.
- Das Handelsrecht schreibt (mit bestimmten Ausnahmen für den Konzern) nur die Berücksichtigung passiver Latenzen vor. Für aktive latente Steuern besteht ein Wahlrecht. Nach IAS bestehen keine Wahlrechte. Aktivierung und Passivierung erfolgen zwingend.
- Vorteile aus Verlustvorträgen dürfen nur nach IAS, nicht nach HGB aktiviert werden.
- Das HGB berücksichtigt nur solche Latenzen, die auf frühere Unterschiede zwischen handelsrechtlicher und steuerlicher GuV zurückgehen (*timing difference*). Nach IAS führen auch solche Bewertungsunterschiede zu latenten Steuern, die ohne GuV-Berührung (z. B. Neubewertung oder Einlage) entstanden sind (*temporary difference*).

Im zweiten und dritten Punkt hat die Interpretation des Handelsrechts durch **DRS 10** zur Angleichung an die internationalen Regeln geführt.

Latente Steuern sind für die IAS-Bilanz aber immer noch wichtiger als für die Handelsbilanz. Entsprechend umfangreich sind daher auch die *notes*. Insbesondere ist eine **Überleitungsrechnung** gefordert, die den tariflichen Steuersatz unter Berücksichtigung von Latenzen, nicht abziehbaren Ausgaben usw. in die effektive Steuerbelastung überführt.

J Weitere Abschlussbestandteile

1 Gewinn- und Verlustrechnung

1.1 Ausweisvorschriften

Wie in Kapitel B „Struktur und Grundannahmen des IFRS-Regelwerks“ dargestellt, bestehen hinsichtlich der GuV (*income statement*) zwei grundsätzliche Ausweisalternativen:

Gliederungstiefe Anhang oder GuV

- geringe Gliederungstiefe der GuV, dafür umfangreiche Erläuterungen im Anhang,
- starke Untergliederung der GuV, dafür knappe Anhangsangaben.

Die zweite Alternative entspricht stärker den Regelungen des § 275 HGB und dominiert in der deutschen IAS-Praxis. Im Rahmen der zweiten Alternative wird der operative Bereich nach dem Umsatzkostenverfahren (*cost of sales method*) oder nach dem Gesamtkostenverfahren (*nature of expense method*) untergliedert. Beide Alternativen sieht auch das Handelsrecht in § 275 HGB vor. Zur konkreten IAS-Gliederung in beiden Verfahrensvarianten wird auf Kapitel B „Struktur und Grundannahmen des IFRS-Regelwerks“ verwiesen.

UKV und GKV

Neben dem operativen Bereich sind in der GuV der Finanzbereich und der Ertragsteuerbereich auszuweisen. Der Ausweis außerordentlicher Posten ist zukünftig nicht mehr zulässig (IAS 1.85).

a. o. Ergebnis nach Steuern

1.2 Bilanzkorrekturen sowie Änderungen von Bilanzierungs- und Bewertungsmethoden

IAS 8.15 bekräftigt, dass die Bilanzadressaten in der Lage sein müssen, „die Abschlüsse eines Unternehmens im Zeitablauf zu vergleichen, um Tendenzen der Vermögens-, Finanz- und Ertragslage sowie des Cashflows feststellen zu können“. Aus dieser Forderung ergeben sich zwei konkrete Konsequenzen:

Bilanzkorrektur u. Methodenänderung: „per Vermögen/ Schuld an Gewinnvortrag“

- Die Berichtigung wesentlicher Fehler der Vorperioden erfolgt nicht über die GuV, sondern durch Anpassung der nicht ausgeschütteten Ergebnisse (Gewinnvortrag und Gewinnrücklagen) und Anpassung der Vorjahresvergleichszahlen (IAS 8.42).
- Bilanzierungs- und Bewertungsmethoden sind grundsätzlich beizubehalten, d. h. stetig anzuwenden. Wenn Methoden (z. B. zur besseren Darstellung der Ertragslage) geändert werden, ist diese Änderung retrospektiv vorzunehmen. Die nicht ausgeschütteten Ergebnisse (Gewinnvortrag usw.) und die Vorjahresvergleichszahlen sind demzufolge anzupassen (IAS 8.22).

Beispiel

Die Blue Eye GmbH stellt Ende 01 im Rahmen einer Unterschlagungsprüfung fest, dass das Vorratsvermögen per 31.12.00 bilanziell um 5 Mio. EUR zu hoch ausgewiesen war. Die Blue Eye GmbH hat außerdem in den Jahren 99 und 00 Fremdkapitalkosten in Höhe von jeweils 3 Mio. EUR für ein im Bau befindliches Gebäude aktiviert. Das Gebäude ist noch nicht fertig gestellt. In 01 sind weitere 3 Mio. DM Fremdkapitalkosten angefallen. Die GmbH möchte die Zinsen gemäß der Benchmark-Methode aus IAS 23 nunmehr als Aufwand behandeln. Unter der vereinfachten Annahme, dass Korrekturen und Methodenänderungen auch den Steueraufwand verändern (z. B. über latente Steuern), ergeben sich die Zahlen für 00 und die vorläufigen Zahlen für 01 wie folgt (Steuersatz 50 %):

GuV			Nicht ausgeschütteter Gewinn (Bilanz)		
	01 vorl.	00		01 vorl.	00
Erlös	100	90			
Umsatzkosten	80	72			
Zinsaufwand	0	0			
Ergebnis vor Steuern	20	18	EB	29,0	20,0
Steuern	10	9	Gewinn	10,0	9,0
Gewinn	10	9	SB	39,0	29,0

Die endgültigen Zahlen 01 und die angepassten Zahlen 00 entwickeln sich wie folgt:

GuV			Nicht ausgeschütteter Gewinn (Bilanz)		
	01	00 angepasst		01	00 angepasst
Erlös	100	90	EB	29,0	20,0
Umsatzkosten	75	77	Fehlerkorrektur	-2,5	
Zinsaufwand	3	3	Meth.-Änderung	-3,0	-1,5
Ergebnis vor Steuern	22	10	EB angepasst	**23,5**	18,5
Steuern	11	5	Gewinn	**11,0**	**5,0**
Gewinn	**11**	**5**	SB	34,5	**23,5**

Die Anpassung der Vorjahres-GuV und die Anpassung der Eröffnungsbilanzwerte sind die nunmehr allein zulässige Methode für die Korrektur wesentlicher Fehler und die Änderung von Bilanzierungs- und Bewertungsmethoden. Nach IAS 8 (1993) war alternativ die Korrektur über die GuV des laufenden Jahres zugelassen.

1.3 *Discontinuing operations*

Veräußerung oder Einstellung

Als *discontinuing operations* (einzustellende bzw. nicht fortzusetzende Tätigkeit) definiert IAS 35

- abgrenzbare und bedeutsame geografische oder sachliche Geschäftsbereiche,
- die das Unternehmen im Rahmen **eines** Plans entweder veräußert (insgesamt oder stückweise) oder
- durch Aufgabe einstellt.

Nicht fortzusetzende Tätigkeiten sind (in GuV oder Anhang) getrennt vom nachhaltigen Ergebnis auszuweisen. Die Frage, ob eine gesondert zu erfassende nicht fortzusetzende Operation vorliegt, ist jedoch Sache der Auslegung und des Einzelfalls. So muss die Aufgabe einer Produktlinie oder eines Standortes je für sich gesehen nicht die Voraussetzungen erfüllen, kann aber im Zusammenhang mit andern Veränderungen, insbesondere dann, wenn die Änderungen wesentlich sind, als einzustellender Bereich gelten.

Tipp

Da es auf den Einzelfall ankommt, kann mit entsprechender Argumentation Bilanzpolitik gemacht werden:

Ein Verlustbereich wird verkauft: Argumente für die Eigenständigkeit sind zu suchen, damit der Verlust das „nachhaltige Ergebnis" nicht mehr belastet.

Ein Gewinnbereich wird verkauft: Argumente gegen die Eigenständigkeit zu suchen, damit der Gewinn das „nachhaltige Ergebnis" stützt.

Beispiel

Ein Unternehmen produziert unter einheitlicher Marke

- Körpercremes,
- Haarpflege- und Haartönungsmittel,
- Deos,
- Parfüms und Duftwässer.

Die Deo-„Sparte" soll eingestellt werden.

Alternative A: Aus dem Verkauf wird ein Gewinn erwartet

Der Deobereich wird weiter als fortzuführende Tätigkeit ausgewiesen mit dem Argument, dass es sich lediglich um eine dem fortzuführenden Parfum- und Duftwasserbereich ähnelnde Produktlinie handelt. In beiden Fällen dienen Duftstoffe als Rohstoffe. In beiden Fällen werden Spraybehälter als Primärverpackung benötigt. In beiden Fällen werden gleiche Vertriebswege genutzt.

Alternative B: Aus dem Verkauf wird ein Verlust erwartet

Der Deobereich wird als einzustellender Bereich behandelt mit dem Argument gegenüber dem Duft- und Parfumbereich unterschiedlicher Endkunden (Geschlecht, Alter, Einkommen), unterschiedlicher Konkurrenzlagen (Deos gegen Eigenmarken des Handels, Parfums gegen Marken von Modefabrikanten) und unterschiedlicher Duftträgerrohstoffe (Duftwässer und Parfums alkoholbasiert, eigene Deo-Serie alkoholfrei).

In zeitlicher Hinsicht lässt sich die *discontinuing operation* negativ so abgrenzen: Es liegt noch keine separat zu erfassende *discontinuing operation* vor, wenn das Unternehmen weder einen verbindlichen Vertrag über den Verkauf aller wesentlichen Vermögenswerte eines

Geschäftsbereichs abgeschlossen hat, noch ein detaillierter Einstellungsplan vorliegt, genehmigt und bekannt gemacht wurde (IAS 35.16).

gesonderter Ausweis in Bilanz und GuV

IAS 35 regelt nicht den Ansatz und die Bewertung von *discontinuing operations*; insoweit bleibt es bei den allgemeinen Vorschriften. Besonders geregelt ist lediglich der Ausweis einzustellender Geschäftsbereiche. Sobald ein verbindlicher Vertrag über den Verkauf aller Vermögenswerte geschlossen wurde oder ein detaillierter, genehmigter und bekannt gemachter Einstellungsplan vorliegt, sind sämtliche Vermögenswerte und Schulden sowie Erträge und Aufwendungen des betroffenen Bereichs in Bilanz und GuV oder im Anhang gesondert auszuweisen (IAS 35.27 und 39). Anzupassen sind auch die Vergleichszahlen des Vorjahres (IAS 35.45).

GuV – Gesonderter Ausweis *discontinuing operations*

	02	01
I. Fortzuführende Bereiche		
Umsatzerlöse	....	....
- Betriebliche Aufwendungen	....	....
= Operatives Ergebnis	....	....
+/- Finanzergebnis	....	....
= Ergebnis vor Steuern	....	....
- Steuern	....	....
= Gewinn nach Steuern	....	....
II. Einzustellender Bereich		
Umsatzerlöse	....	....
+ Betriebliche Aufwendungen	....	....
= Operatives Ergebnis	....	....
- Rückstellung für Abfindungen usw.	....	....
- außerplanmäßige Abschreibung	....	....
= Ergebnis vor Steuern	....	....
+/- Steuern	....	....
= Ergebnis nach Steuern	....	....
Unternehmen gesamt Summe (I+II)	....	....

Der gesonderte Ausweis in der Bilanz kann dadurch erfolgen, dass jeweils am Ende der Aktivseite und der Passivseite ein Posten *discontinuing operations* eingeführt wird, in dem alle zum Abgang bestimmten Vermögenswerte bzw. Schulden zusammengefasst werden. Für die GuV folgendes Beispiel:

Beispiel

Im November 01 genehmigt der Aufsichtsrat der Core Clothes AG den Plan des Vorstandes, das Segment Sportbekleidung zu veräußern. Der Plan wird noch nicht bekannt gegeben. Zum Vertragsschluss kommt es erst im September 02. Der Erwerber zahlt für ein auf ihn übergehendes Buchvermögen von 70 Mio. EUR. einen Veräußerungspreis von 60 Mio. EUR. Der Vertrag wird am 31. Januar 03 vollzogen. Nicht übernommene Arbeitnehmer werden von der AG mit 30 Mio. EUR abgefunden. Der Gewinn nach Steuern aus den fortgeführten Geschäftsbereichen beträgt in allen Jahren 100 Mio. EUR. Der abgehende Geschäftsbereich hat ein operatives Ergebnis von 5 Mio. EUR in 01 und jeweils – 5 Mio. EUR in 02 und 03. Die GuV der drei Jahre (01 rückwirkend angepasst) ist (bei einem Steuersatz von 40 %) wie folgt:

	03	02	01
Fortzuführende Bereiche			
....	.....	.....	.....
Gewinn nach Steuern	100	100	100
Einzustellender Bereich			
Umsatzerlöse	5	30	40
Betriebliche Aufwendungen	-10	-35	35
Operatives Ergebnis	-5	-5	5
Rückstellung Abfindung		-30	
Außerplanm. Abschreibung (60-70)		-10	
Ergebnis vor Steuern	-5	-45	5
Steuern	2	18	-2
Ergebnis nach Steuern	-3	-27	3
Unternehmen gesamt	97	73	103

Die Voraussetzungen für eine außerplanmäßige Abschreibung (vgl. Kapitel C „Immaterielles und Sachanlagevermögen") und eine Rückstellung (vgl. Kapitel G „Rückstellungen") sind erstmals per 31.12. 02 gegeben.

Die Einstellung des Bereichs ist im vorstehenden Beispiel bereits in 02 über die außerplanmäßige Abschreibung (IAS 35.22) und die Rückstellung für Abfindungen (IAS 35.19) berücksichtigt. Ergibt sich umgekehrt ein Gewinn, so ist dieser gesondert und erst im Jahr der Realisierung auszuweisen (IAS 35.Appendix 12).

Beispiel

Das letzte Beispiel wird dahingehend variiert, dass der Veräußerungspreis nicht 60 Mio. EUR, sondern 120 Mio. EUR beträgt. Eine außerplanmäßige Abschreibung in 02 ist nicht mehr erforderlich. Die Arbeitnehmerabfindung wird gesondert in 02 zurückgestellt, obwohl der Überschuss von Veräußerungspreis (120) zum Buchwert (70), also der Betrag von 50, die Abfindungslast überkompensiert. In 03 wird demzufolge ein nicht um die Abfindungslast geschmälerter Ertrag aus Segmentveräußerung in Höhe von 50 (minus 40 % Steuern) ausgewiesen.

	03	02	01
Fortzuführende Bereiche			
....	.....	.....	.....
Gewinn nach Steuern	100	100	100
Einzustellender Bereich			
Umsatzerlöse	5	30	40
Rückstellung Abfindung		-30	
Betriebliche Aufwendungen	-10	-35	35
Ergebnis vor Steuern	-5	-35	5
Steuern	2	14	-2
Ergebnis nach Steuern	-3	-21	3
Ertrag aus Veräußerung Segment (nach Steuern von 20)	30		
Unternehmen gesamt	127	79	103

ED 4

Der IASB hat im Juli 2003 den Entwurf eines neuen Standards ED 4 vorgelegt, der an die Stelle von IAS 35 treten soll. ED 4 unterscheidet sich in folgenden Punkten wesentlich von der bisherigen Regelung:

- Definition/Anwendungsbereich: *Discontinued operation* kann auch ein einzelner Vermögensgegenstand mit klar abgrenzbaren Cashflows sein. Ein bedeutsamer Geschäftsbereich wird nicht vorausgesetzt.
- Ausweis: Zwingende Separierung des Ergebnisses der *discontinued operations* in der GuV selbst. Eine Anhangsangabe reicht nicht mehr.
- Bewertung: Ersatz allgemeiner Bewertungsvorschriften durch spezielle Regeln für langlebige, zum Verkauf bestimmte Vermögenswerte.

Zum Ganzen folgendes Beispiel:

Beispiel

Die Home Office AG hat zahlreichen Verwaltungsmitarbeitern Heim-Arbeitsplätze eingerichtet und beschließt nun, das zu groß gewordene Verwaltungsgebäude zu veräußern, um in gemietete Räume zu ziehen. Der Buchwert des Gebäudes beträgt 1 Mio. EUR, die Jahresabschreibung 50 TEUR. Der Zeitwert (*fair value*) des Gebäudes beträgt ebenfalls 1 Mio. EUR. Für die Räumung des Gebäudes und seine Veräußerung werden voraussichtlich 100 TEUR anfallen. Die Veräußerung wird sehr wahrscheinlich innerhalb der nächsten 12 Monate geschehen.

- Das Gebäude gilt als veräußerbar *(held-for-sale)* und damit als *discontinued operation.*
- Mit dieser Qualifizierung geht ein separater Ausweis in der GuV und Bilanz einher.
- Mit der Qualifizierung werden außerdem die normalen Abschreibungen ausgesetzt. Das Gebäude ist mit *fair value* minus durch die Veräußerung veranlasste Kosten, also mit 900 TEUR anzusetzen. Der Verlust von 100 TEUR ist Ergebnis aus *discontinued operation.*

1.4 *Notes*

Die wesentlichen Angabepflichten zur GuV sind:

- IAS 1.86 ff.: Aufschlüsselung der Aufwendungen (Umsatz- oder Gesamtkostenverfahren, soweit nicht bereits in GuV),
- IAS 12.79 ff.: Aufschlüsselung des Steueraufwandes (vgl. Kapitel I „Tatsächliche und latente Steuern"),
- IAS 8: Erläuterung von Bilanzkorrekturen, Methodenänderungen,
- IAS 18.35 f.: Angaben zu Realisationszeitpunkt, zur Unterscheidung Verkaufs- und Dienstleistungserlöse, zu Erträgen aus Tauschgeschäften usw. (vgl. Kapitel E „Vorräte, Fertigungsaufträge, Ertragsrealisierung"),
- IAS 11.39 ff.: Angaben zur Auftragsfertigung (vgl. Kapitel E „Vorräte, Fertigungsaufträge, Ertragsrealisierung"),
- IAS 35: Erläuterung *discontinuing operations.*

Anhang kurz, wenn GuV lang

Nach der in diesem Buch vorgeschlagenen Darstellung kann der Anhang in Bezug auf Aufwendungen und Erträge vergleichsweise kurz ausfallen, da die meisten Angaben in die GuV integriert sind. Bei den notwendig im Anhang zu erfassenden Angaben reichen häufig kurze Allgemeinverweise:

Beispiel

1. Umsatzerlöse: Umsatzerlöse werden erfasst, wenn der Risikoübergang auf den Kunden erfolgt ist. Davon ausgenommen sind Auftragserlöse aus der Anwendung der *percentage-of-completion*-Methode bei langfristigen Fertigungsaufträgen.
2. Sonstige betriebliche Erträge: Hierunter erfasst sind Erträge aus der Auflösung von Rückstellungen mit 487 Mio. EUR (Vorjahr 494 Mio. EUR) und dem Abgang von Gegenständen des Anlagevermögens mit 150 Mio. EUR (Vorjahr 30 Mio. EUR).
3. Finanzergebnis: Die Ergebnisbeträge im Finanzergebnis haben keinen operativen Charakter. Das Finanzergebnis setzt sich aus den drei Bestandteilen Zinsergebnis, Zinsanteile an Rückstellungszuführung und übriges Finanzergebnis zusammen. Die Beträge und Vorjahresbeträge sind wie folgt ...

2 Eigenkapitalveränderungsrechnung

Ergebnis + sonstiges Einkommen + Korrektur-/ Methodeneff.

IAS 1.96 ff. sieht als besonderen Bestandteil des Jahresabschlusses eine Aufstellung vor, die mindestens Folgendes zeigt:

- das Periodenergebnis,
- die direkt, ohne Berührung der GuV im Eigenkapital erfassten, Gewinne oder Verluste, z. B. aus Neubewertung (sonstiges Gesamteinkommen bzw. *other comprehensive income*),
- die Gesamtwirkung der Änderungen von Bilanzierungs- und Bewertungsmethoden sowie der Berichtigung wesentlicher Fehler.

Zusätzlich hat das Unternehmen entweder in der gleichen Aufstellung oder im Anhang anzugeben:

- Kapitaltransaktionen mit Anteilseignern (Einlagen) und Ausschüttungen an Anteilseigner (Dividenden),
- die angesammelten Ergebnisse zum Beginn und zum Ende der Periode sowie die Bewegungen während der Periode (Jahresergebnis und Ausschüttung),
- eine Überleitung der Eröffnungsbilanzwerte zu den Endbilanzwerten für das gezeichnete Kapital, die Kapitalrücklage und sämtliche anderen Rücklagen.

Eine Integration sämtlicher Angaben in der Eigenkapitalveränderungsrechnung wie in der nachfolgenden Abbildung ist möglich und zweckmäßig.

Eigenkapitalveränderungsrechnung

	Gez. Kap.	Kap. RL	Neubew. RL	RL Zeitbew.	Akkum. Gew.	Summe
Saldo 1.1.01						
+/- Änderung Bilanzierungs- und Bewertungsmethoden sowie Bilanzkorrektur						
= angepasster Saldo 1.1.01						

	Gez. Kap.	Kap. RL	Neubew. RL	RL Zeitbew.	Akkum. Gew.	Summe
Ergebnis aus Zeitbewertung veräußerb. Finanzinstrumente						
+/- Überschuss/Fehlbetrag aus Neubewertung von ... (z. B. Grundstücken)						
= nicht in GuV berücks. Gewinn						
+ Periodenergebnis						
= Gesamteinkommen						
- Dividenden						
+ Kapitalerhöhung						
+ angepasster Saldo 1.1.01 (s. o.)						
= Saldo 31.12.01						

Beispiel

(1) Die Equity GmbH verfügt per 1.1.01 über ein gezeichnetes Kapital von 100 TEUR, sowie Gewinnrücklagen und einen Gewinnvortrag von je 50 TEUR.

(2) In 01 wird ein grundlegender Fehler der Vorjahre korrigiert (bisher buchmäßig bilanzierte, tatsächlich aber unterschlagene Vorräte 10 TEUR) (keine Steuerwirkung).

(3) Bei *available-for-sale*-Wertapieren liegt der Zeitwert per.1.1. um 10 TEUR und per 31.12. noch um 8 TEUR über den Anschaffungskosten (jeweils nach latenten Steuern).

(4) Grund und Boden wird neu bewertet (Zuschreibung 30 TEUR).

(5) Die GuV der Periode weist ein Ergebnis von 74 TEUR aus.

(6) Eine Dividende von 10 TEUR (auf das Vorjahresergebnis) wird ausgeschüttet.

(7) In 01 wird außerdem das Kapital um 20 TEUR nominal bei einem Agio von 15 TEUR erhöht.

Der Steuersatz beträgt 40 %.

	Gez. Kap.	Kap. RL	Neubew. RL	RL Zeitbew.	Akkum. Gew.	Summe
Saldo 1.1.01 (1 u. 3)	100			10	100	210
- Bilanzkorrektur (2)					-10	-10
= angep. Saldo 1.1.01	100			10	90	200
Ergebnis aus Zeitbewertung *available-for-sale* (nach Steuer) (1 u.3)				-2		-2
+ Überschuss aus Neubewertung von Grund und Boden (nach Steuern) (4)			18			18
= nicht in GuV berücksichtigte Gewinne			18	-2		16
+ Periodenergebnis (5)					74	74
= Gesamteinkommen			18	-2	74	90
- Dividende (6)					-10	-10
+ Kapitalerhöhung (7)	20	15				35
+ angep. Saldo 1.1.01	100			10	90	200
= Saldo 31.12.01	120	15	18	8	154	315

Nach der Neufassung des § 297 Abs. 1 HGB durch das Bilanzrechtsreformgesetz ist ein solcher „Eigenkapitalspiegel" nunmehr auch für den handelsrechtlichen Konzernabschluss vorgesehen.

3 Kapitalflussrechnung

rechtsformunabhängig

IAS 1.90 verlangt von allen Unternehmen die Aufstellung einer Kapitalflussrechnung. Der Bilanzadressat soll die Fähigkeit des Unternehmens beurteilen können, Zahlungsmittel und Zahlungsmitteläquivalente zu erwirtschaften. Während § 297 Abs. 1 HGB-E i. d. F. des Bilanzrechtsreformgesetzes die Aufstellung einer Kapitalflussrechnung nur für den Konzernabschluss verlangt, gelten die IAS-Vorschriften ebenso für den Einzelabschluss.

Der Aufbau der Kapitalflussrechnung ist im Einzelnen in IAS 7 erläutert. Mit Ersatz des IdW-Standards HFA 1/95 durch den deutschen Rechnungslegungsstandard Nr. 2 (DRS 2) im Mai 2000 besteht im Inhalt und Aufbau der Kapitalflussrechnung weitgehende Übereinstimmung der deutschen Vorschriften mit IAS 7. Die Kapitalflussrechnung ist grundsätzlich in drei Bereiche gegliedert:

CFL-Bereiche
- lfd. Tätigkeit
- Investition
- Finanzierung

- Cashflow aus laufender Geschäftstätigkeit,
- Cashflow aus Investitionstätigkeit (Anschaffung und Veräußerung von Anlagevermögen),
- Cashflow aus Finanzierungstätigkeit (Darlehensaufnahmen und -tilgungen, Kapitaleinlagen und Dividenden).

Aus der Summe der drei Bereiche ergibt sich der Netto-Cashflow, d. h. die Veränderung des Bestandes an Zahlungsmittel.

indirekte Methode

Da das Rechnungswesen sich auf Erträge und Aufwendungen konzentriert und somit unmittelbar keine Aufzeichnungen über die sachliche und zeitliche Abgrenzung von Einzahlungen und Auszahlungen liefert, wird der Cashflow aus laufender Geschäftstätigkeit (operativer Cashflow) überwiegend nach der indirekten Methode ermittelt. Ausgangspunkt ist der Jahresüberschuss (oder eine Vor-Steuer-Größe). Die Ausgangsgröße wird um nicht zahlungswirksame Aufwendungen und Erträge, insbesondere Abschreibungen sowie Veränderungen des *working capital*, korrigiert. Die nachfolgende Abbildung zeigt, aus welchen Quellen sich die Teilbereiche der Cashflow-Rechnung im Wesentlichen speisen.

Kapitalflussrechnung

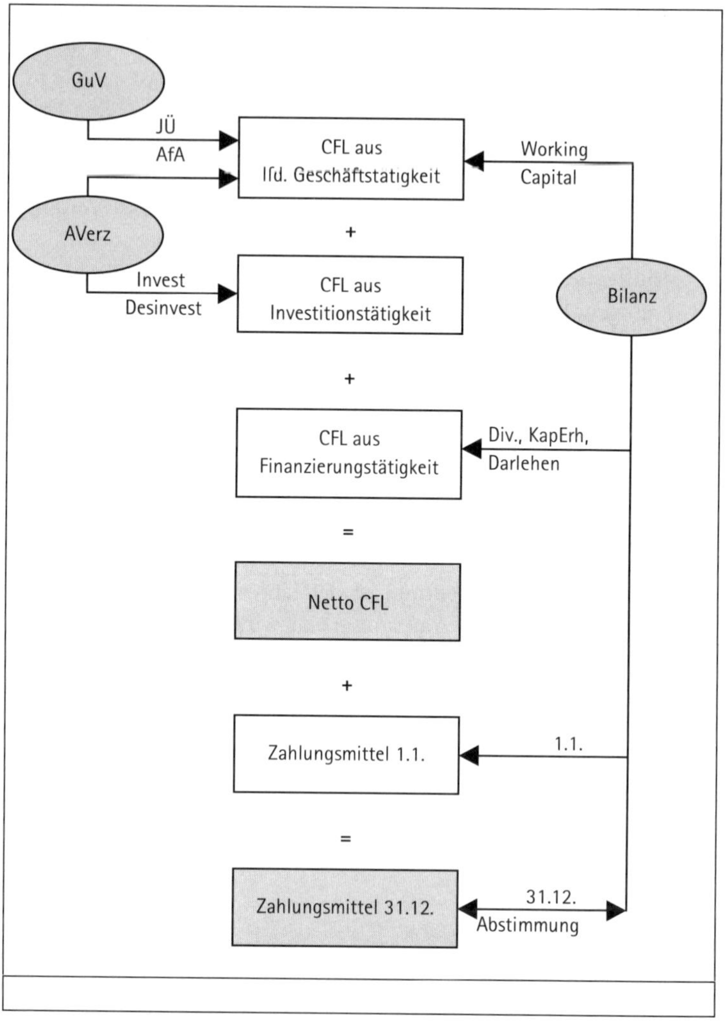

Wie Zahlungsmittel werden in der Cashflow-Rechnung Zahlungsmitteläquivalente behandelt. Als solche gelten nur unwesentlichen Wertschwankungsrisiken unterliegende Finanzinvestitionen mit einer Restlaufzeit von i. d. R. nicht mehr als drei Monaten (IAS 7.7).

Dem Zahlungsmittelbereich zugeordnet werden ebenfalls Kontokorrentverbindlichkeiten gegenüber Kreditinstituten (IAS 7.8).
Im operativen Bereich der Cashflow-Rechnung gesondert anzugeben sind Ertragsteuern und Zinsen. Zinsen können gemäß IAS 7.33 alternativ auch im Finanzierungs- bzw. Investitionsbereich zugeordnet werden.
Die gewählte Methode für die Bestimmung des Zahlungsmittelfonds ist anzugeben. Soweit sich die Zusammensetzung nicht unmittelbar aus der Bilanz ergibt, ist eine Überleitungsrechnung zu den Bilanzposten vorzunehmen.
Beispiele für den Aufbau einer Cashflow-Rechnung sind im Anhang zu IAS 7 angeführt. Nachfolgend ein vereinfachter Fall:

Beispiel

(1) Die Cash AG erzielt einen Gewinn vor Steuern von 3.000 TEUR. Darin enthalten:
(2) Abschreibung von 420 TEUR,
(3) Finanzerträge von 300 TEUR (davon vereinnahmt: 250 TEUR)
(4) Zinsaufwand von 500 TEUR (Zinszahlung 350 TEUR + 150 TEUR aus Aufzinsung Zero-Bond).
(5) Die Vorräte wurden um 1.100 TEUR erhöht, Forderungen L+L inkl. sonstige Forderungen und Verbindlichkeiten L+L sind unverändert.
(6) Der Steueraufwand beträgt 1.500 TEUR, die Steuerzahlungen 1.800 TEUR.
(7) Aus einer Kapitalerhöhung wurden 80 TEUR vereinnahmt und an Dividenden 30 TEUR gezahlt. Darlehen wurden mit 50 TEUR getilgt, neue Darlehen nicht aufgenommen.
(8) In die Sachanlagen wurden 1.000 TEUR investiert, davon 550 TEUR per Leasing. Alte Anlagen mit einem Buchwert von 30 TEUR wurden für 50 TEUR veräußert.
(9) Der Vortrag an Zahlungsmitteln beträgt 180 TEUR.

Periodengewinn vor Steuern (1)	3.000
Abschreibung (2)	420
Gewinn aus Abgang Anlagevermögen (8)	-20
Finanzerträge (3)	-300
Zinsaufwendungen (4)	500
	3.600
Erhöhung Vorräte (5)	-1.100
CFL aus betrieblicher Tätigkeit	2.500
Vereinnahmte Zinsen und Dividenden (3)	250
Gezahlte Zinsen (4)	-350
Gezahlte Ertragsteuern (6)	1.800
I) CFL aus laufender Geschäftstätigkeit	600
Erwerb von Sachanlagen (8)	-450
Verkaufserlöse Sachanlagen (8)	50
II) CFL aus Investitionstätigkeit	-400
Erlöse aus Kapitalerhöhung (7)	80
Tilgung Darlehen (7)	-50
Gezahlte Dividende (7)	-30
III) CFL aus Finanzierungstätigkeit	0
Nettozunahme Zahlungsmittel (Summe I + II + III)	200
Zahlungsmittel 1.1. (9)	180
Zahlungsmittel 31.12.	380

4 *Notes* – Aufbau und Funktion des Anhangs

Ein vollständiger IAS-Abschluss besteht nach IAS 1.8 aus

- GuV,
- Bilanz,
- Eigenkapitalveränderungsrechnung,
- Kapitalflussrechnung und den
- Anhangangaben (*notes*).

Erläuterung
- Methoden
- Posten
- Sonstiges

Die *notes* haben im Wesentlichen drei Aufgaben:

- Erläuterung der Bilanzierungs- und Bewertungsmethode (einschließlich der Konsolidierungsmethoden),
- Erläuterung der anderen Abschlussbestandteile (vor allem GuV und Bilanz, weniger Eigenkapitalveränderungsrechnung und Kapitalflussrechnung),
- sonstige Angaben, insbesondere zu Sachverhalten, die zeitlich über die Rechnungsperiode hinausgreifen (Ereignisse nach dem Bilanzstichtag), die qualitativer Art sind (z. B. Mitglieder von Aufsichtsrat und Vorstand) oder die Abschlusszahlen in anderer Form aufbereiten (z. B. Ergebnis/Aktie oder Segmentbericht).

Hinweise auf Gliederung und notwendige Inhalte des Anhangs finden sich in IAS 1.103 ff. und den einzelnen Standards. Der folgende Vorschlag folgt einem in der Praxis gebräuchlichen Aufbau.

Aufbau des Anhangs (Vorschlag)

Anhang 1 bis 4: Bilanzierungs- und Bewertungsmethoden

1. Grundlagen (Anwendung IAS)
2. Konsolidierungskreis und -methoden*
3. Währungsumrechnung
4. Bilanzierungs- und Bewertungsmethoden
   a) Ertrags- und Aufwandsrealisierung
   b) Leasing
   c) Herstellungskosten
   d) ...

Anhang 5 bis 14: Erläuterungen zur GuV

5. Erlöse aus ...... (Kerngeschäft)
6. Andere Erlöse
7. Sonstige betriebliche Erträge
8. ....
13. Steuern
14. Ergebnis je Aktie**

* nur im Konzern.
** nur börsennotierte Unternehmen (IAS 33 und 14).

Anhang 15 bis 29: Erläuterungen zur Bilanz
15. Anlagevermögen, Anlagenspiegel
16. Immaterielle Vermögenswerte
17. Finanzanlagen
18. ....

Anhang 30 bis 35 : Sonstige Angaben
30. Ereignisse nach dem Bilanzstichtag
31. Sonstige Verpflichtungen (Bestellobligo usw.)
32. Risikosteuerung, Finanzderivate
33. Segmentbericht**
34. Beziehungen zu nahe stehenden Unternehmen
35. Vorstand und Aufsichtsrat (Mitglieder und Bezüge)

** nur börsennotierte Unternehmen (IAS 33 und 14).

Eine Erweiterung des Gliederungsvorschlages um *notes* zur Kapitalflussrechnung und zur Eigenkapitalveränderungsrechnung ist in der Praxis nicht die Regel. Die Erläuterungen sind teils so kurz, dass sie unter den entsprechenden Rechenwerken angebracht werden können. Falls längere Angaben erforderlich sind, können diese in anderen Abschnitten vorgenommen werden, etwa hinsichtlich der Eigenkapitalveränderungsrechnung bei der Erläuterung der Bilanzposition Eigenkapital.

notes wörtlich nehmen

Die Bezeichnung *notes* (Anmerkungen) ist durchaus wörtlich zu verstehen. Jeder in den *notes* erläuterte Posten der Bilanz, der GuV und der Kapitalflussrechnung muss gemäß IAS 1.104 mit einem Querverweis zum Anhang versehen werden. Werden beispielsweise die aktiven und passiven latenten Steuern in Ziffer 24 des Anhangs erläutert, findet der Bilanzleser sowohl auf der Aktivseite der Bilanz als auch auf der Passivseite der Bilanz in einer zusätzlich zu den Text- und Zahlenspalten eingefügten Spalte „Anhang“ die Ziffer 24.

Tipp

Im HGB sind die Anhangsangaben in einem besonderen Abschnitt (§§ 284 – 288 HGB) geregelt. Auch inhaltlich und in der Bilanzierungspraxis führt der Anhang in gewisser Weise ein separates Dasein. Die Praxis „bilanziert deshalb erst einmal", bevor man sich „noch um den Anhang kümmern muss".

Im IAS-System sind die *notes* und *disclosures* dort behandelt, wo auch die Bilanzierungs- und Bewertungsfragen geregelt sind. Auch inhaltlich besteht ein engerer Zusammenhang zwischen *notes* und Bilanz als nach HGB. Für die Untergliederung der Vorräte beispielsweise ist der HGB-Anhang weniger relevant, weil die Untergliederung schon in der Handelsbilanz selbst vollzogen wird. Die IAS-Bilanz zeigt demgegenüber nur den Hauptposten. Seine Aufschlüsselung ist Sache des IAS- Anhangs.

Für die praktische Jahresabschlusserstellung folgt daraus: Eine Arbeitsteilung der Art „Erst Bilanz, dann Anhang" oder „Meier Anlagevermögen, Müller Anhang" macht wenig Sinn. Der IAS-Anhang will ernst genommen werden. Er muss integral mit dem jeweiligen Bilanzposten bearbeitet werden.

Ermessensentscheidungen offen legen

Bilanzierungsentscheidungen verlangen vielfach die Ausübung von Ermessen *(mangement judgement)*. Zwei Hauptformen des Ermessens werden in der Neufassung von IAS 1 mit Angabepflichten belegt:

unbestimmte Rechtsbegriffe

- Anwendung der Regeln: Viele Regeln enthalten unbestimmte Rechtsbegriffe. Bei der Zurechnung eines Leasinggegenstandes ist zu entscheiden, ob die Vertragsdauer den „*major part*" der Nutzungsdauer abdeckt. Beim Factoring von Forderungen kommt es darauf an, ob „*substantially all of the risks*" auf den Factor übergehen. Bei der Frage, ob ein Fehler der Vorperioden retrospektiv oder über die GuV zu korrigieren ist, kommt es darauf an, ob der Fehler „*material*" ist. IAS 1.113 schreibt die Offenlegung der wichtigsten („*most significant*") dieser Entscheidungen im Anhang vor. Das Anliegen, dem Bilanzadressaten zu zeigen, wo der Abschluss besonders ermessensbehaftet ist, erscheint ehrenwert. Dass die Regel aber selbst einen hoch ermessensbehafteten Begriff

– „*most significant*“ – verwenden muss, zeigt die praktische Schwierigkeit der Umsetzung.

Schätzungen

- Vornahme von Schätzungen: Die Bemessung der Rückstellungen, die Bestimmung des *fair value* einer nichtbörsennotierten Aktie, die Ermittlung des niedrigeren Stichtagswertes (*recoverable amount*) von Anlagegütern und viele andere Fragen verlangen zukunftsgerichtete und damit unsichere Schätzungen. IAS 1.116 ff. schreibt vor, Kernquellen *(key sources)* solcher Unsicherheit offen zulegen. Art und Umfang der Information sollen den Umständen angepasst sein. Man wird auch hier beobachten müssen, wie bei so viel Unbestimmtheit der Regeln selbst die Berichtspraxis zukünftig aussehen wird.

5 Zusammenfassung

Die **Gewinn- und Verlustrechnung** nach IAS unterscheidet sich nicht wesentlich vom HGB. Wie im Handelsrecht kann zwischen zwei Formaten gewählt werden,

- dem **Umsatzkostenverfahren** (*cost of sales method*) und
- dem **Gesamtkostenverfahren** (*nature of expense method*).

Besondere Regelungen bestehen für die Abgrenzung des nachhaltigen Ergebnisses. Ist die Entscheidung für die Einstellung oder den Verkauf eines Geschäftsbereichs gefallen, ist die zuvor einheitliche GuV in zwei Teil-GuVs zu splitten. Im ersten Teilbereich wird der Gewinn der fortzuführenden Geschäfte ausgewiesen, im zweiten Teilbereich der Gewinn der ***discontinuing operations***. Aus der Summe ergibt sich der Unternehmensgewinn.
IAS 1 sieht verschiedene Angaben zur Eigenkapitalentwicklung vor, deren Zusammenfassung in einer **Eigenkapitalveränderungsrechnung** zweckmäßig und üblich ist. Die Veränderungsrechnung zeigt für jede Kategorie des Eigenkapitals die Entwicklung vom Eröffnungsbilanzwert zum Schlussbilanzwert. Neben Kapitaltransaktionen (Änderungen im gezeichneten Kapital und den Kapitalrücklagen) und der Entwicklung der Gewinnposten (Minderung durch Ausschüttung, Erhöhung durch Jahresergebnis) sind auch die Bewe-

gungen in den Neubewertungsrücklagen (z. B. *revaluation* von Grundstücken) und den Zeitbewertungsrücklagen (Finanzinstrumente) zu zeigen.

Jedes Unternehmen hat außerdem eine **Kapitalflussrechnung** aufzustellen. Der Aufbau ist in IAS 7 beschrieben. Hierbei sind der operative Cashflow und die Cashflows aus Investitionstätigkeit sowie aus Finanzierungstätigkeit jeweils gesondert darzustellen. In der Summe der drei Bereiche ergibt sich die gesamte Änderung der liquiden Finanzmittel in der Periode.

Zu jedem der vier Rechenwerke des IAS-Abschlusses – Bilanz, GuV, Eigenkapitalveränderungsrechnung, Kapitalflussrechnung – sind Erläuterungen (***notes and diclosures***) notwendig. Der Anhang enthält neben der Erläuterung von Bilanzierungs- und Bewertungsmethoden und der Aufschlüsselung von Posten der vier Rechenwerke u. a. auch Angaben zu Ereignissen nach dem Bilanzstichtag, zur Risikosteuerung und zu Beziehungen zu nahe stehenden Unternehmen.

K Konzernabschluss

1 Überblick

Konzernbilanz wichtiger als Einzelbilanz

In den angelsächsischen Ländern kommt dem Konzernabschluss traditionell eine größere Bedeutung zu als dem Einzelabschluss. Dies aus gutem Grund. Nicht nur bei Großunternehmen wie der RWE, in deren Konzernabschluss etwa 700 Unternehmen konsolidiert werden, sind die Einzelabschlüsse häufig von geringem Informationsnutzen.

Beispiel

Die Firework Holding GmbH hält eine 100%ige Beteiligung an der Firework GmbH.

- Für 18 Mio. EUR pro Jahr verpachtet die Holding das Anlagevermögen an die Betriebs-GmbH (kapitalistische Betriebsaufspaltung).
- Die Firework GmbH macht einen Jahresumsatz von 90 Mio. EUR.
- Sie ist an der Toy GmbH mit 100 % beteiligt. Der Jahresumsatz von 20 Mio. EUR der Toy GmbH geht je zur Hälfte an die Firework GmbH und an Fremde.
- Firework GmbH und Toy GmbH beziehen ihre Waren und Vorprodukte zu 40 Mio. bzw. zu 10 Mio. EUR von der Far East Ltd., einer ebenfalls 100%igen Tochter der Firework Holding GmbH. Die Far East Ltd. tätigt keine Umsätze mit Konzernfremden.

Die Umsätze der genannten Unternehmen addieren sich auf 18 + 90 + 20 + 40 + 10 = 178 Mio. EUR (**Summenumsatz**).

Davon betreffen jedoch 78 Mio. EUR (18+10+40+10) Innenumsätze, die in einer Konzernbilanz gegen die entsprechenden Aufwendungen zu saldieren wären.

Der konsolidierte Umsatz (**Außenumsatz**) beläuft sich demnach nur auf 100 Mio. EUR.

Soweit die konzerninternen Umsätze z. B. aus steuerlichen Gründen einen Gewinnaufschlag enthalten und/oder konzerninterne Dividenden bzw. Beteiligungsbeträge angefallen sind, wird auch die Summe der Gewinne aus den Einzelbilanzen vom Konzerngewinn abweichen.

Die konzerninternen Leistungsbeziehungen werden sich zum Teil in Darlehens- bzw. Verrechnungskonten widerspiegeln. Ohne Bereinigung dieser konzerninternen Forderungen und Schulden sowie eine zusätzliche Bereinigung der konzerninternen Beteiligungsansätze wird auch eine aufaddierte Bilanz (Summenbilanz) keine Aussagekraft haben.

mittelständischer Konzern

Auch in mittelständischen Firmengruppen können, wie das Beispiel zeigt, entscheidungsnützliche Informationen für Gesellschafter, Gläubiger und Geschäftsführung vielfach nur noch über die Konzernbilanz dargestellt werden. Mit der Halbierung der Konzernschwellenwerte und der Einbeziehung der GmbH & Co. KG in die Konzernabschlusspflicht durch das KapCoRiliG hat auch das Handelsrecht diesem Umstand Rechnung getragen.

Der Grundsatz, neben (oder an Stelle) der Abbildung rechtlicher Einheiten im Einzelabschluss über den Konzernabschluss wirtschaftliche Einheiten darzustellen, bedarf in seiner Umsetzung vielfältiger Konkretisierung. Insbesondere geht es dabei um folgende Grundfragen:

1. Wer?
- Wer soll bilanzieren (Konzerndefinition; größen- und rechtsformabhängige Befreiungen)?

2. Wen?
- Wen soll er bilanzieren (Konsolidierungskreis; einzubeziehende Unternehmen)?

3. (Ab) Wann?
- (Ab) Wann soll bilanziert werden (Konzernbilanzstichtag; Erstkonsolidierungszeitpunkt bei Erwerb Tochterunternehmen)?

4. Was?
- Was soll konsolidiert werden (Aufwand und Ertrag; Forderungen und Verbindlichkeiten; Beteiligungsbuchwert bei Obergesellschaft und Eigenkapital bei Untergesellschaft)?

5. Wie?
- Wie soll konsolidiert werden (Zwischengewinneliminierung; Methoden der Kapitalkonsolidierung; Firmenwert aus Konsolidierung)?

Die IAS-Regelungen hierzu sind im Wesentlichen in IAS 27 enthalten. Daneben sind IAS 22 für die Behandlung des Goodwills und IAS 28 und 31 für die Konsolidierung von assoziierten Unternehmen und Gemeinschaftsunternehmen von Bedeutung.

Die IAS-Vorschriften entsprechen im Großen und Ganzen dem Handelsrecht. Die nachfolgende Darstellung konzentriert sich auf wesentliche Abweichungen. Im Vordergrund steht die Konsolidierung von Tochterunternehmen. Daneben wird die *equity*-Konsolidierung von assoziierten Unternehmen (Pflichtmethode) und Gemeinschaftsunternehmen (Wahlrecht an Stelle quotaler Konsolidierung) behandelt.

2 Aufstellungspflicht und Konsolidierungskreis

2.1 Überblick

Mutter-Tochter-Beziehung

Ein Konzernabschluss setzt sowohl nach IAS 27.9 als auch nach § 290 HGB ein so genanntes Mutter-Tochter-Verhältnis voraus. Dieses Verhältnis findet seinen Ausdruck in der Regel in einer Beherrschung, die insbesondere (aber nicht nur) bei einer Stimmrechtsmehrheit gegeben ist. Liegt ein Mutter-Tochter-Verhältnis vor, und ist somit die Konzernabschlusspflicht begründet, sind in diesen Konzernabschluss auch assoziierte Unternehmen (signifikanter Einfluss) und Gemeinschaftsunternehmen (*joint ventures*) einzubeziehen (IAS 28 und 31; § 312 HGB und § 310 HGB).

Tipp

Hält die Obergesellschaft keine Anteile an Tochterunternehmen, sondern ist sie **nur** an assoziierten Unternehmen beteiligt, liegt kein Konzern vor. Es besteht in diesen Fällen auch keine Konzernabschlusspflicht. Assoziierte Unternehmen sind zwar in einem ohnehin bestehenden Konzernabschluss mit zu konsolidieren, begründen selbst aber keine Konzernbilanzierungspflicht.

Wegen der traditionellen Bedeutung des Konzernabschlusses für den angelsächsischen Rechtskreis ist die Konzernabschlusspflicht nach IAS größen- und rechtsformunabhängig. Das HGB beschränkt sich auf große Kapitalgesellschaften (und GmbH & Co. KGs) und fordert die Überschreitung bestimmter Schwellenwerte für Bilanzsumme und Arbeitnehmerzahl. Für deutsche Unternehmen, die einen Konzernabschluss gem. § 315a HGB-E erstellen, gilt: Das HGB bestimmt die Konzernabschlusspflicht, IAS 27 den Konsolidierungskreis.

Weltabschlussprinzip, aber ...

Nach dem Weltabschlussprinzip sind grundsätzlich sämtliche Tochterunternehmen, assoziierten Unternehmen und Gemeinschaftsunternehmen in den Konzernabschluss einzubeziehen, unabhängig von ihrem Sitz und ihrem jeweiligen Landesrecht. Ausnahmsweise nicht in den Konzernabschluss einzubeziehen (Einbeziehungsverbot) sind nach IAS 27.16 (ähnlich § 296 HGB) Tochterunternehmen, deren Anteile nur zum Zwecke der Weiterveräußerung erworben und gehalten werden.

... Veräußerung

Das Handelsrecht sieht bzw. sah weitere Ausnahmen z. B. in bestimmten Fällen abweichender Geschäftstätigkeit des Tochterunternehmens, bei unverhältnismäßigen Informationsbeschaffungskosten oder untergeordneter Bedeutung vor, die z. T. als Einbeziehungswahlrechte formuliert sind. Nach IAS bestehen keine besonderen Einbeziehungswahlrechte. Aus dem *materiality*-Grundsatz kann sich jedoch ein solches Wahlrecht ergeben.

Beispiel

Die Bayer AG hat in ihrem IAS-Konzernabschluss 1999 187 Tochterunternehmen, 42 Gemeinschaftsunternehmen und 13 assoziierte Unternehmen einbezogen. Zur Nichteinbeziehung enthält der Geschäftsbericht folgenden Inhalt:

„99 Tochterunternehmen von **insgesamt** untergeordneter Bedeutung für die Vermögens-, Finanz- und Ertragslage des Konzerns wurden nicht konsolidiert. Ihr Umsatz macht weniger als 1 % des Konzernumsatzes aus."

Teilkonzernabschluss

Im mehrstufigen Konzern (Mutterunternehmen – Tochterunternehmen – Enkelunternehmen) stellt sich die Frage, ob der Konzernabschluss des Mutterunternehmens das Tochterunternehmen von der Aufstellung eines (Teil-)Konzernabschlusses befreit. § 291 HGB und IAS 27.10 gewähren die Freistellung im Interesse der Minderheiten nur dann, wenn die Minderheitsgesellschafter einverstanden sind.

Beispiel

Die MU-GmbH ist zu je 100 % an der TU1-, und der TU2-GmbH beteiligt. Die Tochterunternehmen halten wiederum 60 % an der EU1- bzw. der EU2-GmbH. Die anderen 40 % werden von X bzw. Y gehalten.

HGB und IAS betonen das Informationsinteresse der konzernfremden Gesellschafter. In einem Gesamtkonzernabschluss gehen die spezifischen Sachverhalte und Konsolidierungen aus dem Verhältnis TU1-EU1 zahlenmäßig leicht unter, liegen möglicherweise sogar unter der *materiality*-Schwelle für den Gesamtkonzern. Die zusätzliche Aufstellung eines Teilkonzernabschlusses TU1-EU1 im Interesse von X und von TU2-EU2 im Interesse von Y ist daher nur dann entbehrlich, wenn X und Y dem nicht widersprechen und TU-1 bzw. TU-2 nicht selbst börsennotiert sind.

2.2 Kontrolle als Grundlage des Konzernbegriffs

2.2.1 Kontrollkonzept

Kontrollbegriff

Ein Konzern und damit auch eine Konzernabschlusspflicht entstehen durch das Vorliegen einer Mutter-Tochter-Beziehung. IAS 27.4 definiert dementsprechend den Konzern (*group*) als „ein Mutterunternehmen sowie alle seine Tochterunternehmen". Damit stellt sich die Frage, wann eine Mutter-Tochter-Beziehung anzunehmen ist. Nach der allgemeinen Definition in IAS 27.4 setzt eine Mutter-Tochter-Beziehung eine Beherrschung (Kontrolle) voraus, d. h. „die Möglichkeit, die Finanz- und Geschäftspolitik eines Unternehmens zu bestimmen, um aus dessen Tätigkeiten Nutzen zu ziehen".
Die allgemeine Definition der Beherrschung bzw. Kontrolle (nachfolgend synonym verwendet) wirft vor allem die Frage auf, unter welchen Umständen und Voraussetzungen die Möglichkeit, ein anderes Unternehmen zu bestimmen, zu bejahen bzw. zu verneinen ist. Die zentrale Frage, ob überhaupt eine Konzernabschlusspflicht besteht und welche Unternehmen in den Konzernabschluss einzubeziehen sind, kann nicht beliebiger Interpretation des Begriffs der Möglichkeit überlassen werden. Interpretationsleitlinien, Regelver-

mutungen usw. sind notwendig und werden in IAS 27.13 ff. wie folgt geboten:

- **Kontrolle durch Stimmrechtsmehrheit**: Eine Beherrschung wird angenommen, wenn ein Unternehmen, direkt oder indirekt, über mehr als die Hälfte der Stimmrechte an einem anderen Unternehmen verfügt (IAS 27.13). In außergewöhnlichen Fällen und bei eindeutigem Nachweis fehlender Beherrschung kann diese Vermutung widerlegt werden.
- **Kontrolle ohne Stimmrechtsmehrheit**: Eine Beherrschung kann auch ohne Stimmrechtsmehrheit vorliegen, wenn auf andere Weise, z. B. durch mehrheitliche Vertretung im Geschäfts- und/ oder Aufsichtsorgan die Möglichkeit besteht, die Finanz- und Geschäftspolitik zu bestimmen.

2.2.2 Kontrolle durch Stimmrechtsmehrheit

IAS 27.13 definiert Beherrschung wie folgt: „Eine Beherrschung wird dann angenommen, wenn das Mutterunternehmen, entweder direkt oder indirekt über Tochterunternehmen, über mehr als die Hälfte der Stimmrechte eines Unternehmens verfügt, es sei denn, dass sich in außergewöhnlichen Umständen eindeutig nachweisen lässt, dass ein derartiger Besitz keine Beherrschung begründet." Die Stimmrechtsmehrheit kann sich aus Kapitalanteilen, aber auch aus Stimmrechtsvereinbarungen ergeben. Sie kann direkt oder indirekt (über andere Tochterunternehmen) bestehen.

indirekte Beteiligung

Fraglich ist, in welcher Höhe indirekte Beteiligungen zu berücksichtigen sind. § 290 Abs. 2 HGB bestimmt für die Handelsbilanz, dass die vom (anderen) Tochterunternehmen gehaltenen Anteile voll und nicht lediglich quotal dem Mutterunternehmen zuzurechnen sind. In IAS 27 findet sich keine ausdrückliche Regelung. Unseres Erachtens ist die Beteiligung des anderen Tochterunternehmens im Normalfall voll zu berücksichtigen, im Einzelfall aber eine andere Beurteilung möglich, wenn die indirekte Kontrollmöglichkeit über das andere Tochterunternehmen eingeschränkt ist. Hierzu folgendes Beispiel:

Beispiel

Die M AG ist
- zu 30 % an der T2 und
- zu 60 % an der T1 beteiligt.
- T1 hält wiederum 30 % der Anteile an der T2.

Im Normalfall sind der M AG nicht 30 % + 0,6 x 30 % = 48 %, sondern 30 % + 1 x 30 % = 60 % der Stimmrechte an der T2 zuzurechnen. T2 ist Tochterunternehmen, weil M über 30 % der Stimmrechte direkt und über weitere 30 % indirekt, also insgesamt über 60 % der Stimmrechte verfügt.

Variante

Werden die anderen 40 % an der T1 jedoch von E gehalten und ist durch den Gesellschaftsvertrag von T1 oder in sonstiger Weise gesichert, dass abweichend von den sonstigen geschäftspolitischen Maßnahmen der T1 alle Entscheidungen der T1 in Bezug auf die Beteiligung an der T2 ein Einvernehmen von M und E voraussetzen, so reicht die Kontrolle von M auf T1 nicht auf T2 durch. T1 ist zwar Tochterunternehmen von M, da für alle sonstigen geschäftspolitischen Maßnahmen der T1 normale Mehrheitsregeln gelten. M kann jedoch nur im Einvernehmen mit E die Stimmrechte der T1 in der Gesellschafterversammlung der T2 ausüben.

M beherrscht somit nur die eigenen Anteile an der T2, während sie die von T1 und T2 gehaltenen Anteile nicht beherrscht. T2 ist nicht Tochterunternehmen der M.

Widerlegung der Kontrollvermutung

Nach IAS 27.12 ist bei mehr als der Hälfte der Stimmrechte eines Unternehmens eine Beherrschung anzunehmen, „es sei denn, dass sich in außergewöhnlichen Umständen eindeutig nachweisen lässt, dass ein derartiger Besitz keine Beherrschung begründet." Die Mehrheit der Stimmrechte begründet danach eine widerlegbare Vermutung zugunsten der Beherrschung. Diese Vermutung kann nur durch eindeutigen Gegenbeweis widerlegt werden. Der eindeutige Gegenbeweis knüpft i. d. R. an vertragliche oder gesetzliche Verhältnisse an. Ein Verlust der Beherrschung ist z. B. gegeben

rechtlich

- in der Insolvenz mit Übergang aller wesentlichen Verfügungsrechte auf den Insolvenzverwalter,
- im Falle eines Entherrschungsvertrages zwischen Mutter- und Tochterunternehmen,

- in Fällen, in denen der Gesellschaftsvertrag alle wesentlichen Entscheidungen an ein über der Anteilsquote liegendes Quorum (z. B. 75 %) bindet,
- in Fällen, in denen nach ausländischem Recht Produktion, Preise, Zusammensetzung der Geschäftsführung usw. in erheblichem Maße durch staatliche Behörden und Vorschriften beschränkt sind.

faktisch

Hingegen fällt es schwer, eindeutige Fälle der faktischen Widerlegung einer Beherrschung anzunehmen. Wenn schon langfristige und wesentliche Beeinträchtigungen des Finanzmitteltransfers eines Mutterunternehmens nicht als Widerlegung der Kontrollvermutung taugen (IAS 27.IN9), werden auch Fälle, in denen etwa ein anderer Gesellschafter vertraglich ungesichert und damit jeder Zeit entziehbar zentrales Know-how und zentrale Geschäftsbeziehungen sichert, nicht als eindeutige Widerlegung gelten können. Die Widerlegbarkeit der Kontrollvermutung ist damit im Wesentlichen auf vertragliche Fälle beschränkt.

2.2.3 Kontrolle ohne Stimmrechtsmehrheit

IAS 27.13 listet Fälle auf, in denen auch ohne Stimmrechtsmehrheit eine Beherrschung vorliegt bzw. vorliegen kann. Der erste aufgelistete Fall, die Möglichkeit über die Stimmrechtsmehrheit kraft Stimmrechtsvereinbarung zu verfügen, ist systematisch an falscher Stelle aufgeführt, weil er sich vom Grundfall nicht durch das Fehlen der Stimmrechtsmehrheit, sondern lediglich durch den Modus der Stimmrechtsmehrheit (schuldrechtlicher Vertrag statt Anteilsrecht) unterscheidet. Die drei anderen Fälle betreffen

- die Möglichkeit, die Finanz- und Geschäftspolitik eines Unternehmens gemäß einer Satzung oder einer Vereinbarung zu bestimmen (IAS 27.13b),
- die Möglichkeit, die Mehrheit der Mitglieder des Geschäftsführungs- und/oder Aufsichtsorgans zu ernennen oder abzusetzen (IAS 27.13c),
- die Möglichkeit, die Mehrheit der Stimmen bei Sitzungen des Geschäftsführungs- und/oder Aufsichtsorgans zu bestimmen (IAS 27.13d).

Nach dem Wortlaut von IAS 27.13 liegt eine Beherrschung vor, wenn eine der vorgenannten Bedingungen erfüllt ist. Zu den sich hieraus ergebenden Widersprüchen folgendes Beispiel:

Beispiel

A und B halten je 50 % der Anteile und Stimmrechte am Unternehmen T.

Die Satzung sieht ein dreiköpfiges Aufsichtsgremium und ein dreiköpfiges Geschäftsführungsgremium vor.

A ist als Kapitalgeber von größerer Bedeutung (Stellung von Sicherheiten für Banken usw.). B bringt das größere operative Know-how ein. Der Gesellschaftsvertrag sieht demgemäß vor, dass

- B die Mehrheit der Geschäftsführer stellt,
- A jedoch die Mehrheit im Aufsichtsrat erhält.

Die entsprechenden Entsendungs- und Abberufungsrechte sind in der Satzung verankert.

Beurteilung

Bei wörtlicher Auslegung von IAS 27.13 besteht eine Mutter-Tochter-Beziehung sowohl zwischen A und T (zweite Alternative von IAS 27.13c) als auch zwischen B und T (erste Alternative).

Bei zweiter Betrachtung wird man würdigen müssen, welche Rechte die Geschäftsführung hat und welche Rechte dem Aufsichtsrat, z.B. im Rahmen genehmigungsbedürftiger Geschäfte, zustehen. Je nach Würdigung wird ein Tochterunternehmen von A oder von B oder ein Gemeinschaftsunternehmen im Sinne von IAS 31 vorliegen.

Gesamtwürdigung

Derartige Widersprüche lassen sich vermeiden, wenn den vier in IAS 27.13 genannten Fällen nur eine Indizienwirkung zugesprochen wird, die nicht von der Notwendigkeit einer Gesamtwürdigung enthebt, bei der auch die Rechte der anderen Gesellschafter berücksichtigt werden. Eine solche Gesamtwürdigung entspräche auch den Regeln zur Konsolidierung von Zweckgesellschaften in SIC 12. Nach SIC 12.9 erfordert die Anwendung des Kontrollkonzeptes „in jedem einzelnen Fall eine Beurteilung unter Berücksichtigung sämtlicher relevanter Faktoren“.

Im Rahmen einer solchen gebotenen Gesamtwürdigung wird es insbesondere auf die Rechte der anderen Gesellschafter ankommen. Steht einem mit 50 % oder weniger beteiligten Gesellschafter eines der in IAS 27.13b-d genannten Rechte zu, steht aber zugleich einem anderen Gesellschafter ein anderes dieser genannten Rechte zu, so ist eher ein Gemeinschaftsunternehmen als ein Tochterunternehmen indiziert. Verfügen die anderen Gesellschafter hingegen nicht über entsprechende Rechte, so ist in der Regel von einem Tochterunternehmen auszugehen.

Im Rahmen der Gesamtwürdigung ist im Übrigen auch der wirtschaftliche Gehalt der in Frage stehenden Rechte zu würdigen. Verfügt etwa Gesellschafter A über die Mehrheit im Geschäftsführungsorgan, bedürfen aber alle wesentlichen Entscheidungen der vorherigen Zustimmung des Aufsichtsorgans, so kommt es eher auf die Mehrheitsverhältnisse im Aufsichtsorgan an. Umgekehrt sind die Mehrheitsverhältnisse im Aufsichtsorgan von geringer Bedeutung, wenn das Aufsichtsorgan (z. B. bei einem fakultativen Aufsichtsrat) weitgehend einflusslos ist.

Optionen auf Anteile

Besitzt ein Unternehmen zwar nicht die Mehrheit der Stimmrechte, verfügt es aber über potenzielle Stimmrechte, z. B. aus Aktienoptionen und Bezugsrechten, so sind diese gem. IAS 27.14 in die Gesamtwürdigung einzubeziehen, wenn sie kurzfristig ausübbar sind. Danach kann grob zwischen drei Fällen unterschieden werden:

- Der Optionsausübungspreis ist (nach den Wertverhältnissen des Stichtages) ungünstig. Die Ausübung ist deshalb eher unwahrscheinlich. Die potenziellen Stimmrechte sind nicht zu berücksichtigen.
- Der Optionsausübungspreis ist günstig. Die Optionen stehen aber in gleicher Relation und zu gleichen Konditionen auch anderen Gesellschaftern zu. Die Ausübung durch alle ist wahrscheinlich und wird an den Stimmrechtsverhältnissen nichts ändern.
- Der Optionsausübungspreis ist günstig. Die Optionen stehen anderen Gesellschaftern nicht in gleicher Relation und/oder nicht zu ähnlich guten Konditionen zur Verfügung. Die Ausübung der eigenen Optionsrechte ist wahrscheinlich und kann das Stimm-

rechtsverhältnis über die 50-%-Grenze verändern. In diesem Szenario liegt ein Kontrollverhältnis schon zum Stichtag vor.

2.2.4 Zweckgesellschaften, *special purpose entities*

Ein Unterfall der Kontrolle ohne Stimmrechtsmehrheit sind Zweckgesellschaften *(special purpose entities* = SPE) Sie zeichnen sich gem. SIC 12.1 dadurch aus, dass sie

- ein eng definiertes Ziel
- zugunsten eines anderen Unternehmens (= Sponsor) verfolgen,
- wobei typischer-, aber nicht notwendigerweise der Sponsor Gründer der Zweckgesellschaft ist.

Ist der Sponsor mit mehr als 50 % beteiligt, ergäbe sich die Konsolidierungspflicht für die Zweckgesellschaft bereits aus der Regelvermutung von IAS 27.12. Der Rückgriff auf SIC 12 wäre nicht notwendig. Regelmäßig beträgt der Anteil an der Zweckgesellschaft aber gerade deshalb weniger als 50 %, um bestimmte Aktivitäten, Vermögenswerte oder Schulden nicht nur aus dem Einzelabschluss des Sponsors auszulagern, sondern auch den Konzernabschluss zu „entlasten". Dies setzt voraus, dass die SPE nicht konsolidierungspflichtig, also kein Tochterunternehmen ist.

ABS-Transaktionen

Ein wichtiges Anwendungsfeld der SPE sind ABS-Transaktionen *(asset backed securities)* als eine besondere Form des Factoring. Die Forderungen werden vom Sponsor an die Zweckgesellschaft verkauft. Die Zweckgesellschaft finanziert sich durch die Ausgabe von Wertpapieren an externe, vor allem institutionelle Investoren. Die Wertpapiere werden aus dem Zahlungsstrom (Zins- und Tilgungszahlungen) der Forderungen bedient. Üblicherweise verbleibt ein Teil des Forderungsausfallrisikos beim Veräußerer, sei es durch die direkte Abgabe von Garantien, sei es, indem die Zweckgesellschaft sich durch zwei Klassen von Wertpapieren finanziert. Im letztgenannten Fall halten die Externen die Senior-Papiere, die vorrangig, und der Forderungsverkäufer die Junior-Papiere, die nur nachrangig bedient werden. Der Forderungsverkauf selbst unterliegt im Wesentlichen den Regeln von IAS 39. Nach ihnen ist zu entscheiden, ob die Forderungen aus der Einzelbilanz des Sponsors abgehen. Ob sie, einen Abgang aus der Einzelbilanz unterstellt, im Konzernabschluss verbleiben, entscheidet sich nach SIC 12. Unter dort genannten Voraussetzungen führt der Forderungsverkauf zwar zum (Teil-)Abgang aus dem Einzelabschluss, jedoch nicht aus dem Konzernabschluss, so dass die intendierte Verbesserung von Finanzkennzahlen (z. B. Liquidität oder EK-Quote) im Konzernabschluss nicht gelingt.

Leasingobjektgesellschaften

Ein weiteres wichtiges Anwendungsfeld von Zweckgesellschaften sind Leasinggeschäfte. Im typischen Fall wird für die Leasinggegenstände eine GmbH & Co KG gegründet (Leasingobjektgesellschaft). Komplementär der Leasingobjektgesellschaft ist z. B. ein eigens dafür gegründetes Tochterunternehmen des externen Leasinggebers. Die Kommanditistenstellung übernimmt der Sponsor, der durch Garantien, eine hohe Haftsumme usw. auch die wesentlichen Risiken übernimmt. Überlässt die externe Leasinggesellschaft die Leasinggegenstände im *finance lease* an die SPE, diese aber im *operate lease* an den Sponsor, so sind die Leasingobjekte und Leasingverbindlichkeiten im Einzelabschluss des Sponsors nicht und im Konzernabschluss nur unter den Voraussetzungen von SIC 12 zu zeigen. Eine spezielle Variante sind *sale-and-lease-back*-Gestaltungen. Der Sponsor veräußert z. B. Leasinggegenstände an die SPE und least sie von dieser zurück. Eine einzelbilanzielle Ausbuchung, insbesondere aber einzelbilanziell eine Ertragsrealisierung bei Verkauf, kann u. U. schon an den Vorschriften von IAS 17 scheitern. Wo dies nicht der Fall ist, muss bilanzpolitisch zusätzlich die Konzernhürde von SIC 12 genommen werden. Wie bei ABS-Transaktionen ist bei allen Leasinggeschäften unter Einschaltung einer SPE also eine doppelte Würdigung nach den einzel- und nach den konzernbilanziellen Regelungen notwendig.

ABS-Transaktionen und *operate*-Leasinggeschäfte sind Formen der *off-balance-sheet*-Finanzierung. Derartige Finanzierungen sind im Gefolge des Enron-Skandals (US-GAAP!) in Verruf geraten. Entsprechend der beiden einzelbilanziellen und konzernbilanziellen Komponenten kann möglichem Missbrauch von zwei Seiten ein Riegel vorgeschoben werden. Bei Forderungen stellte sich z. B. einzelbilanziell die Frage nach der Angemessenheit des bisherigen Kontroll- und Komponentenansatzes. Er stellte in einer eher formalistischen Betrachtung auf den rechtlich einfach zu bewerkstelligenden Übergang der Verfügungsmacht (Kontrolle) ab und überlies die Würdigung der verbleibenden Risiko-Komponente i. d. R. einer separaten Betrachtung, die nur bei überwiegender Wahrscheinlichkeit zu einer Rückstellung führte. Die Neufassung von IAS 39 sieht hier Verschärfungen vor. Unabhängig von diesen einzelbilanziellen Regelungen werden daneben verschärfte Konsolidierungskriterien für SPEs diskutiert.

Merkmale einer *special purpose entity* (SPE)

SIC 12.8 bestimmt, dass eine SPE beim Sponsor zu konsolidieren ist, wenn sie der Sponsor nach wirtschaftlicher Betrachtung beherrscht. SIC 12.10 nennt vier Umstände, die auf ein Mutter-Tochter-Verhältnis auch dann hinweisen, wenn der Sponsor nicht mehr als die Hälfte der Stimmrechte besitzt und auch nicht die sonstigen Kriterien nach IAS 27.13 (Mehrheit im Aufsichtsrat usw.) erfüllt sind:

- Geschäftstätigkeit: Die Geschäftstätigkeit wird zugunsten des Sponsors entsprechend seiner besonderen Geschäftsbedürfnisse geführt (SIC 12.10a).
- Entscheidungsmacht: Der Sponsor verfügt über die Entscheidungsmacht, die Mehrheit des Nutzens aus der Geschäftstätigkeit der SPE zu ziehen (SIC 12.10b).
- Nutzenziehung: Der Sponsor verfügt wirtschaftlich über das Recht, die Mehrheit des Nutzens aus der SPE zu ziehen (SIC 12.10c).
- Risikotragung: Der Sponsor behält die Mehrheit der mit der SPE verbundenen Residual- oder Eigentümerrisiken (SIC 12.10d).

Geschäftstätigkeit

Zum Kriterium der Geschäftstätigkeit hält der Anhang von SIC 12 fest, dass wirtschaftliche Abhängigkeit eines Unternehmens von einem anderen Unternehmen, etwa das Verhältnis zwischen Lieferanten und wichtigen Kunden, allein noch nicht zur Beherrschung führt. Eine SPE soll jedoch dann vorliegen, wenn sie die Versorgung mit Gütern oder Dienstleistungen für die bedeutenden zentralen laufenden Tätigkeiten des Sponsors übernimmt. Zu dieser Unterscheidung folgendes Beispiel:

Beispiel

Ein Handelskonzern unterhält für Fernostimporte eine Einkaufsgesellschaft in Hongkong, an der er aus steuerlichen Gründen (Hinzurechnungsbesteuerung nach AStG) nur mit 49 % beteiligt ist. Die anderen 51 % werden von einem chinesischen Geschäftspartner gehalten. Die Einkaufsgesellschaft ist zu 90 % für den Handelskonzern tätig und zu 10 % für andere Abnehmer.

Die wirtschaftliche Abhängigkeit der Einkaufsgesellschaft vom Handelskonzern reicht für die Qualifizierung als SPE nicht aus.

Fraglich ist auch, ob die Einkaufsgesellschaft die Versorgung mit Gütern „für die bedeutenden und zentralen laufenden Tätigkeiten" des Handelskonzerns übernimmt (SIC 12.Anhang a). Nach dem Wortlaut („für die bedeutenden Tätigkeiten") kommt es auf die Perspektive des Abnehmers und nicht des Lieferers an. Bezieht der Handelskonzern insgesamt nur einen geringen Teil seiner Waren aus Fernost, übernimmt die Einkaufsgesellschaft nicht die Versorgung mit Gütern für die bedeutenden und zentralen laufenden Tätigkeiten des Konzerns. Der Konzern ist zwar der bedeutende Abnehmer der Einkaufsgesellschaft, die Einkaufsgesellschaft jedoch nicht der bedeutende Lieferant des Konzerns. Ohne Hinzutreten weiterer Umstände ist die Einkaufsgesellschaft dann nicht als SPE zu würdigen.

Entscheidungsmacht

Das Kriterium der Entscheidungsmacht ist nach dem Anhang zu SIC 12 z. B. dann erfüllt, wenn der Sponsor die Satzung der SPE einseitig ändern oder alle Satzungsänderungen blockieren kann. Eine Blockademöglichkeit allein kann jedoch kaum ausreichen, da sie bei einem normalen gesetzlichen 75-%-Quorum jeden 25,1-%-Gesellschafter zu einem beherrschenden Unternehmer machen könnte. Hinzutreten muss der in SIC 12.10b aufgeführte so genannte Autopilot. Ein Autopilot bzw. eine Selbststeuerung liegt vor, wenn durch die Satzung (oder in sonstigen Weise) die Geschäftspolitik und die laufende Tätigkeit der SPE in der Weise festgelegt sind, dass laufende Einflussnahme nicht mehr erforderlich ist. Hierzu folgendes Beispiel:

Beispiel

A ist zu 25,1 % an einer Leasingobjektgesellschaft beteiligt. Sämtliche Anlagen der Leasingobjektgesellschaft werden an A verleast.

Nach dem Gesellschaftsvertrag ist dies der ausschließliche Geschäftszweck der Leasinggesellschaft. Änderungen des Gesellschaftsvertrages können nur mit einer 75-%-Mehrheit beschlossen werden.

Die Leasingobjektgesellschaft ist konsolidierungspflichtige SPE, da die Satzung das operative Geschäft zugunsten von A vorherbestimmt und jede Satzungsänderung von A blockiert werden kann.

Nutzenziehung

Das Kriterium der Mehrheit der Nutzenziehung kann z. B. dadurch verwirklicht sein, dass der Sponsor zwar nicht die Mehrheit der Stimmrechte, aber über Vorzugsdividenden-Rechte die Mehrheit der Überschüsse beanspruchen kann.

Risikotragung

Das Kriterium der Risikotragung kann in verschiedener Weise verwirklicht werden. Bei ABS-Transaktionen kann z. B. den externen Investoren ein Rendite- oder Delcredere-Schutz garantiert sein, so dass diese stets vorrangig und unabhängig vom Forderungsausfall bedient werden und somit das Forderungsausfallrisiko beim Sponsor verbleibt. Bei der typischen Leasingobjektgesellschaft kann sich die Risikotragung z. B. aus einer geringen Kapitalausstattung der Komplementär-GmbH (Externe) und einer hohen, im Handelsregister eingetragenen Haftsumme des Kommanditisten (Sponsor) ergeben.

Gesamtwürdigung

Alle genannten Kriterien haben nur Indizwirkung. SIC 12.8 verlangt eine wirtschaftliche Betrachtung des Verhältnisses zwischen Sponsor und SPE. SIC 12.9 bestimmt, dass dabei „in jedem einzelnen Fall eine Beurteilung unter Berücksichtigung sämtlicher relevanter Faktoren“ notwendig ist. Im Rahmen dieser Gesamtwürdigung kann es für die Konsolidierungspflicht einer SPE ausreichen, dass ein einzelnes Kriterium besonders stark ausgeprägt ist (z. B. vollständiger Autopilot). Zum gleichen Ergebnis kann aber auch eine gleichzeitig bei mehreren Indizien vorliegende „mittlere“ Ausprägung führen.

3 Abschlussstichtag und Erstkonsolidierungszeitpunkt

Stichtag Mutterunternehmen

Das Handelsrecht sah bei abweichenden Geschäftsjahren der Konzernunternehmen in § 299 Absatz 1 HGB verschiedene Wahlrechte für den Konzernstichtag vor (z. B. Stichtag der meisten Unternehmen). Der IAS-Konzernabschlussstichtag wird nach IAS 27.20 hingegen grundsätzlich durch den Einzelabschlussstichtag des Mutterunternehmens bestimmt. Mit der Neufassung des § 299 HGB durch das TransPuG entspricht dem jetzt auch das Handelsrecht.

3-Monatsregel

Sofern der Abschlussstichtag eines einbezogenen Unternehmens nicht mehr als drei Monate vor oder nach dem Konzernabschlussstichtag liegt, kann die Einbeziehung nach IAS 27.26 f. ggf. ohne Erstellung eines Zwischenabschlusses erfolgen. Wesentliche Geschäftsvorfälle innerhalb der 3-Monatsfrist sind jedoch korrigierend zu berücksichtigen. Die Regelung in § 299 Abs. 2 Satz 2 HGB unterscheidet sich von dieser IAS-Vorschrift nur dadurch, dass der abweichende Abschlussstichtag nur bis zu drei Monate **vor** dem Konzernabschlussstichtag, jedoch nicht nach dem Konzernabschlussstichtag liegen darf.

Tipp

Abweichende Geschäftsjahre innerhalb eines Konzerns sind für die Erstellung des Konzernabschlusses lästig bis ärgerlich. Im Rahmen einer Umstellungsplanung (Kapitel L „Einführung von IFRS") sollte daher kritisch überlegt werden, ob zwingende Gründe für die Beibehaltung abweichender Stichtage sprechen. Falls nicht, tut das Unternehmen sich (und dem Abschlussprüfer) mit der Stichtagsvereinheitlichung einen großen Gefallen.

Erstkonsolidierung auf Erwerbstag

Als Zeitpunkt der Erstkonsolidierung eines Tochterunternehmens sieht IAS 22.23 f. den Erwerbsstichtag vor. Nach § 301 Abs. 2 HGB kann handelsrechtlich wahlweise auch auf den ersten Abschlussstichtag konsolidiert werden.

Beispiel

Die MU-AG hat am 01. Februar 00 100 % der Anteile an der TU-GmbH (Eigenkapital 100 TEUR) für 1 Mio. EUR erworben. Die TU-GmbH erwirtschaftet von Februar bis Dezember einen Gewinn von 400 TEUR. Sie hat keine stillen Reserven in ihrem Vermögen. Die Konsolidierungsbuchungen (vor Abschreibung auf den Firmenwert) lauten wie folgt:

Buchungen IAS + 1. Alt. HGB:

Firmenwert	900 TEUR	
Eigenkapital TU	100 TEUR	
an Beteiligungsbuchwert		1.000 TEUR

Buchungen 2. Alt. HGB

Firmenwert	500 TEUR	
Eigenkapital TU	500 TEUR	
an Beteiligungsbuchwert		1.000 TEUR

4 Kapitalkonsolidierung

4.1 Überblick

Erwerbsmethode

Von Ausnahmefällen abgesehen ist der Zugang eines Tochterunternehmens in der Konzernbilanz sowohl gemäß IAS 22.15 ff. als auch gemäß § 301 HGB nach der Erwerbsmethode (*purchase method*) darzustellen. Der Beteiligungsansatz im Einzelabschluss des Mutterunternehmens wird dabei durch die Aktiv- und Passivposten des Tochterunternehmens ersetzt. Es wird so bilanziert, als ob das Mutterunternehmen nicht eine Beteiligung gekauft hätte (tatsächlich: *share deal*), sondern Aktiva und Passiva erworben hätte (fiktiv: *asset deal*).

Beispiel

Die MU-AG steht vor dem Erwerb der schuldenfreien TU-GmbH. Über den Kaufpreis von 1 Mio. EUR (Buchwert Aktiva 100 TEUR + 400 TEUR stille Reserven + 500 TEUR Firmenwert) besteht bereits Einigkeit. Unklar ist noch, ob die Transaktion als *share deal* (Erwerb der Anteile) oder als *asset deal* (Erwerb der bilanzierten und nicht bilanzierten Vermögenswerte) vonstatten gehen soll.

Die Bilanzierung im Einzelabschluss hängt von der Form der Transaktion ab. Beim share deal wäre eine Beteiligung von 1 Mio. EUR auszuweisen. Beim *asset deal* wären ein Firmenwert und diverse Aktiva in Höhe von jeweils 0,5 Mio. EUR anzusetzen.

In den **Konzernabschluss** werden auf jeden Fall 0,5 Mio. EUR Firmenwert und 0,5 Mio. EUR diverse Aktiva eingehen: bei einem *asset deal* durch die Übernahme der Zahlen aus dem Einzelabschluss, bei einem *share deal* über die Fiktion der Erwerbsmethode.

keine Rücklagenverrechnung bei Firmenwert

Technisch wird die Erwerbsmethode dadurch umgesetzt, dass der Beteiligungsansatz in der Obergesellschaft gegen das Eigenkapital der Untergesellschaft zum Erstkonsolidierungszeitpunkt verrechnet wird. Ein Differenzbetrag wird als Firmenwert und stille Reserven aufgedeckt. Von diesem Grundsatz lässt nur das Handelsrecht in § 309 Abs. 1 S. 3 HGB eine unsystematische Ausnahme zu: „Der Firmenwert darf auch offen mit den Rücklagen verrechnet werden."

Beispiel

Die MU-AG hat am 31.12.00 die schuldenfreie TU-GmbH zu einem Kaufpreis von 1 Mio. EUR (davon 0,4 Mio. EUR für stille Reserven und 0,5 Mio. EUR für Firmenwert) im Wege des *share deal* erworben. Aktivvermögen und Eigenkapital der MU belaufen sich auf 9 Mio. EUR. Der Konzernabschluss nach IAS und HGB ergibt sich wie folgt:

				Umbuch.		Konzern*	HGB
	MU	TU	Summe	S	H	IAS/HGB	§ 309 I 3
Firmenwert				0,5		0,5	0,0
Beteiligung	1,0		1,0		1,0	0,0	0,0
Diverses	8,0	0,1	8,1	0,4		8,5	8,5
Summe	9,0	0,1	9,1			9,0	8,5
EK	9,0	0,1	9,1	0,1		9,0	8,5
Summe	9,0	0,1	9,1	1,0	1,0	9,0	8,5

*) Konzernwerte = Summenspalte +/- Umbuchungen.

Der zweifelhafte „Vorteil" des HGB-Wahlrechtes liegt darin, dass die zukünftigen Ergebnisse nicht mit einer Firmenwertabschreibung belastet und insoweit gegenüber IAS (und gegenüber einem *asset deal*) überhöht ausgewiesen werden.

Ein weiterer Unterschied zwischen IAS und HGB ergibt sich in Fällen, in denen wegen nicht bilanzierungsfähiger stiller Lasten der Kaufpreis hinter dem Zeitwert des übernommenen Vermögens zurückbleibt (negativer Firmenwert). negativer Firmenwert

Die Problematik ist mit der im Einzelabschluss identisch. Insoweit kann auf Kapitel C „Immaterielles und Sachanlagevermögen" verwiesen werden.

Beispiel

Das vorstehende Beispiel wird wie folgt variiert:

Im Anlagevermögen von TU liegen weiterhin 0,4 Mio. EUR stille Reserven. Der Kaufpreis beträgt jetzt jedoch nicht mehr 1,0 Mio. EUR, sondern nur noch 0,1 Mio. EUR. Ursächlich ist ein schwebendes Produkthaftungsverfahren, das zwar mit 80%iger Wahrscheinlichkeit gewonnen werden dürfte, bei Unterliegen aber 4,5 Mio. EUR kosten würde. Angesichts der geringen Wahrscheinlichkeit ist die stille Last nicht bilanzierungsfähig. Die Konzernbilanz nach IAS und HGB ergibt sich wie folgt:

				Umbuch.		Konzern	Konzern
	MU	TU	Summe	S	H	IAS	HGB
Negativer Firmenwert					0,4	* -0,4	0,0
Beteiligung	0,1		0,1		0,1	0,0	0,0
Diverses	8,0	0,1	8,1	0,4		8,5	8,1
Summe	8,1	0,1	8,2			8,1	8,1
EK	8,1	0,1	8,2	0,1		8,1	8,1
Summe	8,1	0,1	8,2	0,5	0,5	8,1	8,1

*) Ausweis mit Negativbetrag auf Aktivseite (IAS 22.64).

Gegenüber dem unsaldierten IAS-Ausweis nimmt die Handelsbilanz eine stille Verrechnung des negativen Firmenwertes mit den stillen Reserven im Aktivvermögen vor. Liegen die stillen

Reserven z. B. im Vorratsvermögen, wird es nach HGB im Folgejahr bei Veräußerung der Vorräte zu einem falschen, um 0,4 Mio. EUR überhöhten Rohertragsausweis kommen.

4.2 Erstkonsolidierung

4.2.1 Systematik der Erstkonsolidierung

In zeitlich und logisch gestaffelter Betrachtung stellen sich folgende Aufgaben bei der Erstkonsolidierung:

- Der Erwerber ist zu bestimmen.
- Der Erwerbszeitpunkt (= Stichtag der Erstkonsolidierung) ist festzulegen, um u. a. gekaufte Ergebnisse des erworbenen Unternehmens (bis zum Stichtag angefallen, daher Teil der Erstkonsolidierung) von nach dem Unternehmenszusammenschluss anfallenden Ergebnissen abzugrenzen.
- Die Anschaffungskosten des Erwerbs sind zu bestimmen.
- Die Aufteilung der Anschaffungskosten (Kaufpreisallokation) ist vorzunehmen.
  a) In diesem Zusammenhang sind die beizulegenden Zeitwerte der Vermögenswerte und Schulden zu bestimmen, d. h. stille Reserven und stille Lasten aufdecken. Bei nicht 100-prozentiger Beteiligung kann die Aufteilung anteilig (*benchmark-*) oder voll (Alternativ-Methode) erfolgen.

  b) Die latenten Steuern sind zu ermitteln. Sie erfahren durch die Aufdeckung der stillen Reserven und stillen Lasten eine Änderung gegenüber dem Ansatz beim Erwerber.
  c) Schließlich ist der Goodwill als Unterschiedsbetrag von Anschaffungskosten einerseits und Zeitwert (dieser mit anteiliger oder voller Aufdeckung stiller Reserven) sowie latenten Steuern andererseits zu bestimmen.

4.2.2 Bestimmung des Erwerbers *(reverse acquisition)*

Formelle und wirtschaftliche Seite eines Unternehmenserwerbs können auseinander fallen. Das Unternehmen, das formell erworben wurde, kann in wirtschaftlicher Betrachtung tatsächlich der

Erwerber sein. In diesem Fall des umgekehrten Unternehmenserwerbs (*reverse acqusition*) ist hinsichtlich der Bestimmung des Goodwill und der aufzulösenden stillen Reserven dem wirtschaftlichen Sachverhalt zu folgen (IAS 22.12).

Beispiel

Die börsennotierte Online AG O erwirbt sämtliche Anteile der Verlags GmbH V. Die Transaktion wird als Kapitalerhöhung gegen Einlage in der Weise durchgeführt, dass die Gesellschafter der V neue Aktien der O erhalten. Nach der Kapitalerhöhung erhalten die Gesellschafter der V die Mehrheit an der O AG.

- ist nur formell Erwerber.
- In wirtschaftlicher Betrachtung erfolgt der Erwerb durch V.
- Gemäß IAS 22.12 liegt daher ein umgekehrter Unternehmenserwerb vor, bei dem die V GmbH als Erwerber zu identifizieren ist.

Beträgt beispielsweise (unter Vernachlässigung stiller Reserven) der Unternehmenswert der O 100 bei einem buchmäßigen Eigenkapital von 50 und der Unternehmenswert der V 200 bei einem buchmäßigen Eigenkapital von 120, so ist wie folgt zu verfahren:

- Die Buchwerte der V und nicht der O sind fortzuführen.
- Der als stille Reserven und Goodwill aufzudeckende Unterschiedsbetrag beträgt nicht 80 (200 ./. 120; nach Maßgabe der Werte von V), sondern 50 (100 ./. 50; nach Maßgabe der Werte von O).

4.2.3 Bestimmung des Erwerbs-/Erstkonsolidierungszeitpunkts

Funktion Erwerbszeitpunkt

Die Bestimmung des Erwerbszeitpunktes ist von zweifacher Bedeutung:

- Der Erwerbszeitpunkt grenzt die mitgekauften alten Gewinne von selbst erwirtschafteten neuen Gewinnen ab. Die alten Gewinne gehen in die Erstkonsolidierung ein. Die ab dem Tag des Unternehmenserwerbes entstehenden Gewinne sind Bestandteil der Gewinn- und Verlustrechnung des Erwerbers (IAS 22.19a).
- Auf den Erwerbszeitpunkt werden die Anschaffungskosten und beizulegenden Zeitwerte bestimmt und dementsprechend die erworbenen Vermögenswerte einschließlich stiller Reserven sowie

der Goodwill in der Erwerberbilanz angesetzt und fortgeschrieben (IAS 22.19b).

Definition Erwerbszeitpunkt

Als Erwerbszeitpunkt definiert IAS 22.20 den Tag, „an dem die Beherrschung des Reinvermögens und der Geschäftstätigkeit des erworbenen Unternehmens tatsächlich auf den Erwerber übergeht. Dem wirtschaftlichen Gehalt nach ist der Erwerbszeitpunkt der Tag, ab dem der Erwerber die Möglichkeit erlangt, die Finanz- und Geschäftspolitik eines Unternehmens zu bestimmen, um aus dessen Tätigkeit Nutzen zu ziehen. Zur Beurteilung, ob die Beherrschung tatsächlich übertragen wurde, ist der wirtschaftliche Gehalt des Unternehmenserwerbs heranzuziehen." Danach soll insbesondere nicht notwendig sein, dass eine Transaktion rechtlich abgeschlossen ist. Die Bestimmungen von IAS 22 bleiben allerdings in dieser Hinsicht allgemein. Eine praxisorientierte Konkretisierung hat folgende Fallunterscheidungen vorzunehmen:

- vertragliche Rückwirkungen, bei denen die Parteien beispielsweise in der notariellen Urkunde vom 15. Januar vereinbaren, dass das Eigentum am 1. Januar übergegangen ist.
- Genehmigungsvorbehalte, insbesondere gesellschaftsrechtlicher (z. B. bei vinkulierten Namensaktien) oder kartellrechtlicher Art, als Voraussetzung für die Rechtswirksamkeit des Unternehmens- oder Anteilserwerbs.

schwebende Genehmigung

Im Falle vertraglicher Rückwirkungen ist der frühere vereinbarte Übergangszeitpunkt ohne weiteres dann heranzuziehen, wenn zu diesem Zeitpunkt tatsächlich Besitz, Kontrolle, Fruchtziehungsrecht usw. übergegangen sind. Im Falle der gesellschafts- oder kartellrechtlichen Genehmigungsvorbehalte kommt es auf den Inhalt der Vereinbarungen für den Schwebezeitraum an. Ist der Veräußerer gehalten, im Schwebezeitraum (quasi-)treuhänderisch zu handeln, wesentliche Investitions-, Personalentscheidungen usw. nicht oder nur in Absprache mit dem Erwerber zu treffen, so ist ein Übergang bereits vor dem Genehmigungsdatum anzunehmen.

Beispiel

Sachverhalt

Die M AG erwirbt mit notarieller Urkunde vom 10. August 01 100 % der Anteile an der T GmbH von der A AG. Die Urkunde sieht Folgendes vor:

1. Übergang von Besitz, Nutzen und Lasten zum 1. August 01. Alle Ergebnisse bis zum 31.7.01 stehen noch der A AG zu. (Ende Juli 01 haben M und A abgestimmte Ad-hoc-Meldungen über den bevorstehenden Verkauf veröffentlicht.)
2. Rechtswirksamkeit der Anteilsübertragung mit kartellrechtlicher Genehmigung (diese erfolgt im November 01).
3. Im Zwischenzeitraum bis zur kartellrechtlichen Genehmigung hat die A AG die Geschäfte der T GmbH mit der Sorgfalt eines ordentlichen Kaufmanns im Interesse der M GmbH so zu führen, dass das Anlagevermögen in einem ordentlichen und betriebsbereiten Zustand verbleibt. Größere Investitionen, Neueinstellungen, Entlassungen usw. sollen ebenso wie Änderungen von Produktionsverfahren, der Abschluss von Risikogeschäften, die Umschuldung von Darlehen usw. unterbleiben oder nur nach vorheriger Zustimmung der M GmbH vorgenommen werden dürfen.

Beurteilung

Die C AG verliert spätestens am 10. August 01 die Kontrolle über die T GmbH, da sie im Zeitraum bis zur kartellrechtlichen Genehmigung nur formell die Geschicke der T GmbH bestimmen kann, tatsächlich aber wie ein uneigennütziger Treuhänder die Geschäfte im Interesse der M GmbH führen muss. Schon vor der rechtlichen Wirksamkeit der Anteilsübertragung geht daher bei wirtschaftlicher Betrachtung die Kontrolle auf die M AG über.

Möglicherweise ist der Kontrollübergang sogar bereits auf den 1. August 01 erfolgt. Zu diesem Zeitpunkt bestanden im Hinblick auf die öffentliche Bekanntmachung (Ad-hoc-Meldung) bereits faktische Verpflichtungen. In analoger Anwendung des Rechtsgedankens aus IAS 37.14a und IAS 37.72b sowie nach dem Grundsatz *substance over form* wird daher nicht auf die Rechtsverbindlichkeit der Anteilsübertagungsverpflichtung durch Beurkundung, sondern auf die frühere faktische Einigung abgestellt werden können. Unter dem Gesichtspunkt der *materiality* ist dies mindestens bei einem verhältnismäßig kurzen Zeitraum zwischen früher vereinbartem Übergang und Beurkundung vertretbar.

4.2.4 Bestimmung der Anschaffungskosten

Anschaffungsnebenkosten

Anschaffungsnebenkosten sind gemäß IAS 22.25 zusätzlich zur Leistung an den Erwerber zu berücksichtigen. Beispielhaft werden Kosten für die Registrierung und die Ausgabe von Eigenkapital (Emissionskosten, Honorare für Wirtschaftsprüfer, Rechtsberater, Gutachter und andere im Zusammenhang mit dem Unternehmenserwerb tätige Berater) genannt. Somit gehören z. B. auch Kosten einer *due diligence* zu den Anschaffungskosten. Nicht einzubeziehen sind allgemeine Verwaltungskosten, die z. B. als Personalkosten in einer Abteilung *mergers and acquisitions* entstehen.

Anteilstausch

Wird der Erwerb (teilweise) durch den Tausch von Anteilen oder anderen Vermögenswerten abgewickelt, bestimmt deren Wert die Anschaffungskosten. Für den Erwerb durch die Ausgabe eigener börsengängiger Wertpapiere ist der Börsenkurs maßgebend, „es sei denn, außergewöhnliche Kursschwankungen oder ein enger Markt machen den Börsenkurs der Wertpapiere zu einem unzuverlässigen Indikator“ (IAS 22.24). Im Falle außergewöhnlicher Kursschwankungen sind die Preise während einer angemessenen Zeit vor oder nach der Veröffentlichung der Bedingungen des Unternehmenserwerbs zu berücksichtigen. Im Falle eines unzuverlässigen (engen) Marktes oder bei fehlender Börsennotierung ist der Wert der ausgegebenen Anteile zu schätzen. Hierbei kommt auch eine umgekehrte Wertermittlung in Frage. Sind die vom Erwerber hingegebenen Anteile nicht börsennotiert, die erworbenen Anteile hingegen börsennotiert und ist deshalb deren Wert klarer zu ermitteln, determiniert der letztgenannte Wert den Kaufpreis.

Beispiel

Die börsennotierte M AG erwirbt mit notarieller Urkunde vom 10. August 01 100 % der Anteile an der T GmbH von der A AG. Die Urkunde sieht Folgendes vor:

1. Übergang von Besitz, Nutzen und Lasten zum 1. August 01. Alle Ergebnisse bis zum 31.7.01 stehen noch der A AG zu. Am 20. Juli 01 haben M und A abgestimmte Ad-hoc-Meldungen über den bevorstehenden Verkauf veröffentlicht.
2. Rechtswirksamkeit der Anteilsübertragung mit kartellrechtlicher Genehmigung (diese erfolgt am 20. November 01).

3. Im Zeitraum bis zur kartellrechtlichen Genehmigung hat die A AG, die Geschäfte der T GmbH mit der Sorgfalt eines ordentlichen Kaufmanns im Interesse der M AG und bei allen wesentlichen Entscheidungen nur mit vorheriger Zustimmungen der M AG zu führen.
4. Der Kaufpreis wird durch Hingabe von 1 Mio. M-Aktien entrichtet. Die M-Aktie notiert wie folgt:

- am 17. Juli mit 47
- am 18. Juli mit 48
- am 19. Juli mit 50
- am 20. Juli (Ad-hoc-Meldung) mit 60 (u. a. weil nach Investoren- und Analystenmeinung der Erwerb der T GmbH die strategischen Aussichten der M AG entscheidend verbessert)
- am 1. August (Rückwirkungsdatum) mit 55 (der ersten Euphorie folgt erste Ernüchterung)
- am 10. August (Vertrag) mit 58 (erneute Euphorie)
- am 20. November (Rechtswirksamkeit) mit 40 (allgemeine Baisse).

Die Anschaffungskosten sind grundsätzlich auf den Transaktionstag, d. h. den Tag des Übergangs der Kontrolle, zu bestimmen. Wegen des treuhandähnlichen Verhältnisses bis zur kartellrechtlichen Genehmigung ist dies u. E. spätestens der 10. August. Auch der 1. August ist u. E. vertretbar.

Wird als Transaktionstag der 10. August bestimmt, stellt sich noch die Frage, ob als Anschaffungskosten und damit als Grundlage für die Goodwill-Ermittlung usw. nach dem Kurs dieses Tages 58 Mio. anzusetzen sind oder ob der Kurs vom 19. Juli (letzter Kurs vor Ad-hoc-Veröffentlichung) ein besserer Indikator ist und somit 50 Mio. anzusetzen sind.

Beide Lösungen sind vertretbar:

Für die 58 Mio. spricht, dass schon vor der Ad-hoc-Mitteilung eine Kurstendenz nach oben festzustellen war (Kursentwicklung 17. bis 19. Juli). Eine positive Entwicklung des gesamten Aktienmarktes (oder der Branche) in der Zeit zwischen Mitte Juli und 10. August würde diese Argumentation zusätzlich stützen.

Für die 50 Mio. spricht, dass dies der letzte von dem Erwerb noch nicht beeinflusste Kurs war. In diesem Fall ist die Abweichung von 8 Mio. anzugeben und zu begründen.

Wird als Transaktionstag der 1. August bestimmt, kann entsprechend zwischen 55 Mio. und 50 Mio. gewählt werden.

Wie das Beispiel zeigt, verlangt die Anschaffungskostenbestimmung bei der Hingabe von eigenen Anteilen eine Einzelfall- und Gesamtwürdigung und ist damit zum Teil eine Angelegenheit der Findung und Prononcierung von Argumenten.

Kaufpreis-anpassungs-klausel

Ein Vertrag über einen Anteils- oder Unternehmenserwerb kann vorsehen, dass der Kaufpreis angepasst wird, wenn

- das erworbene Unternehmen in einem bestimmten Zeitraum nach dem Erwerb bestimmte Erfolgsziele unter- oder überschreitet (*earn-out*-Modelle),
- die als Kaufpreis(-bestandteil) hingegebenen Anteile innerhalb einer bestimmten Frist bestimmte Kurswerte unterschreiten.
- Daneben kann der Kaufvertrag Vermögens- bzw. Eigenkapitalgarantien enthalten, deren Nichtwahrung zu Kaufpreiserstattungen führt.

Nur die beiden erstgenannten Fälle werden in IAS 22 behandelt. Hierbei wird vorrangig die Einbeziehung der wahrscheinlichen und verlässlich zu schätzenden Anpassungen in die Anschaffungskosten zum Erwerbszeitpunkt verlangt (IAS 22.65). Bei einer späteren Revision der Schätzung müssen die Anschaffungskosten und gegebenenfalls der Goodwill angepasst werden. Typische Buchungen bei einer Kaufpreisnachzahlung wären dann: „per Goodwill an Verbindlichkeit gegen Verkäufer“, bei einer Kaufpreisminderung „per Forderung gegen Verkäufer an Goodwill“.

4.2.5 Ansatz und Bewertung des Vermögens (Kaufpreisallokation)

Die Anschaffungskosten des Erwerbs sind vorrangig auf die identifizierbaren Vermögenswerte und Schulden des erworbenen Unternehmens zu verteilen (IAS 22.19b). Nur ein verbleibender Unterschiedsbetrag ist als Goodwill oder negativer Goodwill anzusetzen. Für den Ansatz und die Bewertung der Einzelposten sind die Bilanzierungs- und Bewertungsmethoden beim Veräußerer unwichtig. Das erworbene Vermögen ist hinsichtlich seiner Bilanzierungsfähigkeit und Bewertung neu zu beurteilen. Hierbei kommt es gegebenenfalls auch zum Ansatz von Vermögenswerten und Schulden, die beim Veräußerer nicht bilanziert waren.

immaterielle Vermögenswerte

Nach HGB sind vom Veräußerer hergestellte immaterielle Vermögenswerte besonders betroffen, da ein Aktivierungsverbot für Herstellung (Veräußerer) und eine Aktivierungspflicht für Anschaffung (Unternehmenserwerber) gelten. IAS 38 differenziert hinsichtlich der Aktivierung hingegen kaum zwischen Herstellung und Anschaffung. Ein immaterieller Vermögenswert ist nur dann anzusetzen, wenn künftiger wirtschaftlicher Nutzen wahrscheinlich ist und die Anschaffungs- oder Herstellungskosten zufällig bemessen werden können (IAS 38.19). Insoweit führt nach IAS der Unternehmenserwerb (= Anschaffung) nicht notwendig zu einer anderen Beurteilung des Bilanzansatzes. IAS 38.31 listet aber den Fall auf, dass „ein Erwerber einen immateriellen Vermögenswert, der die Ansatzkriterien in den Paragraphen 19 und 20 erfüllt, selbst dann an(setzt), wenn dieser immaterielle Vermögenswert in Abschlüssen des erworbenen Unternehmens nicht berücksichtigt worden war" (IAS 38.31a). Der beschriebene Fall hat jedoch mit der Differenzierung von Anschaffung und Herstellung nur bedingt zu tun: Wenn der Erwerber die Anschaffungskosten zuverlässig bestimmen kann, wird der Veräußerer regelmäßig auch in der Lage gewesen sein, die Herstellungskosten zu bestimmen. Allerdings können die Kosten des Veräußerers in der Forschungsphase angefallen sein und deshalb einem Aktivierungsverbot unterlegen haben, das für den Erwerber nicht relevant ist.

Darüber hinaus kann es zu einer Neubeurteilung beim Erwerber kommen. Das Management des neuen Unternehmens kann die Wahrscheinlichkeit eines zukünftigen Nutzens neu und mutiger beurteilen. Es kann durch die Kombination mit anderen Produktionsfaktoren (Synergien) einen Nutzen erstmalig konkretisieren. In jedem Fall verlangt der Ansatz von immateriellen Vermögen beim Erwerber gemäß IAS 22.26b und IAS 38.31b, dass ein Nutzen wahrscheinlich ist und der beizulegende Zeitwert zuverlässig gemessen werden kann. Ist dies nicht der Fall, ist der immaterielle Vermögenswert nicht anzusetzen. Die entsprechende Kaufpreiskomponente fließt in den Geschäfts- oder Firmenwert ein.

zukünftige Regelung

Zukünftig soll es gem. ED 3.43 hinsichtlich des Ansatzes immaterieller Vermögenswerte nur noch darauf ankommen, dass sie

- auf einer vertraglichen oder rechtlich Grundlage beruhen oder

- durch Verkauf, Übertragung, Lizenzierung, Verpachtung, Tausch usw. vom Unternehmen separiert werden können.

Wahrscheinlichkeit des Nutzens und Zuverlässigkeit der Messung sollen in solchen Fällen nicht mehr diskussionsfähig sein. Praktisch bedeutet dies eine Aufwertung kurzfristig zu Aufwand werdender Einzelvermögenswerte zu Lasten des zukünftig nur noch außerplanmäßig abschreibbaren Goodwill. Damit entsteht in der Praxis vermehrt die Frage, welche Vorteile als aktivierbare Einzelvermögenswerte in Frage kommen (vgl. Kapitel C „Immaterielles und Sachanlagevermögen").

4.2.6 Wahlrecht bei Aufdeckung von auf Minderheitenanteile entfallenden stillen Reserven

Für die Verteilung der Anschaffungskosten des Unternehmenserwerbs sieht IAS 22 ein Wahlrecht vor:
- *benchmark*-Methode: Aufdeckung stiller Reserven und stiller Lasten nur in Höhe des Anteils des Erwerbers. Ausweis des Minderheitenanteils in Höhe des Anteils der Minderheitsgesellschafter an den Buchwerten der vor dem Unternehmenserwerb angesetzten identifizierbaren Vermögenswerte und Schulden (IAS 22.32).
- Alternativ zulässige Methode: Aufdeckung der stillen Reserven/Lasten in voller Höhe. Ausweis des Minderheitenanteils entsprechend dem Anteil der Minderheit an den beizulegenden Zeitwerten der identifizierbaren Vermögenswerte und Schulden (IAS 22.34).

ED 3 Nach ED 3.35 ff. soll zukünftig nur noch die bisherige Alternativ-Methode (volle Aufdeckung der stillen Reserven) zulässig sein.
Im Normalfall (stille Reserven höher als stille Lasten) führt die *benchmark*-Methode zu einem niedrigeren Ansatz von Vermögenswerten und einem niedrigeren Minderheitenanteil als die alternativ zulässige Methode. Bei der Folgekonsolidierung ergeben sich entsprechend geringere Abschreibungen auf das Anlagevermögen und ein höherer (weil weniger durch Abschreibung usw. belasteter) Gewinnanteil der Minderheitsgesellschafter.

Beispiel

M erwirbt für einen Preis von 240 80 % der Anteile an der schuldenfreien T. Das buchmäßige Eigenkapital von T beträgt 150, die stillen Reserven 50, der Zeitwert somit 200.

Goodwill-Ermittlung

Kaufpreis	240
Zeitwert erw. Vermögen (80 %)	160
Goodwill	80

Erstkonsolidierungswerte

Goodwill	80	80
+ Erworbenes Vermögen (100 %)	190*	200**
- Minderheitenanteil	30*	40**
= Kaufpreis/Beteiligungsansatz	240	240

***benchmark*-Methode:**

* 190 = 100 % x 150 + 80 % x 50

30 = 20 % von 150

Alternativ-Methode:

** 200 = 100 % x (150 + 50)

40 = 20 % x (150 + 50)

Erstkonsolidierungsbuchungen (nach Summenbilanz)

***benchmark*-Methode:**

per Goodwill	80	an Beteilig.	240
per stille Reserven	40	an Minderheit	30
per Eigenkapital	150		

Alternativ-Methode:

per Goodwill	80	an Beteilig.	240
per stille Reserven	50	an Minderheit	40
per Eigenkapital	150		

Da sich beide Methoden nur in der Behandlung der auf den Minderheitenanteil entfallenden stillen Reserven/Lasten unterscheiden, entfällt der Methodenunterschied bei einer hundertprozentigen

Tochtergesellschaft. Zukünftig soll nur noch die volle Aufdeckung der stillen Reserven zulässig sein (ED 3).

4.2.7 Goodwill und negativer Goodwill

Bei der Erstkonsolidierung entsteht ein positiver oder negativer Goodwill in Höhe der positiven oder negativen Differenz von Anschaffungskosten und Zeitwert der erworbenen, identifizierbaren Vermögenswerte und Schulden (IAS 22.41 und 22.49). Beträgt die Beteiligung weniger als 100 %, so hängt die Höhe des Goodwill nicht davon ab, ob die stillen Reserven/Lasten nur anteilig (*benchmark*-Methode) oder voll aufgedeckt werden (Alternativ-Methode). Das Maß der Aufdeckung stiller Reserven beeinflusst lediglich die Höhe des Minderheitenanteils.

Saldogröße

Der negative oder positive Goodwill stellt eine rechnerische Saldogröße dar. Da es nicht um die Differenz von Anschaffungskosten und Buchwerten geht, sondern um die Differenz von Anschaffungskosten und Zeitwerten, kann ein negativer Goodwill auch dann entstehen, wenn der Kaufpreis über dem Buchwert liegt (vgl. im Einzelnen Kapitel C „Immaterielles und Sachanlagevermögen“).

4.3 Folgekonsolidierung

4.3.1 Gegenstand und Technik

Folgekonsolidierung erfolgswirksam

Im Gegensatz zur Erstkonsolidierung ist die Folgekonsolidierung erfolgswirksam. Die aufgedeckten stillen Reserven und stillen Lasten sind ebenso wie der positive oder negative Goodwill fortzuschreiben. Hierdurch entstehen

- Aufwendungen für Abschreibungen (stille Reserven im Anlagevermögen),
- Aufwendungen für Material (stille Reserven in Vorräten),
- Aufwendungen aus der Abschreibung des positiven Goodwill (vgl. Kapitel C „Immaterielles und Sachanlagevermögen“) und
- Erträge aus der Auflösung des negativen Goodwill (vgl. Kapitel C „Immaterielles und Sachanlagevermögen“) sowie ggf.
- Erträge aus der Auflösung der anlässlich der Erstkonsolidierung bilanzierten stillen Lasten.

Abschreibungen erfolgen nach den allgemeinen Regeln. Im Falle der Aufdeckung von stillen Reserven auf Sachanlagevermögen erfolgt deren Auflösung planmäßig über die Restnutzungsdauer und außerplanmäßig im Falle des *impairment.*

4.3.2 Minderheitenanteile

Der Minderheitenanteil zum Erstkonsolidierungszeitpunkt ergibt sich als Anteil am Reinvermögen zu diesem Zeitpunkt. Es ist entweder auf das buchmäßige Eigenkapital abzustellen (*benchmark*-Methode, IAS 22.32) oder auf den Zeitwert (Alternativ-Methode, IAS 22.34). Im zweiten Fall werden auch die auf die Minderheiten entfallenden stillen Reserven aufgedeckt. Sie sind dann für die Folgekonsolidierungen fortzuschreiben, also z. B. bei abnutzbarem Anlagevermögen anteilig dem Minderheitenanteil am Ergebnis zu belasten.

Folgekonsolidierung Minderheit

Zu den **Folgekonsolidierungszeitpunkten** ergibt sich der Minderheitenanteil wie folgt:

- anteiliges Reinvermögen zum Erstkonsolidierungszeitpunkt,
- zuzüglich Anteil der Minderheit an den nachfolgenden Eigenkapitaländerungen,
- bei der Alternativ-Methode einschließlich anteiliger Auflösung stiller Reserven.

Fortschreibungen können sich aus Gewinnthesaurierung, Gewinnausschüttungen, aber auch aus effektiven Kapitalzuführungen oder Kapitalherabsetzungen ergeben.

Nachfolgend ein Beispiel, das verschiedene Eigenkapitaländerungen für den Fall der Alternativ-Methode kombiniert:

Beispiel

Am 1.1.01 erwirbt M 80 % der Anteile an T für einen Kaufpreis von 800. Das buchmäßige Eigenkapital von T beträgt zu diesem Zeitpunkt 600, anteilig also 480. Die stillen Reserven betragen 200. Davon entfallen 160 = 80 % auf M und 40 = 20 % auf den Minderheitsgesellschafter MG. Die stillen Reserven werden über eine Nutzungsdauer von 10 Jahren aufgelöst.

In 01 bis 02 erwirtschaftet T je einen Gewinn von 100. Davon entfallen je 20 auf MG.

Der Gewinnanteil von MG im Konzern ist jedoch nach der alternativen Methode jeweils um 1/10 der auf ihn entfallenden stillen Reserven zu vermindern und beträgt dann jeweils 20 - 4 = 16.

In 02 schüttet T ½ des Gewinns 01, somit 50 aus. Auf MG entfallen davon 10.

In 02 wird außerdem eine Kapitalerhöhung gegen Bareinlage von 150 geleistet, wovon 30 auf MG entfallen.

Nachfolgend die beiden Methoden zur Bestimmung des Minderheitenanteils 31.12.02. sowie die Konsolidierungstabelle (vereinfacht nur für den 31.12.01)

Fortschreibung Minderheitenanteil auf Basis Einzelbilanz	
EK der T per 1.1.01	600
+ Gewinn 01	100
+ Gewinn 02	100
- Ausschüttung für 01	- 50
+ Kapitalerhöhung 02	+ 150
= EK der T per 31.12.02	900
+ Stille Reserven 1.1.01 (Alternativ-Methode)	+ 200
- Auflösung stille Reserven 01 (Alternativ-Methode)	- 20
- Auflösung stille Reserven 02 (Alternativ-Methode)	- 20
= EK II der T per 31.12.02	1.060
= davon 20 % für Minderheit	212

Fortschreibung Minderheitenanteil auf Basis Konzernbilanz			
Minderheitenanteil	01	02	02 kumuliert
anteiliges Reinvermögen im Erstkonsolidierungszeitpunkt (inkl. stille Reserven)	160	160	160
+ Gewinnanteil (nach Auflösung anteiliger stiller Reserven, da Alternativ-Methode)	16	16	32
- Ausschüttungen (kumuliert)		-10	-10
+/- Änderungen wegen effektiver Kapitalerhöhungen und Herabsetzungen		30	30
Minderheitenanteil	**176**		**212**

Konsolidierungstabelle Minderheiten								
31.12.01				**Konsolidierung**				
	M	T	Summe	S		H		**Konzern**
AKTIVA								
Goodwill				160	1)	8	2)	152
Beteiligung	800		800			800	1)	
Diverses	4.700	700	5.400	160	*1)*	16	*3a)*	5.580
				40	**1)**	**4**	**3b)**	
Summe	5.000	700	6.200					5.732
PASSIVA								
EK	5.000	600	5.600	480	1)			5.000
				120	1)			
Nettogewinn	500	100	600	48	*6)*	4	*7)*	556
Minderheit				4	5)	120	1)	176
						40	1)	
						20	**4)**	
Summe	5.500	700	6.200				1)	5.732
GuV								
Erträge	1.200	460	1.660					1.660
Abschreib. Goodwill				8	2)			8
übr. Abschr.		60	60	20	3)			80
übr. Aufwendung	700	300	1.000					1.000
Gewinn	**500**	**100**	**600**					**572**
Anteil Minderheit				20	4)	4	5)	16
Nettogew.	**500**	**100**	**600**	4	*7)*	48	*6)*	**556**
				1.064		1.064		

1) = Erstkonsolidierungsbuchung
2) = Abschreibung Goodwill
3) = Abschreibung stille Reserven (3a für T, 3b für Minderheit)
4) = Gewinnanteil Minderheit lt. Einzelbilanz T
5) = Reduzierung Gewinnanteil Minderheit durch Abschreibung stille Reserven
6) und 7): Folgekonsolidierungserfolg

Der Ausweis des Minderheitenanteils erfolgt gemäß IAS 1.68 separat innerhalb des Eigenkapitals. Ausweis negativer Minderheitenanteil

IAS 27.35 sieht vor, dass Minderheitenanteile in der Bilanz nicht mit einem negativen Wert ausgewiesen werden. Soweit die Anteile der Minderheit am Verlust zu einem bilanziellen Negativansatz führen würden, wird dieser Verlustanteil der Minderheit in der Gewinn- und Verlustrechnung nicht mehr verrechnet. In der Überleitung vom Verlust (vor Minderheitenanteil) zum Nettoverlust (nach Minderheitenanteil) findet insoweit keine Entlastung der Konzernmutter mehr statt.

Eine Ausnahme besteht gemäß IAS 27.35 für die Fälle, in denen die Minderheit, z. B. als persönlich haftender Gesellschafter, zum Verlustausgleich verpflichtet und hierzu finanziell auch in der Lage ist. In derartigen Fällen bleibt es hinsichtlich des kompletten Verlustanteils des Minderheitsgesellschafters bei der Buchung „Minderheitenanteil an Verlustanteil des Minderheitsgesellschafters“.

In den Fällen ohne Verlustausgleichsverpflichtung wird der überschießende Anteil in einer Nebenrechnung festgehalten. Zukünftige Gewinnanteile werden so lange nur zugunsten des Mutterunternehmens berücksichtigt, bis der Merkposten wieder positiv wird.

5 Weitere Vorschriften

Einheitstheorie

Aufgabe des Konzernabschlusses ist es, die Vermögens-, Finanz- und Ertragslage der einbezogenen Unternehmen so darzustellen, als ob diese Unternehmen insgesamt ein einziges Unternehmen wären (Einheitstheorie). Diesem Einheitsgedanken folgend sind

- konzerninterne Umsätze, Erträge und Forderungen
- gegen die entsprechenden Aufwendungen und Schulden zu konsolidieren,
- da die wirtschaftliche Einheit Konzern keine Umsätze mit sich selbst tätigen und keine Forderungen gegen sich selbst haben kann (IAS 27.24).

Eliminierung Zwischengewinne

Aus konzerninternen Umsätzen kann auch kein Gewinn realisiert werden. Diese so genannten Zwischengewinne sind zu eliminieren (IAS 27.25).

Tipp

Ein zu eliminierender Zwischengewinn entsteht nicht, wenn die konzerninternen Lieferungen noch vor dem Stichtag nach außen weiter veräußert sind. In diesem Fall neutralisiert sich der Gewinnaufschlag des konzernintern liefernden Unternehmens durch einen entsprechend höheren Materialaufwand des weiterveräußernden Konzernunternehmens. Soweit die konzerninterne Lieferung aber in den Bestand des anderen Konzernunternehmens eingeht, entsteht in dessen Einzelabschluss noch kein Materialaufwand. Der Gewinnaufschlag des ersten Unternehmens wird in diesem Fall nicht automatisch neutralisiert.

Es empfiehlt sich deshalb Zurückhaltung mit konzerninternen Lieferungen in zeitlicher Nähe zum Bilanzstichtag. Durch diese Zurückhaltung lassen sich konzerninterne Stichtagsbestände evtl. so niedrig halten, dass der Zwischengewinn nicht mehr von materieller Bedeutung ist. Auf die doch oft recht mühsame Zwischengewinneliminierung kann dann verzichtet werden.

Die Grundsätze der Konsolidierung konzerninterner Erträge, Aufwendungen, Forderungen usw. gelten sowohl für den IAS-Abschluss als auch für den HGB-Abschluss. Der in § 304 Abs. 2 HGB ausdrücklich geregelte Verzicht auf Zwischenergebniseliminierung wegen untergeordneter Bedeutung ist nach IAS auch ohne ausdrückliche Betonung möglich (*materiality*).

Beispiel

Die Toy-Toy AG kauft unmittelbar vor dem Bilanzstichtag zum fremdüblichen Preis von 6 Mio. EUR Karnevalsartikel von ihrer Tochter, der Mardigras Ltd. Die Mardigras stellt die Artikel teils selbst her, teils bezieht sie sie in identischer Form, Verpackung usw. von externen chinesischen Unternehmen. Die Fremdbezüge verkauft die Mardigras mit 33 % Spanne, ihre eigenen Erzeugnisse mit 50 % Spanne (jeweils von oben gerechnet) an die Toy-Toy. Die Feststellung, wie viel von den 6 Mio. EUR aus Produktion und wie viel aus Fremdbezug stammen, wäre mit hohem Aufwand verbunden. Das Verhältnis schwankte in der Vergangenheit je nach Lieferfähigkeit der Chinesen zwischen 80 zu 20 und 40 zu 60. Der Konzerngewinn vor Eliminierung beträgt 20 Mio. EUR.

Die Eliminierung des Zwischenergebnisses ist offensichtlich von materieller Bedeutung für den Konzernabschluss und muss deshalb durchgeführt werden. Angenommen, dabei würde ein Verhältnis von 50 zu 50 ermittelt, dann würde sich ein zu eliminierender Gewinn von 33 % x 3 Mio. EUR + 50 % x 3 Mio. EUR = 2,5 Mio. EUR ergeben. Die Konsolidierungsbuchungen würden wie folgt zu einer Erfolgsreduzierung von 2,5 Mio. EUR führen:

Konsolidierungsbuchung

Umsatz (GuV)		6,0 Mio. EUR	
an	Bestandsänderung (GuV)		1,5 Mio. EUR
an	Materialaufwand (GuV)		2,0 Mio. EUR
an	Vorratsvermögen (Bil)		**2,5 Mio. EUR**

IAS-HGB: Allgemeines wichtiger als Konzern

Sowohl für die handelsrechtliche Konzernrechnungslegung als auch nach IAS bestimmen sich der Ansatz, die Höhe und der Ausweis grundsätzlich entsprechend dem Recht des Einzelabschlusses. Konzernspezifische Vorschriften sind nur dort notwendig und vorgesehen, wo es, wie etwa bei der Festlegung des Konsolidierungskreises oder bei der Eliminierung konzerninterner Transaktionen, um Fragen geht, die sich nur im Konzernabschluss stellen. Für die allgemeinen Fragen, was, wie und wo zu bilanzieren ist, gelten die allgemeinen Vorschriften. Für den Vergleich von IAS und HGB bedeutet dies, dass

- die meisten Unterschiede zwischen handelsrechtlicher und IAS-Konzernbilanz nicht aus den konzernspezifischen Vorschriften herrühren,
- sondern sich aus den allgemeinen Bilanzvorschriften ergeben.

Die unterschiedliche Aktivierung von Forschungskosten, die unterschiedliche Bilanzierung von Wertpapieren, die unterschiedliche Gewinnrealisierung bei langfristigen Fertigungsaufträgen usw., mit anderen Worten: Alle Unterschiede zwischen Handelsrecht und IAS, die in den vorstehenden Kapiteln behandelt wurden, gelten gleichermaßen für den Einzelabschluss wie für den Konzernabschluss.

6 *Equity*-Methode für assoziierte Unternehmen und Gemeinschaftsunternehmen

Nach IAS 28 müssen assoziierte Unternehmen, nach IAS 31 können Gemeinschaftsunternehmen *at equity* konsolidiert werden.

Fortschreibung Beteiligung um Gewinn

Die Problematik stiller Reserven zunächst außen vor gelassen, gleicht die *equity*-Methode der steuerlichen Spiegelbildmethode. Beide Methoden führen dazu, dass spiegelbildlich zur Änderung des Eigenkapitals in der Bilanz des assoziierten Unternehmens oder Gemeinschaftsunternehmens auch der Beteiligungsansatz in der Konzernbilanz um Gewinne/Verluste und Ausschüttungen fortgeschrieben wird. Ausgehend von der Ersterfassung zu Anschaffungskosten

- erhöht sich der Beteiligungsansatz um anteilige Gewinne und
- vermindert er sich um anteilige Verluste und erhaltene Dividenden.

Eine Unterscheidung zwischen verschiedenen Rechtsformen oder zwischen Mehr- und Minderheitsbeteiligungen findet nicht statt. Die Ergebnisse der Untergesellschaft fließen unabhängig davon in das Ergebnis des Konzerns ein.

Beispiel

Die M-GmbH beteiligt sich Ende 01 mit einer Einlage von 250 TEUR (entsprechend 25 %) an der Gründung der P-OHG. Die P-OHG erzielt in 02 einen Gewinn von 200 TEUR. In 03 wird ein ausgeglichenes Ergebnis erzielt und die Hälfte des Gewinns aus 02 ausgeschüttet. In 04 erleidet die P-OHG einen Verlust von 1.200 TEUR. Der Verlustanteil der M-GmbH beträgt demzufolge 300 TEUR.

Die M-GmbH erfasst ihre Beteiligung im Konzernabschluss *at equity* wie folgt:

Jahr	Beschreibung	TEUR
31.12.01	zu Anschaffungskosten	250
	Gewinn 02 (200 x 25 %)	50
31.12.02	*at equity*	300
	Dividende für 02 (100 x 25 %)	- 25
31.12.03	*at equity*	275
	Verlust bis zum Bilanzansatz	- 275
31.12.04	*at equity*	0
31.12.04	Überschießender Verlust (ggf. als Rückstellung berücksichtigen)	25

überschießender Verlust

Probleme bereitet im Beispiel nur die Berücksichtigung von Verlusten, die über den vorherigen Buchwert des Investments hinausgehen. Unstrittig ist, dass der Beteiligungsansatz selbst nicht negativ werden kann. Zu klären bleibt jedoch, ob der überschießende Verlust als Rückstellung bei der Obergesellschaft zu berücksichtigen ist. Nach IAS 28.30 hängt die Antwort davon ab, ob der Obergesellschaft aufgrund des Verlustes Verpflichtungen gegenüber dem assoziierten Unternehmen oder Dritten entstehen. In dem Maße, in dem dies der Fall ist, ist der überschießende Verlust als Rückstellung anzusetzen. Zur Anwendung kommt dieser Grundsatz insbesondere bei gesellschaftsvertraglich unbeschränkter Haftung (z. B. als Komplementär) oder auch bei schuldrechtlichen Verpflichtungen (Garantien, Bürgschaften).

Beispiel

Die M-GmbH hat sich in 01 jeweils mit einer Einlage von 100 TEUR als Kommanditistin an der Gründung der T-KG und als persönlich haftender Gesellschafter an der Gründung der T-OHG beteiligt. Der anteilig auf die M-GmbH entfallende Verlust des Jahres 01 beträgt jeweils 150 TEUR.

Bei *equity*-Bewertung sind beide Beteiligungen zum 31.12.01 mit 0 TEUR anzusetzen (100 Anschaffungskosten minus 150 Verlust, jedoch mindestens 0). Der überschießende Verlust von 50 TEUR ist nur im OHG-Fall durch eine Rückstellung zu berücksichtigen.

Nach IAS 28.29 ist zukünftig eine erweiterte Verlustberücksichtigung außerdem durch Verrechnung gegen sonstige Investments (Darlehen usw.) im Beteiligungsunternehmen vorgesehen.

Stille Reserven fortschreiben

Bei den bisherigen Beispielen zur *equity*-Bewertung wurde unterstellt, dass Anschaffungskosten und anteiliges Eigenkapital zum Erstverbuchungszeitpunkt identisch sind. Dies ist nur bei Beteiligung als Gründungsgesellschafter die Regel. Werden Anteile an bestehenden Gesellschaften erworben, kann es bedingt durch stille Reserven und einen Firmenwert zu einem Unterschiedsbetrag zwischen Anschaffungskosten und anteiligem Eigenkapital kommen. Dieser Unterschiedsbetrag ist in den Folgeperioden fortzuschreiben.

Tipp

Steuerlich stellt sich ein ähnliches Problem, wenn ein Anteil an einer Personengesellschaft über Buchwert erworben wird. Der Mehrbetrag wird über eine so genannte Ergänzungsbilanz dargestellt und in der Folgezeit abgeschrieben. Die *equity*-Methode führt (rechtsformunabhängig) zu einer vergleichbaren Lösung. Eine steuerliche Ergänzungsbilanz kann deshalb i. d. R. zugleich für den *equity*-Ansatz verwertet werden.

Der Unterschiedsbetrag zwischen erworbenem Eigenkapital und entrichtetem Kaufpreis wird zunächst in einer Nebenrechnung festgehalten und aufgeteilt und sodann in den Folgeperioden abgeschrieben.

Beispiel

Die Venture AG erwirbt von B zum 1.1.01 einen 20%igen Anteil an der Start-UP KG bei folgenden Bedingungen:

- Anschaffungskosten: 450 TEUR
- Buchwert Eigenkapital der KG (100 %): 500 TEUR

- Kapitalanteil B (vorher)/Venture AG (nachher): 100 TEUR (= 500 x 20 %)
- Stille Reserven im Immateriellen Anlagevermögen der KG (100 %): 750 TEUR, bei Restnutzungsdauer (ND) von 5 Jahren
- Jahresüberschuss 01 der KG (100 %): 600 TEUR
- Vorabausschüttung in 01 (100 %): 100 TEUR
- Nutzungsdauer (ND) Firmenwert: 10 Jahre

Steuerlich würde der Mehrbetrag von 450 - 100 = 350 TEUR (im Personengesellschaftsfall) in einer Ergänzungsbilanz aufgedeckt, den stillen Reserven und dem Firmenwert zugeordnet und in der Folgezeit abgeschrieben. Nach der *equity*-Methode wird (rechtsformunabhängig) analog verfahren:

Jahr	Beschreibung	Betrag
	Zugangsbewertung:	
01.01.01	zu Anschaffungskosten	450
	Fortschreibung um Dividenden und Gewinnanteil:	
	- (Vorab-)Ausschüttung in 01 (anteilig)	- 20
	+ Gewinnanteil 01	120
	= Zwischensumme	**550**
	Fortschreibung Unterschiedsbetrag:	
	- Abschreibung stille Reserven (1/ND)	- 30
	- Abschreibung Firmenwert (1/ND)	- 20
31.12.01	= *at equity*	500

Erläuterung i. S. Unterschiedsbetrag:	**Betrag**
Anschaffungskosten	450
- Anteilig erworbenes EK (Buchwert)	- 100
= Unterschiedsbetrag	350
- anteilige stille Reserven (ND = 5 Jahre)	- 150
= anteiliger Firmenwert (ND = 10 Jahre)	200

Das in Kapitel C 4.1.2 „Immaterielles und Sachanlagevermögen; Zukünftige Regelung nach ED 3“ beschriebene Änderungsvorhaben – Goodwill nur noch außerplanmäßig abschreibbar – beträfe auch den Goodwill im Rahmen des *equity*-Ansatzes.

7 Zusammenfassung

Nach EU-Verordnung und Bilanzrechtsreformgesetz ist der IAS-Abschluss als befreiender Konzernabschluss vorgesehen. Die Zulassung als befreiender Einzelabschluss würde starke Anpassungen im Steuerrecht (Maßgeblichkeit der Handels- für die Steuerbilanz) und im Gesellschaftsrecht (Ausschüttung, gesetzliche Rücklagen usw.) bedingen. Mit der Vornahme solcher Anpassungen ist mittelfristig kaum zu rechnen. Aus diesen externen Gründen, aber auch beim internen Reporting in einer einheitlichen „Sprache“ im grenzüberschreitenden mittelständischen Unternehmen, kommt dem Konzernabschluss innerhalb der IAS-Rechnungslegung eine größere Bedeutung zu als dem Einzelabschluss.

Bei der Aufstellung eines Konzernabschlusses geht es vor allem um folgende Fragen:

- Was soll bilanziert werden (Konsolidierungskreis)?
- Wann soll bilanziert werden (Konzernbilanzstichtag)?
- Wie soll konsolidiert werden (Methoden der Kapitalkonsolidierung, Firmenwert aus Kapitalkonsolidierung)?

Die Antworten in IAS 27 und 22 unterscheiden sich nur partiell vom Handelsrecht:

- **Konsolidierungsverbote** sind enger gefasst. Der Konsolidierungskreis ist daher in wenigen Fällen weiter als nach HGB.
- Die **Erstkonsolidierung** eines Tochterunternehmens muss zwingend auf den ggf. unterjährigen Erwerbszeitpunkt erfolgen (= dritter Spiegel). Ein aufgedeckter **Goodwill** darf nicht erfolgsneutral mit Rücklagen verrechnet werden.

Die meisten Unterschiede zwischen IAS und HGB sind jedoch nicht konzernspezifischer, sondern allgemeiner Natur. Alle Unterschiede, die in den vorhergehenden Teilen behandelt wurden, gelten gleichermaßen für den Einzel- wie für den Konzernabschluss. Die Beherrschung dieser allgemeinen Unterschiede ist das entscheidende Rüstzeug auch für den Konzernabschluss.

L Einführung von IFRS

1 Einführungsplanung

shareholder value + investor relations

Die alten Germanen hatten den weisen Brauch, jede wichtige Entscheidung zweimal zu bedenken: Einmal im nüchternen Zustand, damit es nicht an Vernunft mangelte, ein zweites Mal im trunkenen Zustand, um die nötige Phantasie, Entschlussfreude und Durchsetzungskraft zu finden. Manches in der Börsenkrise zu unrühmlichen Schlagzeilen gelangte Unternehmen hat diese gute Regel auf den Kopf gestellt. Erst wurden (über)mutig Phantasien aufgebaut, dann von realitätsverlustigen Finanzvorständen in der Wirtschaftspresse verkündet, „dass man kein typischer Buchhalter sei und Kommunikation für wichtiger halte, als das HGB auswendig zu lernen", um später dann doch durch die Ereignisse und Investoren zum Blick in die eigenen Bücher und Bilanzen gezwungen zu werden. *Shareholder value, investor relations* und vergleichbare Konzepte sind dadurch in Verruf geraten. Aber nicht die Konzepte sind falsch, sondern der vernunftfreie Umgang mit ihnen.

Was den (rationalen) Anteilseigner interessiert, ist die Fähigkeit des Unternehmens, zukünftig positive Cashflows zu erzielen. Die objektivste Beurteilungsgrundlage hierfür bleiben die tatsächlichen Zahlen der Gegenwart und Vergangenheit, sofern sie

- periodengerecht,
- verlässlich,
- relevant und
- (im Interesse der Trendbeurteilung) vergleichbar sind.

Damit sind die Kriterien genannt, die das IFRS-Regelwerk als Rahmengrundsätze (im *Framework*) in den Mittelpunkt stellt. Der Nutzen für die Entscheidung (*decision usefulness*) und nicht ein gläubigerschutzorientiertes Vorsichtsprinzip soll diese Rechnungslegung bestimmen.

IFRS auf dem Vormarsch

Die Rechnungslegung nach IFRS befindet sich europaweit und global auf dem Vormarsch. Dies hat die EU und den deutschen Gesetzgeber veranlasst, IFRS ab 2005 für Konzernbilanzen börsennotierter Unternehmen vorzuschreiben und für andere Fälle zuzulassen.

Herausforderung Umstellung

Der Übergang auf die IFRS-Rechnungslegung ist jedoch keine kleine Aufgabe. Er will wohl bedacht, akribisch geplant und mutig umgesetzt sein. Die nachfolgenden Überlegungen sollen hierfür eine Leitlinie liefern, die auf den Einzelfall anzupassen ist.

IFRS-Einführungsplanung

Phase	**Inhalt/Aufgaben/Fragen/Beispiel**
1. Problemformulierung + Grundentscheidung	Feststellung kommunikativer Defizite in Rechnungswesen, Strukturierung und vorläufige Beurteilung Handlungsalternativen, Grundentscheidung (soweit nicht ohnehin wg. Börsennotierung ab 2005 verpflichtet)
1.1. Problemformulierung	Problemerkennung und Problembeschreibung, Außenkommunikation: *z. B. EK-Quote schwach, Gewinn schwankend wg. langfristiger Fertigung;* Innenkommunikation: *z. B. Quartalsberichte ausländische TU verzögert/uneinheitlich* Erfolgsorientierte Vergütungssysteme Inland/Ausland
1.2. Handlungsalternativen	a) Weiter so? – oder – Internationalisierung? b) HGB oder IFRS als führende FiBu?
1.3 Beurteilung der Alternativen	Vorläufige Abschätzung Kosten sowie Wirkung auf Kreditgeber, Gesellschafter/Aktionäre, Aufsichtsrat, Konzernreporting + Konzernsteuerung
1.4. Grundentscheidung	*Z. B. IFRS ab 2005 als führende FiBu*

Phase	Inhalt/Aufgaben/Fragen/Beispiel
2. Projektinitiierung und -planung	**Planung sachlich, personell, zeitlich, budgetmäßig, was, von wem, wann, mit welchem Aufwand zu tun ist:** **a) Sachlich (Welche Aufgabenfelder?)** **b) Personell (Wer macht was?)** **c) Zeitlich (In welcher Abfolge und bis wann?)** **d) Budgetmäßig (Welche Kosten?)**
2.1. Feststell. Know-how	Vorhandenes internes Know-how, Berücksichtigung bei (ohnehin) geplanten Neueinstellungen, externes Know-how
2.2. (erste) Projektgruppe	Leiter, Mitglieder, Anbindung an Geschäftsführung, Berichtspflichten (Wer an wen?) Einbeziehung EDV?
2.3. Aufgabengliederung	a) (Vorläufige) Abweichungsanalyse IFRS-HGB nach z. B. AV + Leasing, Finanzvermögen + Ford. + Verb. Rückstellungen, Vorratsvermögen + Umsatzrealisierung; GuV nach UKV oder GKV; latente Steuern in Bil + GuV, Konsolidierungskreis + Konsolidierungsmethode b) Bedarfsfeststellung Datenbedarf intern (z. B. Kostenrechnung) und extern (z. B. Pensionsgutachter, Grundstücksgutachter) Vereinheitlichungsbedarf (Bilanzierungsrichtlinie inkl. *notes*) Schulungsbedarf c) Arbeitsbilanz und Bilanz
2.4. Personelle Planung	Personelle Zuordnung Aufgabenfelder, Berichtspflichten, sonstige Verantwortlichkeiten
2.5. Zeitliche Planung	Wann und in welcher Abfolge, was? 1. Erstschulung (Projektmitglieder) 2. Vorläufige Abweichungsanalyse (vorvorletzte Bilanz vor Einführung, z. B. 31.12.2002 bei Einführung 1.1.2005) 3. Veranlassung interne und externe Datenzuführung 4. Zweitschulung (Projektmitglieder) 5. IFRS-Arbeitsbilanz (auf vorletzten Stichtag vor Einführung) 6. Drittschulung (Projektmitglieder) 7. Vorläufige Bilanzierungsrichtlinie 8. IFRS-Bilanz (auf vorletzten Stichtag vor Einführung) 9. Endgültige Bilanzierungsrichtlinie

Phase	Inhalt/Aufgaben/Fragen/Beispiel
	10. Validierung IFRS-Bilanz (auf vorletzten Stichtag vor Einf.) 11. Validierung Bilanzierungsrichtlinie 12. Ggf. Korrekturen zu Bilanzierungsrichtlinie 13. Schulung sonstige Anwender 14. Kommunikation nach außen 15. Implementierung IFRS-Bilanz und IFRS-gestützes Konzernreporting
3. Realisation	**Umsetzung Planung, Erarbeitung IFRS-Arbeitsbilanz, Bilanzierungsrichtlinie, Aufstellung IFRS-Bilanz**
4. Validierung	**Bewertung Bilanzierungsrichtlinie + IFRS-Bilanz, ggf. Korrekturen**
5. Implementierung	**IFRS-Abschluss (letzter Stichtag), IFRS-gestütztes Konzernreporting**

Problem

Am Beginn der Planung sollten die Problemformulierung und Grundentscheidung stehen.

Defizit Außenkommunikation

Im Falle eines nichtbörsennotierten Unternehmens, das auch ab 2005 nicht zur IFRS-Rechnungslegung verpflichtet ist, wird Grundlage der ersten Umstellungsüberlegungen eine Unzufriedenheit mit der handelsrechtlichen Rechnungslegung sein. Dieses Unbehagen ist als Problem zu definieren. Bezogen auf die Außenkommunikation wäre nicht nur die Skepsis potenzieller oder tatsächlicher ausländischer Investoren gegenüber dem HGB, sondern auch folgender Fall prädestiniert:

Beispiel

Ein Anlagenbauer betreibt sein Gewerbe im Bergischen Land mit guter Anbindung zur Autobahn A 4 und guter Eisenbahnverbindung nach Köln. Aufgrund der auftragsbezogenen Fertigung sind die Gewinne schwankend. Die Eigenkapitalquote ist eher schwach. Das Unternehmen verfügt allerdings über erhebliche stille Reserven, insbesondere in den Grundstücken und Vorratsgrundstücken, die mit 10 Euro/qm zu Buche stehen, deren Verkehrswert aber mehr als 100 Euro/qm beträgt. Den Kundenberater der Bank vor Ort, der das Unternehmen seit langem kennt, beunruhigen geringe Eigenkapitalquote und schwankende Ergebnisse nicht. Der einmal jährlich zur Bilanzbesprechung aus der Kreisstadt anreisende Bezirksleiter hat schon Bemerkungen der Art getan, dass ihn eigentlich nur „die eine Zahl da ganz unten" und die Eigenkapitalquote interessieren. Einer bei den Bilanzbesprechungen jeweils vorgelegten betriebswirtschaftlichen Nebenrechnung, die den geglätteten Ergebnisverlauf bei Ertragsrealisierung nach Leistungsfortschritt zeigt, bringt er immerhin noch ein kurzes schwaches Interesse entgegen. In der Hauptstelle Köln, die bei größeren Kreditentscheidungen zustimmen muss, werden die Bilanz- und GuV-Zahlen in ein EDV-Programm gefüttert, das hieraus verschiedene Bilanzkennzahlen und Ergebnistrends ermittelt. Die Informationen über die stillen Reserven und die betriebswirtschaftlichen Erfolge spielen dabei keine Rolle mehr. Das Kredit-Scoring-System produziert unerfreuliche Bonitätswerte. Die daraus resultierenden Rückfragen sind dem Bezirksleiter lästig, können von ihm ohne erneutes Nachfragen beim Anlagenbauer nicht beantwortet werden und sorgen für Unmut hinsichtlich dieses Kreditengagements.

Defizit Innenkommunikation

Problembehaftet kann das Rechnungswesen aber auch hinsichtlich der Innenkommunikation sein. Zu denken wäre etwa an einen mittelständischen Konzern, der ausländische Vertriebs- und Produktionsaktivitäten zum Teil über rechtlich selbstständige Tochterunternehmen abwickelt und aus den verschiedensten Ländern unterschiedliche Formate von Quartals- und Jahresberichten in unterschiedlichsten Sprachen erhält. Die Auswertung und Umsetzung in interne Controllingsysteme werden unter diesen Umständen fehlerträchtig und zeitaufwendig sein. Die Fehler und die Verzögerungen können dazu führen, dass Fehlentwicklungen nicht rechtzeitig erkannt und Gegenmaßnahmen nicht rechtzeitig eingeleitet werden.

Probleme kann das Rechnungswesen noch dort bereiten, wo es Grundlage erfolgsorientierter Vergütungen ist. Zu denken wäre beispielsweise an den mittelständischen Konzern, der die Leiter der ausländischen Tochtergesellschaften erfolgsorientiert vergütet und dabei in Kauf nimmt, dass scheinbar gleiche Tantiemeregelungen wegen der Unterschiedlichkeit der nationalen Rechnungslegungssysteme zu Fehlanreizen führen.

Handlungsalternativen

Ein Unbehagen mit dem handelsrechtlichen Rechnungswesen vorausgesetzt, stellt sich die Frage nach der Handlungsalternativen:

- Weiter so oder Internationalisierung der Rechnungslegung?
- Falls IFRS: HGB oder IFRS als führende FiBu?

Kosten-Nutzen

Die Frage, ob weiter so verfahren oder der Weg zur Internationalisierung beschritten werden soll, ist eine Kosten-Nutzen-Entscheidung und damit eine Sache des Einzelfalls. Die Internationalisierung der Rechnungslegung kann auch bei mittelständischer Größenordnung leicht mehrere 1.000 interne und externe Mannstunden erfordern. Der Nutzen hängt von den Umständen ab. Er ist im international verflochtenen mittelständischen Konzern besonders groß, wenn die Internationalisierung über die Vereinheitlichung des Konzernreportings fehlerträchtige und zeitaufwendige Einzelauswertungen der ausländischen Daten durch Routinen ersetzt. Weitere Erfolgspotenziale, die sich aus einer Internationalisierung der Rechnungslegung ergeben können, sind in Kapitel A „Strategien einer Anpassung der Rechnungslegung" dargestellt.

Originäre Buchhaltung, Landesrecht oder IFRS?

Wichtig ist, in welcher Form die Internationalisierung vollzogen werden soll. Solange die Einzelbilanzen weiter nach nationalem Recht zu erstellen sind, stellt sich die Frage, ob die Geschäftsvorfälle in der Buchhaltung

- primär nach IFRS erfasst werden sollen (mit anschließender Überleitung auf HGB) oder
- umgekehrt das HGB (Landesrecht) die Grundlage der Fibu sein soll (mit anschließender Überleitung nach IFRS).

Die nachfolgende Abbildung illustriert diese Möglichkeiten.

Abb. 1: Originäre Buchhaltung - Landesrecht oder IFRS?

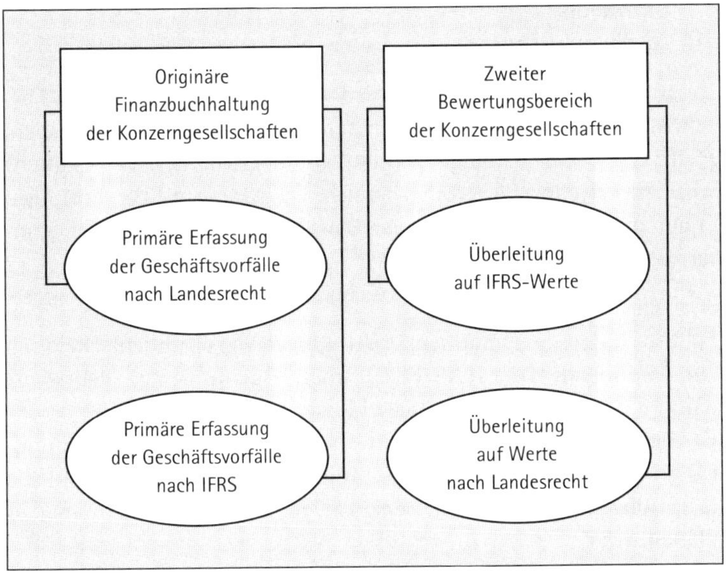

Vorteile bei Landesrecht

Vorteile einer originären Buchhaltung nach Landesrecht sind:
- Geringerer Anpassungsbedarf der Systemlandschaft.
- Geringerer Umstellungsbedarf bei Fibu-Mitarbeitern.
- Zentralisierung IFRS-Fachwissen.
- Rasche und flexible Lösung zur IFRS-Einführung.
- Geringerer Aufwand zur Ableitung der Steuerbilanz.

Entscheidender Nachteil im internationalen Konzern ist, dass der Konzern weiter in „unterschiedlichen Sprachwelten" lebt. Für Zwecke des unterjährigen Konzernreporting muss jede Landesgesellschaft ihre Zahlen auf IFRS überleiten, bei monatlichem Reporting also 12 x pro Jahr.

Vorteile bei IFRS

Die Führung der originären Buchhaltung in IFRS kommt mit einer Überleitung auf das Landesrecht pro Jahr aus. Sie hat überdies folgende Vorzüge:
- Einheitliche Vorgabe eines IFRS-Kontenplans und IFRS-Abschlussschemas für alle Konzerngesellschaften.

- Einheitliche Grundlagen und Lösungen für das konzernweite Controlling.
- Echtzeitzugriff auf die IFRS-Daten der Tochtergesellschaft.

Im grenzüberschreitenden Konzern wird daher regelmäßig die Entscheidung zugunsten einer primären IFRS-Buchführung ausfallen. HGB (bzw. das jeweilige Landesrecht der Tochtergesellschaften) wird zum zweiten Bewertungsbereich. Die gängigen EDV-Lösungen erlauben die Verwaltung zweier Bewertungsbereiche, zweier Kontenzuordnungspläne usw. (vgl. im Einzelnen Kapitel L 2 „Umstrukturierung der Finanzbuchhaltung").

Fällt nach den vorgenannten Überlegungen die Grundentscheidung zur Einführung von IFRS (als primäre Buchführung) aus, so ist damit die Projektvorphase abgeschlossen.

Initiierung und Planung

Es beginnen die eigentlichen Aufgaben, zunächst die Projektinitiierung und Projektplanung. Ein Projektteam ist zu bilden und die IFRS-Bilanzierung sachlich, personell, zeitlich und budgetmäßig zu planen.

Was?
- Sachlich geht es darum, welche Aufgabenfelder zu erledigen sind.

Wer?
- Personell interessiert, wer was erledigen soll.

Wann?
- Zeitlich ist zu planen, im welcher Abfolge und bis wann Aufgaben zu erledigen sind.

Wie viel?
- Budgetmäßig sind die Kosten zu planen.

Die Planung beginnt in einem kleineren Projektkreis mit der Feststellung des vorhandenen internen und externen Know-hows. Das Projektteam sollte eine enge Anbindung an die Geschäftsführung haben. Berichtspflichten müssen festgelegt werden. Die EDV-Abteilung sollte im Hinblick auf das interne Konzernreporting und die FiBu einbezogen werden.

Quick-Check Abweichungen HGB – IAS/IFRS

	HGB	IAS/IFRS
Immaterielle Anlagen		
Entwicklungskosten	Aktivierungsverbot	faktisches Wahlrecht
derivativer Goodwill Einzelbilanz	Aktivierungswahlrecht	Aktivierungsgebot
dito Konzern	wahlweise Aktivierung oder Rücklagenverrechnung	Aktivierungsgebot
Sachanlagen		
Abschreibung	Übernahme steuerlicher Abschreibungen (im Einzelabschluss)	keine steuerlichen Abschreibungen
Neubewertung	verboten	zulässig
sale and lease back	Realisierung Buchgewinn	ggf. Abgrenzung des Buchgewinns
Beteiligungen	AK oder niedrigerer Wert	AK oder *fair value*
Vorräte		
Langfristige Aufträge	Ertragsrealisierung bei Abschluss bzw. Abnahme	Ertragsrealisierung nach Arbeitsfortschritt
Herstellungskosten	Einzel- oder Vollkosten	Vollkosten
Festwert	zulässig	evtl. zulässig
Wertpapiere (soweit nicht bis Fälligkeit gehalten)	AK oder niedrigerer Wert	Stichtagswert, auch wenn über AK
Sofortaufwand Disagio	zulässig	unzulässig
Aufwandsrückstellungen	zulässig	unzulässig
Pensionsrückstellungen	i. d. R. ohne Karrieretrends, 6 % Abzinsung	mit Karrieretrends, fristenadäquater Zins
Latente Steuern		
Ansatz aktive	Aktivierungswahlrecht	Aktivierungsgebot
Vorteile aus Verlusten	Ansatzverbot	evtl. ansatzpflichtig
nicht erfolgswirksam entstandene Differenzen	Bilanzierungsverbot	Bilanzierungsgebot
Fremdwährungsforderungen/-verbindlichkeiten	Beachtung Niederstwert-/Höchstwertprinzip	Umrechnung mit Stichtagskurs

	HGB	IAS/IFRS
Konzern		
Erstkonsolidierung Tochterunternehmen	Erwerbszeitpunkt oder Abschlussstichtag	Erwerbszeitpunkt
Umrechnung unselbstständige ausländische Tochter	Zeitbezugsmethode, dabei ggf. Aufwand, aber kein Ertrag	Zeitbezugsmethode, dabei ggf. Aufwand oder Ertrag
Vereinfachungen (Konsolidierungskreis, Ergebniseliminierung usw.)	eingeschränkt zulässig	eingeschränkt zulässig

vorläufige Abweichungsanalyse

Nach Etablierung des Projektteams kann eine vorläufige IFRS-Abweichungsanalyse auf Basis der vorliegenden HGB-Abschlüsse sinnvoll sein. Sie kann sich an dem vorstehenden Quick-Check orientieren. Sofern noch gar kein IFRS-Know-how vorhanden ist, muss ein externer Berater in dieser Phase hinzugezogen werden.

Bedarfsplanung: Daten, Richtlinie, Schulung

Aus der vorläufigen Abweichungsanalyse ergeben sich Aufgabenfelder (z. B. bestimmte Bilanzposten), daneben aber auch bereits Bedarfsfeststellungen. Zu denken ist zunächst an den Datenbedarf, der sich etwa extern aus der notwendigen Neubewertung der Pensionsrückstellungen oder der gewünschten Neubewertung von Grundstücken ergeben kann. Der Vereinheitlichungsbedarf gibt der Planung die zentrale Aufgabe vor. Unter dem Vereinheitlichungsaspekt ist (in der Planungsphase zunächst als Aufgabenstellung) die Erstellung von Bilanzierungsrichtlinien geboten. Die Ausübung von IFRS-Wahlrechten muss geregelt sein, damit Mutterunternehmen und Tochterunternehmen diesbezüglich nicht unterschiedlich verfahren. Andererseits erfordert das abweichende IFRS-Gliederungsschema eine Erläuterung zur Kontenzuordnung, die ebenfalls in einer Bilanzierungsrichtlinie enthalten sein sollten.

Neben Daten- und Vereinheitlichungsbedarf ist schließlich der Schulungsbedarf zu bedenken. Ausgehend von dem im Unternehmen vorhandenen Wissen sind der Umfang der notwendigen Schulungen und die dafür in Frage kommenden internen oder externen Personen zu planen.

personell

Aus personeller Sicht sind die vorstehenden Aufgabenfelder und deren weitere Untergliederungen ebenso wie die Verantwortlichkeiten (z. B. Berichtspflichten) den Mitgliedern oder Untergruppen des Projektteams zuzuordnen.

Aus zeitlicher Sicht ist schließlich die Abfolge zu planen. Folgendes Ablaufschema käme z. B. in Frage: zeitlich

Ablaufschema IFRS-Einführung

1. Erstschulung Projektmitglieder
2. Vorläufige Abweichungsanalyse vorvorletzte Bilanz vor Einführung (z. B. 31.12.2002 bei Einführung 1.1.2005)
3. Veranlassung interne und externe Datenzuführung (z. B. Beauftragung Pensions- und Grundstücksgutachter)
4. Zweitschulung Projektmitglieder
5. IFRS-Arbeitsbilanz auf den vorletzten Stichtag vor IFRS-Einführung
6. Drittschulung Projektmitglieder
7. Vorläufige Bilanzierungsrichtlinie
8. IFRS-Bilanz auf vorletzten Stichtag vor eigentlicher Umstellung
9. Endgültige Bilanzierungsrichtlinie
10. Validierung IFRS-Bilanz (vorletzter Stichtag)
11. Validierung Bilanzierungsrichtlinie
12. Korrekturen und Erweiterungen zur Bilanzierungsrichtlinie
13. Schulung sonstiger Anwender, die nicht Mitglieder des Projektteams waren
14. Kommunikation nach außen, d. h. Mitteilung der Umstellung an Banken usw.
15. Einführung IFRS in FiBu und IFRS-gestütztes Konzernreporting

Die vorstehende Liste stellt nur einen Vorschlag dar. Abbildungen 2 und 3 enthalten ein etwas gröberes Ablaufschema sowie die zugehörige Kostenkalkulation.

Abb. 2: Projektablauf

Arbeitspakete	Abfolge				
	2004				2005
	I. Q	II. Q	III. Q	IV. Q	I. Q
• Vorarbeiten (Planung, Abweichanalyse etc.)	■				
• Projektmanagement	■	■	■	■	■
• IFRS-*Accounting-Manual*			■	■	
• Schulung Projektteam		■	■		
• IFRS-Eröffnungsbilanz 1.1.2004		■	■		
• IFRS-Quartalsabschlüsse 2004					■
• IFRS-Konzernabschluss 2004					■
• Umstrukt. der FiBu ab 2005			■	■	■
• Schulung allgemein			■	■	

Abb. 3: Projektkosten

Arbeitspakete	Kosten		
	Stunden (h)	EUR/h	Kosten
Vorarbeiten (Planung, Abweichanalyse etc.)			
Projektmanagement			
IFRS-*Accounting-Manual*			
Schulung Projektteam			
IFRS-Eröffnungsbilanz 1.1.2004			
IFRS-Quartalsberichte 2004			
IFRS-Bilanz 2004			
Umstrukturierung FiBu für 2005			
Schulung allgemein			

Die Aufstellung einer IFRS-Bilanz auf den vorvorletzten Stichtag vor IFRS-Einführung dient nicht nur Übungszwecken. Vorrangig geht es darum, eine unternehmensspezifische Abweichungsanalyse vorzunehmen, aus der die unternehmensspezifische Bilanzierungsrichtlinie abgeleitet wird. Die Aufstellung einer IFRS-Bilanz auf den vorletzten Stichtag vor Einführung ist bereits Teil der Implementierung.

Soll erstmalig ein IFRS-Abschluss aufgestellt werden, so verlangt IFRS 1 grundsätzlich eine retrospektive Anwendung aller IFRS-Vorschriften. Der IFRS-Abschluss ist so aufzustellen, als ob schon immer gemäß den IFRS verfahren worden wäre. Jede Anpassung aus dem Übergang zu IFRS ist dabei als eine Anpassung an die Eröffnungsbilanzwerte der nicht ausgeschütteten Ergebnisse (Gewinnrücklagen und Gewinnvorträge) der ersten Periode zu behandeln, die nach IFRS dargestellt werden soll.

retrospektive Anwendung

Beispiel

Ein Unternehmen beschließt, im Frühjahr 2004 mit Wirkung ab Geschäftsjahr 2005 IFRS-Abschlüsse aufzustellen. Wesentliche Abweichungen zum handelsrechtlichen Abschluss ergeben sich bei den Gebäuden (steuerliche Sonderabschreibung in Handelsbilanz), den Wertpapieren (in der Handelsbilanz nicht zu den höheren Stichtagszeitwerten) und den langfristigen Fertigungsaufträgen (in der Handelsbilanz nach Herstellungskosten, ohne anteilige Gewinnrealisierung). Der IFRS-Abschluss 2005 braucht einen Vorjahresvergleich, u. a. also eine IFRS-GuV 2004. Um in dieser Vergleichs-GuV 2004 Bestandsänderungen, Änderungen von Wertberichtigungen und Rückstellungen etc. zutreffend zu erfassen, sind IFRS-Eröffnungsbilanzwerte auf den Periodenanfang, d. h. den 1.1.2004, notwendig.

Es ist also erforderlich, aus dem handelsrechtlichen Abschluss per 31.12.2003 die IFRS-Eröffnungsbilanzwerte per 1.1.2004 abzuleiten. Die Gebäude sind so zu erfassen, als ob in der Vergangenheit nur linear nach der Nutzungsdauer abgeschrieben worden wäre. Die Wertpapiere sind zu den höheren Stichtagszeitwerten zu erfassen. Bei den Fertigungsaufträgen ist der anteilig bis zum 31.12.2003 entstandene Gewinn zu erfassen. Latente Steuern ergeben sich in allen drei Fällen. Der Saldo aus den Wertänderungen bei den drei Positionen und den latenten Steuern ist per 1.1.2004 gegen Gewinnrücklage oder Gewinnvortrag zu buchen. Mit den geänderten Eröffnungsbilanzwerten gehen Abweichungen zwischen handelsrechtlicher GuV und IFRS-GuV 2004 einher. Die IFRS-GuV enthält höhere Gebäudeabschreibungen, geringere Erträge aus der Abwicklung des Auftragsbestandes per 1.1.2004 (hingegen höhere aus Neuzugängen). Eventuelle Kursgewinne bei den Wertpapieren werden in der handelsrechtlichen GuV überhaupt nicht, und in der IFRS-

GuV nur hinsichtlich der Steigerung gegenüber dem 1.1.2004 wirksam.

Die IFRS-Bilanz per 31.12.2003/1.1.2004 stellt schon keine Übungsbilanz mehr dar, sondern eine „echte" Bilanz.

Abb. 4: Erstanwendung IFRS, Stichtag der Eröffnungsbilanz

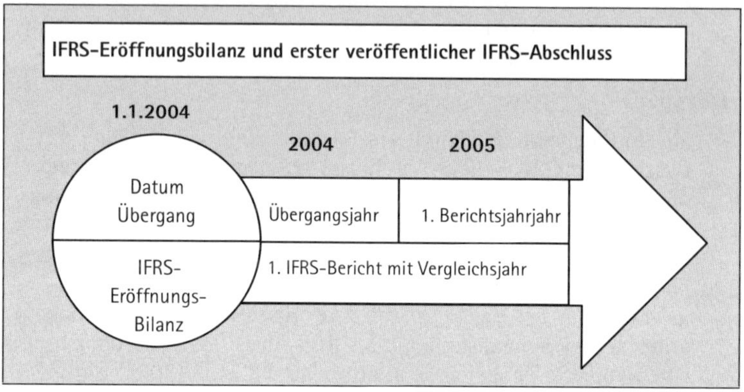

Abb. 4 verdeutlicht noch einmal den zeitlichen Zusammenhang der Eröffnungsbilanz.

Realisation

Der Projektinitiierung und der Projektplanungsphase schließt sich die Realisationsphase an, in der die notwendigen Schulungen durchgeführt werden, die Bilanzierungsrichtlinie erarbeitet wird und die Aufstellung der IFRS-Eröffnungsbilanz beginnt.

Validierung

Die Ergebnisse müssen noch validiert werden. Die IFRS-Arbeitsbilanz und die Bilanzierungsrichtlinie werden auf Vollständigkeit und Praxistauglichkeit getestet.

Implementierung

Den (vorläufigen) Abschluss findet das Projekt mit der Implementierungsphase. Sie beinhaltet die IFRS-Bilanz auf den letzten Stichtag vor Umstellung. Sie stellt wie beschrieben zugleich die eigentliche IFRS-Eröffnungsbilanz dar. Inhaltlich ist sie noch durch Schulung der nicht projektzugehörigen Anwender (Buchhaltungskräfte usw.) auf das neue System und die (neue) Bilanzierungsrichtlinie vorzubereiten.

Jetzt erst könnte es an der Zeit sein, altem Brauch folgend den einen oder anderen Korken knallen zu lassen, um ein detailliert geplantes, vernünftig realisiertes, kritisch validiertes und sorgfältig implementiertes Projekt mutig nach außen gegenüber Kreditgebern und unternehmensfernen Anteilseignern zu kommunizieren.

offensive Ankündigung

Der Nutzen und die Kostenersparnis durch eine konzerneinheitliche Sprache, die bessere Anpassung der bilanziellen an betriebswirtschaftliche Ergebnisse können dabei wichtige Argumente sein.

2 Umstrukturierung der Finanzbuchhaltung

doppelte Rechnungslegung

Das Bilanzrechtsreformgesetz verlangt weiterhin die Erstellung und Hinterlegung von HGB-Einzelabschlüssen. Für die nächsten Jahre muss sich daher der IFRS-Anwender darauf einstellen zwei getrennte Bewertungsbereiche in den Büchern zu führen,

- einen Bewertungsbereich mit HGB-Zahlen
- einen weiteren Bewertungsbereich mit IFRS-Zahlen.

Diese „doppelte" Buchführung bedeutet nicht, das jeder Vorgang zweifach zu buchen ist. Eine effiziente Organisation der Buchhaltung muss sich vielmehr den Umstand zu Nutze machen, dass Geldkonto Geldkonto bleibt und Kreditorenkonto Kreditorenkonto. Daher können viele Buchungen für beide Bewertungsbereiche gleichermaßen gelten.

Zunächst ist aber eine Entscheidung über die führende Bewertung zu treffen. Sollen die Geschäftsvorfälle primär nach IFRS erfasst und für den Einzelabschluss nach HGB überführt werden oder soll umgekehrt das HGB den führenden Bewertungsbereich bilden. In Kapitel L 1 „Einführungsplanung" wurden die beiden Möglichkeiten und wesentliche Vor- und Nachteile illustriert. Bei der Entscheidung über den führenden Bewertungsbereich ist insbesondere Folgendes zu bedenken: In SAP und anderen gängigen Systemen erlaubt nur die führende Bewertung uneingeschränkten Online-Zugriff und durchgängige Abstimmbarkeit mit anderen Modulen, insbesondere Controlling (CO), Sales and Distribution (SD), Lagerwirtschaft etc. Der zweite Bewertungsbereich ist hingegen in der

Verknüpfung mit anderen Modulen und in der Reporting- und Auswertungsfunktionalität beschränkt. Im grenzüberschreitenden Konzern wird auch deshalb die Entscheidung regelmäßig zugunsten von IFRS als führendem Bewertungsbereich ausfallen.

Für die konkrete Generierung des zweiten Bewertungsbereichs gibt es zwei in den Abbildungen 5 und 6 dargestellte Lösungen:

Abb. 5: Parallelbuchungen

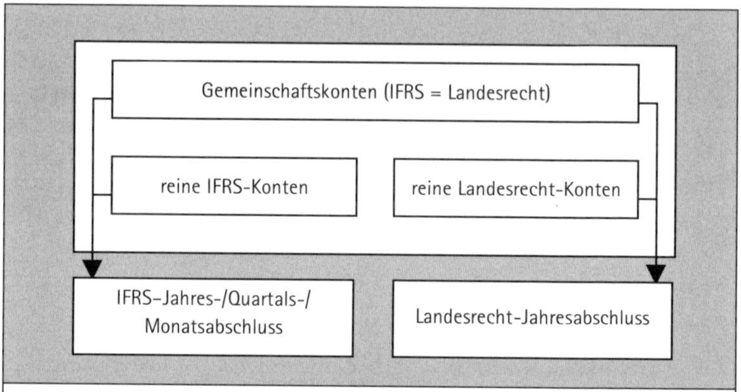

Nach Kirsch, Umstrukturierung der Finanzbuchhaltung durch Internationalisierung des externen Rechnungswesens, Betriebsberater 2002, S. 2219

Abb. 6: Differenzbuchungen (Deltatechnik)

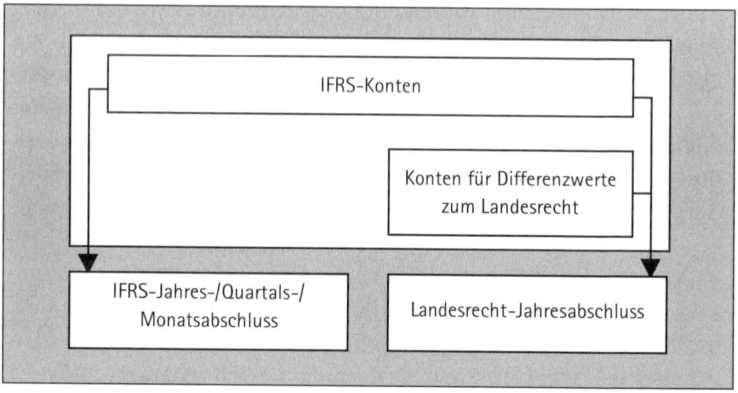

- Neben den gemeinsamen Konten (z. B. Geldkonten) werden reine IFRS-Konten (z. B. POC-Forderung) und reine HGB-Konten (z. B. aktivierte Ingangsetzungsaufwendungen) definiert. Aus Gemeinschaftskonten und reinen IFRS-Konten wird der IFRS-Abschluss, aus Gemeinschaftskosten und reinen HGB-Konten der HGB-Abschluss erzeugt.
- Neben den IFRS-Konten werden Konten für Differenzen gegenüber dem HGB geführt.

In beiden Fällen besteht für automatisierte Verknüpfungen insbesondere bei der unterschiedlichen Behandlung von Massenvorgängen (Fakturierungen usw.) ein Bedarf. Bei einem mittelständischen Unternehmen können etwa die Parallel- oder Differenzbuchungen in Sachen Bewertung von Wertpapieren noch manuell veranlasst werden. Ist das Unternehmen hingegen (z. B. als Bauunternehmen oder als Softwarehersteller) überwiegend mit Auftragsfertigung beschäftigt, müssen die unterschiedlichen Ertragsrealisierungen (POC-Methode vs. *completed-contract*-Methode) automatisiert verarbeitet werden. Bei primärer IFRS-Buchhaltung werden POC-Konten angesprochen. Im HGB-System müssen alle Buchungen, die ein POC-Forderungskonto ansprechen, automatisch storniert werden. Die Abbildungen 7 und 8 zeigen die Systematik des Vorgehens bei POC.

Abb. 7: POC-Methode im Erstjahr

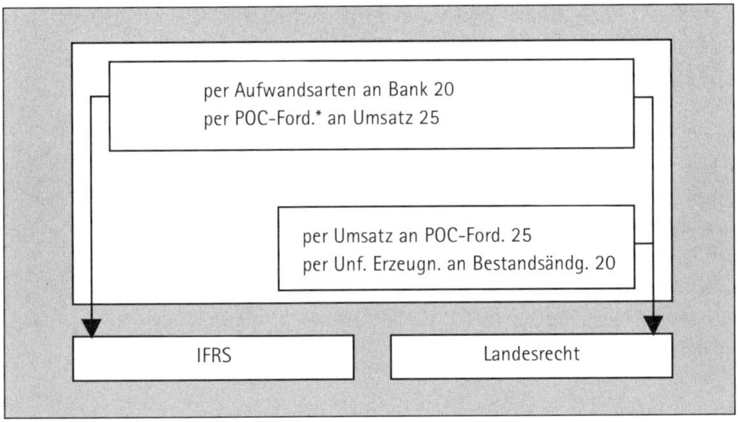

Abb. 8: POC-Methode in Fertigstellungsperiode

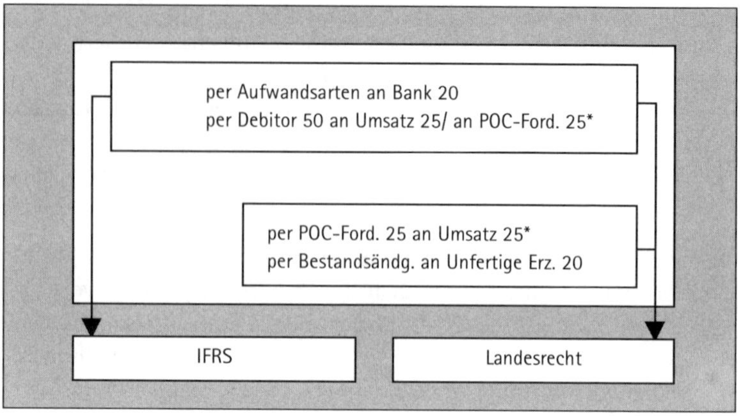

Nachteil der Deltatechnik ist die geringere Nachvollziehbarkeit der Buchungen. Die Buchungen sprechen nicht für sich selbst. Nur mit Hilfe ergänzender Unterlagen und der Erstbuchung ist die Richtigkeit der jeweiligen Buchung feststellbar. Die Deltatechnik ist daher fehleranfälliger und nur bei wenigen Ansatz- und Bewertungsunterschieden zu empfehlen.

paralleler Kontenplan

Insbesondere bei intensiver Nutzung von Zusatzmodulen bzw. Nebenbüchern ist daher zur Paralleltechnik zu raten. Vorbereitend sind die Konten der Bewertungsbereiche in entsprechenden Kontenklassen zusammenzufassen, z. B. in der Weise, dass

- alle IFRS-Konten (auch die erforderlichenfalls neu angelegten) eine führende „1“ erhalten,
- alle Gemeinschaftskonten (z. B. Geldkonten) eine führende „0“ und
- alle HGB-Konten eine führende „2“.

Jeder Bewertungsbereich erhält sein eigenes Saldovortragskonto. Abbildungen 9 und 10 veranschaulichen das Vorgehen.

Abb. 9 Paralleler Kontenplan

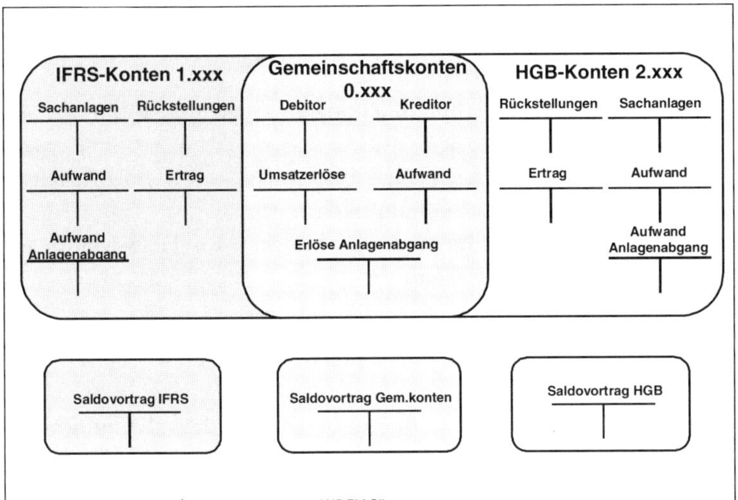

In Anlehnung an SAP R/3, Kursunterlagen „WDEIAS“

Abb. 10: Generierung paralleler Jahresabschlüsse

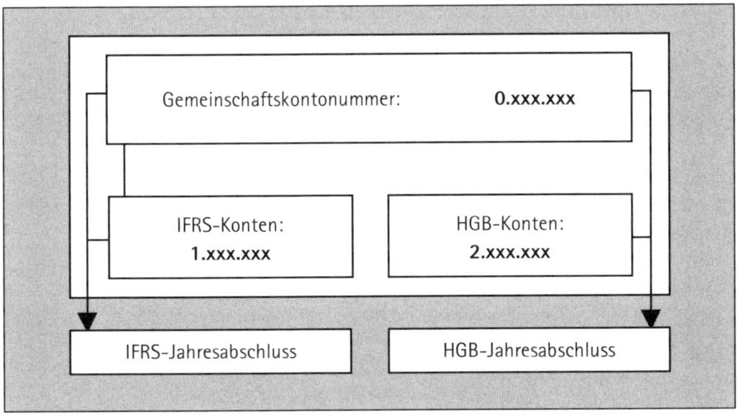

Buchungs-regeln

Für die Buchung zwischen den Kontenklassen sind folgende Grundregeln zu beachten:

- Zulässig sind Buchungen von IFRS-Konto an IFRS-Konto oder von HGB-Konto an HGB-Konto.
- Zulässig sind weiterhin Buchungen Gemeinschaftskonto an IFRS-Konto und umgekehrt.
- Zulässig sind schließlich auch Buchungen von Gemeinschaftskonto an HGB-Konto und umgekehrt.
- Nicht zulässig sind hingegen Buchungen von HGB-Konto an IFRS-Konto und umgekehrt.

Automatik durch Nebenbücher

Die automatische Generierung des zweiten Buchungsbereichs ist dann effizient möglich, wenn entsprechende Nebenbücher verwendet werden, deren Eingabemasken nur die Erfassung bestimmter Daten verlangen , die dann automatisch in hinterlegte Buchungssätze einfließen. Ein geläufiges Beispiel ist die Anlagenbuchhaltung (vgl. Abb. 11).

Abb. 11: Automatische Nutzung Nebenbuchhaltung

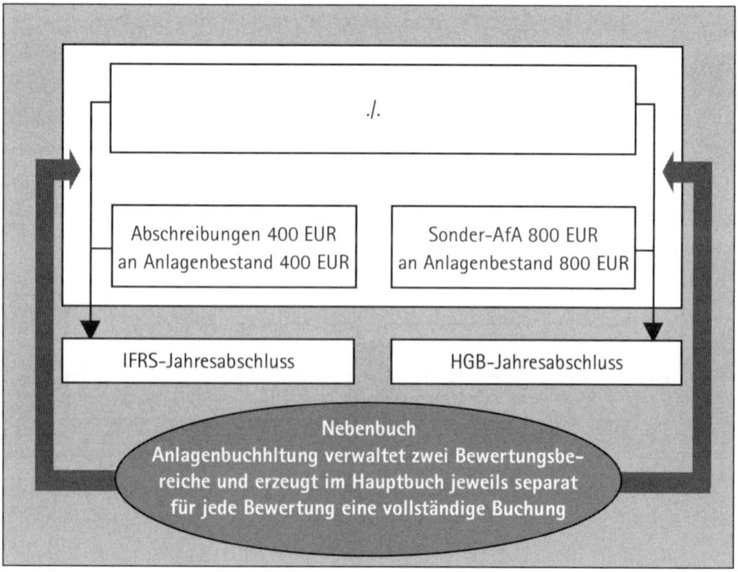

Bei einem umfangreichen Wertpapierbestand können mit der Nutzung eines Moduls Wertpapierverwaltung entsprechende Effekte erzielt werden. Der für die Eingabe zuständige Mitarbeiter gibt Anschaffungskosten, Stichtagswerte und Klassifizierung (z. B. *available-for-sale* nach IFRS und Finanzanlage nach HGB) ein. Das Modul generiert bei einem über den Anschaffungskosten liegenden Stichtagswert

- für IFRS den Buchungssatz: *Available-for-sale* an Rücklage Finanzinstrumente
- für HGB keinen Buchungssatz.

Durch entsprechende Zuordnung der Konten des gemeinsamen und des ersten und zweiten Bewertungsbereichs im Customizing können parallel für den ersten und den zweiten Bewertungsbereich Bilanzen und Gewinn- und Verlustrechnungen generiert werden.

3 Eröffnungsbilanz nach IFRS 1

IFRS 1 „*First Time Adoption of International Financial Reporting Standards*“ behandelt den Übergang vom bisherigen Rechnungslegungsrecht (z. B. HGB) in die Welt des internationalen Standards. IFRS 1 enthält zwei Hauptregelungen:

retrospektive Anwendung

- In der IFRS-Eröffnungsbilanz ist regelmäßig so zu bilanzieren und zu bewerten, als ob immer schon nach IFRS/IAS verfahren worden wäre (Grundsatz der retrospektiven Anwendung).
- Dabei entstehende Differenzen zur letzten Schlussbilanz nach HGB sind erfolgsneutral gegen Gewinnrücklagen zu buchen.

Differenzbuchung gegen Gewinnrücklage

Der Standard ist gemäß IFRS 1.2 anzuwenden auf

- den erstmaligen IFRS-Jahres- oder Konzernabschluss;
- den Zwischenbericht gemäß IAS 34, sofern das Unternehmen diesen (freiwillig oder verpflichtend) schon im erstmaligen IFRS-Berichtsjahr erstattet.

Wer ist Erstanwender?

Wann ein Unternehmen Erstanwender ist, hängt davon ab, ob bisherige, über die interne Verwendung hinausgehende Bilanzen als IFRS/IAS-konform deklariert wurden:

Beispiel

Die Blendwerk AG plant nun die echte Umstellung auf IFRS. Die bisherigen Jahresabschlüsse waren eine „IAS-light"-Version, mit einigen Anlehnungen an IAS, aber auch mit gravierenden Abweichungen. Gleichwohl sind die an Banken, Gesellschafter usw. ausgereichten Bilanzen als IAS-Abschlüsse überschrieben und enthalten im Anhang eine ausdrückliche Bestätigung der Übereinstimmung mit den IAS.

Das Unternehmen ist kein Erstanwender. Es muss notwendige Bereinigungen nach IAS 8 als „Fehlerkorrekturen" durchführen und kenntlich machen.

Der erstmalig vorgestellte IFRS-Abschluss muss Vorjahresvergleichszahlen enthalten. Dies erfordert u. a. die Erstellung von **zwei** Gewinn- und Verlustrechnungen und damit nach den Gesetzen der Doppik zwingend die Erstellung von *drei* Bilanzen, die sämtlichen IAS/IFRS-Vorgaben zu genügen haben.

Beispiel

Soll zum 31.12.2005 erstmals eine IFRS-Bilanz erstellt und veröffentlicht werden, bedarf es der Darstellung der Gewinn- und Verlustzahlen für die Geschäftsjahre 2004 und 2005. Deshalb muss eine IFRS-Eröffnungsbilanz zum 1.1.2004, zeitlich identisch mit der HGB-Schlussbilanz zum 31.12.2003 erstellt werden. In der Periode 04 muss zweigleisig verfahren werden: Es bedarf eines „normalen" HGB-Abschlusses und eines nach IFRS, Letzterer als „Vorrat" für den Vorjahresvergleich im erstmaligen Abschluss zum 31.12.05.

Dreh- und Angelpunkt des Übergangsprozederes stellt die (nicht zwingend zu veröffentlichende) IFRS-Eröffnungsbilanz dar, weil sich in ihr alle nach IFRS 1 zu beachtenden Ansatz- und Bewertungsregeln niederschlagen.

Inhalt IFRS-Eröffnungsbilanz

Inhaltlich sind für die Erstellung der IFRS-Eröffnungsbilanz nach IFRS 1.10 folgende **Regeln** (zu den Ausnahmen siehe unten) beachtlich:

- Alle nach IFRS ansatzpflichtigen Vermögenswerte und Schulden sind anzusetzen. Zu Abweichungen gegenüber dem HGB kommt es insbesondere bei originären sowie bei Finanzderivaten mit einem positiven *fair value.*
- Nach IFRS nicht bilanzierungsfähige Posten sind wegzulassen. Betroffen sind insbesondere Aufwandsrückstellungen.
- Alle Bewertungen **sind so vorzunehmen, als ob immer schon nach IFRS bilanziert worden wäre**. Dies betrifft z. B.
  - über den Anschaffungskosten notierende Wertpapiere,
  - mit anteiligem Gewinn auszuweisende Fertigungsaufträge,
  - unter Beachtung des Karrieretrends zu berechnende Pensionsrückstellungen.
- In der Regel entsteht mit der Abweichung von IFRS zu HGB zugleich eine Differenz von IFRS zur Steuerbilanz, die nach den allgemeinen Regeln von IAS 12 zu einer Steuerlatenz führt.

Beispiel

Die nach IAS 19 berechnete Altersversorgungsverpflichtung zum Stichtag der IFRS-Eröffnungsbilanz beträgt 200, der bisherige HGB-Ansatz - identisch mit dem steuerlichen Teilwert nach § 6a EStG - beträgt 150. Der Steuersatz ist 40 %.

Soll	Haben	Betrag
Gewinnrücklage	Pensionsrückstellung	50
Aktive Steuerabgrenzung	Gewinnrücklage	20

IFRS 1.13 ff. sieht verschiedene **Wahlrechte** vor. Danach müssen die IFRS-Standards in bestimmten Fällen nicht retrospektiv angewandt werden. Am bedeutendsten sind die Wahlrechte im Zusammenhang mit dem Sachanlagevermögen sowie für die Unternehmenszusammenschlüsse.

Erleichterungen/ Wahlrechte

Sachanlagevermögen kann in der IFRS-Eröffnungsbilanz

- entweder auf der Basis der fortgeführten IFRS-Anschaffungs-/ Herstellungskosten oder
- zum *fair value* bilanziert werden.

Sachanlagen
- retrospektiv oder
- *fair value*

Die Fortführung eines **HGB-Buchwertes** ist nicht ausdrücklich erlaubt, nach allgemeinen Grundsätzen aber dann zulässig, wenn der HGB-Wert im Wesentlichen dem IFRS-Wert entspricht (IFRS 1 IG7). Dies ist bei steuerlichen Sonderabschreibungen regelmäßig nicht der Fall, bei degressiven Abschreibungen auf bewegliche Vermögenswerte hingegen meistens gegeben.
Das Wahlrecht kann für **jedes Inventar** des Sachanlagevermögens unterschiedlich ausgeübt werden. Dadurch unterscheidet sich die Neubewertung im Rahmen der IFRS-Eröffnungsbilanz von der allgemein nach IAS 16 zulässigen Neubewertung, die nur gruppenweise erfolgen darf. Überdies ist die Neubewertung nach IFRS 1 auch nicht in eine besondere Neubewertungsrücklage einzustellen, sondern lediglich im Anhang des ersten IFRS-Abschlusses erkennbar.

Beispiel

Die Fisch & Stäbchen GmbH besitzt ein Grundstück an der Binnenalster mit erheblichen stillen Reserven in Grund und Boden. Daneben besitzt sie ein Fabrikareal in Wiesmoor, bei dem in geringerem Maße ebenfalls stille Reserven vorliegen mögen, deren Ermittlung jedoch aus verschiedenen Gründen sehr aufwändig wäre. Zur Erhöhung des Eigenkapitalausweises beschränkt sich die Gesellschaft in der IFRS-Eröffnungsbilanz auf den Ansatz des *fair value* für das Grundstück an der Binnenalster.

Auch für Unternehmenszusammenschlüsse gewährt IFRS 1 ein Wahlrecht.

- Entweder wird IAS 22/IFRS 3 rückwirkend angewandt oder
- bisherige Goodwillermittlung und Konsolidierungsverfahren nach bisherigem Recht werden (mit kleinen Ausnahmen) beibehalten. Auch eine handelsrechtliche Rücklagenverrechnung des Goodwill (§ 309 Abs. 1 S. 3 HGB) wäre dann nicht zu stornieren.

Die Möglichkeit, den HGB-Goodwill weiterzuführen, unterliegt einer Ausnahme: Bei Unternehmenserwerben differenziert die HGB-Praxis regelmäßig nicht ausreichend zwischen Goodwill und anderen erworbenen immateriellen Vermögenswerten. Der Markenname des erworbenen Unternehmens, sein Kundenstamm und

andere immaterielle Werte werden in der Praxis häufig unter den Goodwill subsumiert. IAS 22/IFRS 3 i. V. m. IAS 38 sehen hingegen einen Vorrang der immateriellen Einzelwerte vor. Nur ein nach Aktivierung der Einzelwerte noch verbleibender Kaufpreisüberschuss stellt Goodwill dar. Dieser Unterschied zwischen IFRS und HGB ist im Rahmen des **erleichterten** Übergangs auf IFRS zum Teil durch **Anpassungen** zu berücksichtigen: Die Anpassungen betreffen allerdings nur solche immateriellen Vermögenswerte, die auch schon das erworbene Unternehmen in seiner (fiktiven) IFRS-Einzelbilanz hätte aktivieren müssen; in erster Linie handelt es sich dabei um **Entwicklungskosten**. Hingegen sind immaterielle Werte, die nur bei einem Unternehmenserwerb aufzudecken sind (z. B. Kundenlisten), beim erleichterten Übergang auf IFRS nicht zu berücksichtigen.
Im Übrigen ist bei Inanspruchnahme der Übergangserleichterung für den Goodwill noch zwingend ein *impairment*-Test durchzuführen. Zur Ermittlung des Goodwill aus Unternehmensakquisitionen kann danach folgendes Rechenschema dienen:

	in der HGB-Schlussbilanz 31.12.03 ausgewiesener Goodwill
-	darin enthaltene immaterielle Einzelwerte*
+	evt. latente Steuer darauf
=	IFRS-Goodwill vor *impairment*
-	eventuelles *impairment*
=	Goodwill in IFRS-Eröffnungsbilanz 1.1.05

* jedoch nur insoweit, als die immateriellen Werte auch schon in einer IFRS-Bilanz des erworbenen Unternehmens ansatzfähig gewesen wären

Zur Anwendung des Schemas folgendes Beispiel:

Beispiel

U hat am 1.1.2002 das schuldenfreie Unternehmen Z mit einem Eigenkapital von 800 für einen Kaufpreis von 2 Mio. erworben. Das Sach- und Finanzvermögen enthielt keine stillen Reserven. Jedoch verfügte das Unternehmen über einen wertvollen Kundenstamm (Wert 0,5 Mio.) sowie selbst entwickelte Patente (Entwicklungskosten 0,2 Mio., Wert 0,5 Mio.). In der HGB-Konzernbilanz des Erwerbers wurden diese immateriellen Werte unter den Goodwill subsumiert. Der Goodwill wurde über die auch nach IFRS-zulässige Dauer von 10 Jahren abgeschrieben.

Nachfolgend zunächst die Berechnungen nach HGB und nach IFRS retrospektiv:

	HGB	**IFRS retrospektiv**
Kaufpreis	2.000	2.000
- diverses Vermögen	800	800
- Kundenstamm		500
- Entwicklungskosten		500
= Goodwill zum Erwerbszeitpunkt	1.200	200
- Abschreibung (2/10)	200	20
= Goodwill 31.12.2003	1.000	80

Bei Inanspruchnahme der Erleichterungen ist wie folgt zu differenzieren:

- Der Kundenstamm wäre zwar beim Erwerber, aber nicht bei erworbenem Unternehmen nach IFRS bilanzwirksam gewesen. Eine Anpassung findet deshalb nicht statt.
- Die Entwicklungskosten wären beim erworbenen Unternehmen nach IFRS mit 0,2 Mio. anzusetzen.

Danach ergibt sich folgende Rechnung:

Goodwill nach HGB		1.000
- Entwicklungskosten (in der IFRS-Eröffnunsgbilanz anzusetzen)	-	200
+ passive latente Steuern darauf (50 %)	+	100
= Goodwill IFRS vor *impairment*	=	900

Eine Anpassung der kumulierten Abschreibung findet nicht statt. An Stelle der Anpassung tritt der *impairment*-Test.

Im erstmaligen IFRS-Abschluss müssen nach IFRS 1.35 sämtliche Anhangangaben nach Maßgabe der Einzelstandards enthalten sein. Außerdem ist der übliche Vorjahresvergleich vorzunehmen. Zusätzlich hat jeder Erstanwender eine **Erläuterung** des Übergangs zu geben. Dazu sind gem. IFRS 1.29 folgende Angaben zu machen:

- Das Eigenkapital der „technischen" HGB-Schlussbilanz (im Beispiel der 31.12.2003) ist auf den Ausweis in der IFRS-Eröffnungsbilanz (z. B. 1.1.2004) überzuleiten.
- Entsprechend ist für den Folgestichtag (oben der 31.12.2004) zu verfahren.
- In der ersten vollen IFRS-Periode sind die Vorjahres-HGB-Zahlen der GuV auf IFRS-Zahlen überzuleiten.

Nachfolgend ein verkürztes Beispiel:

Beispiel

Die Auto-Konzern AG veröffentlicht erstmals zum 31.12.2005 einen IFRS-Abschluss. Der Abschluss enthält zunächst folgende bilanzielle Überleitungsrechnung für den 1.1.05 und 04:

Auto-Konzern AG	**Mio. EUR 05**	**Mio. EUR 04**
Eigenkapital nach HGB zum 31.12.04 (Vorjahr)	11.000	10.000
Aktivierte Entwicklungskosten	4.100	4.000
Neubewertung Grund und Boden	2.750	3.000
Weniger Abschreibung Maschinen	450	500
Aktivierte Gemeinkosten in Vorräten	2.500	2.500
Abweichende Bewertung Wertpapiere	900	900
Latente Steuern auf temporäre Differenz	-4.520	-5.000
Latente Steuern auf Verlustvorträge	3.000	3.000
Geänderte Bewertung von Pensions-Verpflichtungen	-500	-400
Bisher bilanzierte Aufwandsrückstellungen	1.000	1.900
Abzinsung langfristiger so. Rückstellungen	100	100
Eigenkapital gemäß IFRS zum 1.1.05 (Vorjahr)	20.780	20.500

Die Eigenkapitalüberleitung wird wie folgt erläutert:

Geänderte Bilanzierungs-, Bewertungs- und Konsolidierungsmethoden

- **Entwicklungskosten** sind als immaterielle Vermögenswerte aktiviert, sofern die Herstellung der entwickelten Produkte dem Konzern wahrscheinlich einen wirtschaftlichen Nutzen bringen wird.
- Der **Grund und Boden** in Auto-Stadt wurde neu bewertet.
- **Steuerliche Sonderabschreibungen** sind im IFRS-Abschluss nicht zulässig.
- **Vorräte** müssen nach IAS 2 zu Vollkosten bewertet werden; bisher wurden sie im Auto-Konzern nur mit ihren Einzelkosten aktiviert.
- **Wertpapiere** sind erfolgswirksam mit ihrem Zeitwert bilanziert, auch wenn dieser die Anschaffungskosten übersteigt.
- **Pensionsrückstellungen** werden nach dem Anwartschaftsbarwertverfahren gemäß IAS 19 unter Berücksichtigung zukünftiger Gehalts- und Rentensteigerungen ermittelt.
- **Rückstellungen** sind nach IFRS nur dann zu bilden, wenn Verpflichtungen gegenüber Dritten bestehen. Weggefallen sind daher Instandhaltungsrückstellungen (900) sowie Aufwandsrückstellungen gemäß § 249 Abs. 2 HGB für geplante Reorganisationen (1.000). Langfristige Rückstellungen werden abgezinst.
- **Latente Steuern** werden nach der Verbindlichkeiten-Methode ermittelt. Für Verlustvorträge werden aktive latente Steuern berücksichtigt, sofern damit zu rechnen ist, dass sie genutzt werden können.

Außerdem sind die Ergebnisunterschiede 2004 zu erläutern, z. B. in folgender Form:

	IFRS 2004	HGB 2004	Unterschied
Aktivierung Herstellungskosten für selbst geschaffene immaterielle Vermögenswerte	500	0	+ 500
Planmäßige Abschreibungen auf Sachanlagen	- 1.000	- 700	- 300
Planmäßige Abschreibung selbst geschaffener immaterieller Vermögenswerte	- 400	0	- 400
Instandhaltungen	- 1.000	- 100	- 900
Zuführung Rückstellung für Altersversorgungsverpflichtungen	- 200	- 100	- 100
Ergebnis vor Steuern	- 2.100	- 900	-1.200
Ertrag aus lat. Steuern	+ 480	0	+ 480
Ergebnis nach Steuern	- 1.620	- 900	- 720

Die Rechenwerke lassen sich im Übrigen wie folgt abstimmen:

	Eigenkapital IFRS 1.1.04	20.500	
-	Eigenkapital HGB 31.12.03	- 10.000	
=	Mehr Eigenkapital IFRS-Eröffnungsbilanz 2004	10.500	
+/-	GuV-Unterschied 2004	- 720	
=	Mehr Eigenkapital IFRS-Eröffnungsbilanz 2005	9.780	9.780
	Eigenkapital IFRS 1.1.05	20.780	
-	Eigenkapital HGB 31.12.04	- 11.000	
=	Mehr Eigenkapital IFRS-Eröffnungsbilanz 2005	9.780	- 9.780
Abstimmungssaldo			**0**

4 Zusammenfassung

Der Übergang auf die IFRS-Rechnungslegung ist keine kleine Aufgabe. Das Ob, Wann und Wie wollen sorgfältig bedacht und geplant sein.

Im Rahmen einer freiwilligen Umstellung ist zunächst das Ob zu prüfen. In der Regel werden **Defizite der bestehenden handelsrechtlichen Rechnungslegung** das auslösende Motiv sein. Defizite in der Außenkommunikation können z. B. beim Hoch- oder Anlagenbau daraus resultieren, dass die Umsätze und Gewinne jeweils erst mit Fertigstellung realisiert werden und daher die Kreditgeber durch allzu starke Schwankungen irritiert werden. IFRS bietet hier die Lösung der *percentage-of-completion*-Methode. Defizite in der Innenkommunikation können sich ergeben, wenn im grenzüberschreitenden mittelständischen Konzern die einheitliche „Sprache" fehlt. IFRS kann diese Sprachverwirrung beenden.

Das Wie der Umstellung betrifft die Planung und Organisation der Aufgaben und Ressourcen.

- Sachlich geht es darum, welche Aufgabenfelder zu erledigen sind.
- Personell interessiert, wer tätig werden soll, d. h., welche internen Kräfte aus Rechnungswesen, EDV und Geschäftsführung am Einführungsprojekt mitarbeiten sollen und wie die externe Unterstützung durch Berater und Schulungen sein soll.

In der **Ablaufplanung** sind als wesentliche Phasen zu berücksichtigen:

- Erst- und Folgeschulungen der Projektmitglieder.
- Vorläufige Analysen der IFRS-HGB-Unterschiede.
- Erstellung und Validierung einer (Konzern-)Bilanzrichtlinie.
- Implementierung der IFRS-Bilanzierung und des IFRS-gestützten internen Reporting.

Besondere Bedeutung kommt den Entscheidungen zur Organisation der FiBu zu. Solange ein einzelbilanzieller Abschluss nach HGB erforderlich ist, müssen zwei Rechnungslegungssysteme abgebildet werden. Eine hohe Automatisierung dieser Doppelabbildung ist wünschenswert und in gängigen EDV-Systemen möglich.

Eine frühzeitige Planung berücksichtigt, dass eine IFRS-Einführung 2005 wegen des Vorjahresvergleichs eine Eröffnungsbilanz auf den 1.1.2004 bedingt. In der **IFRS-Eröffnungsbilanz** sind alle Vermögenswerte und Schulden so zu erfassen und zu bewerten, als ob immer schon nach (heutigen) IAS/IFRS-Regeln bilanziert worden wäre. Aus dieser **Retrospektion** resultierende Abweichungen gegen-

über den bisherigen HGB-Buchwerten sind erfolgsneutral gegen Gewinnrücklagen zu buchen.
Bei lange zurückreichenden Sachverhalten kann die retrospektive Anwendung unpraktikabel bzw. aufwändig sein. IFRS 1 gewährt deshalb als Wahlrecht **Ausnahmen vom Retrospektionsgrundsatz**. Betroffen sind vor allem

- das **Sachanlagevermögen**, bei dem eine Neubewertung an Stelle nach IAS berechneter Buchwerte treten kann,
- sowie **Goodwills** aus Unternehmenszusammenschlüssen, die im Wesentlichen nach HGB fortgeführt werden können.

M Checkliste wesentlicher Abweichungen IAS/IFRS von HGB

	HGB	IAS/IFRS
ALLGEMEINES		
Regelungssystem	abstrakt, d. h. Einzelfallbezug nur über Rechtsprechung und Kommentare	konkret, d. h. Behandlung relevanter Einzelfälle (Einzelregelungen gehen *Framework* vor)
Zielsetzung der Rechnungslegung	vorsichtige Ermittlung des ausschüttungsfähigen Gewinns	Vermittlung entscheidungsnützlicher Informationen (*Framework*)
Dominierendes Prinzip	Vorsichtsprinzip	Grundsatz der periodengerechten Gewinnermittlung (*Framework*)
Rechtsform und Größenklassen der Unternehmen	Rechnungslegung, Publizität und Prüfung sind rechtsform- und größenabhängig	keine Differenzierung nach Rechtsform und Größenklasse; aber Publizität und Prüfung ohnehin national geregelt
Abschlussbestandteile	1. Bilanz 2. GuV 3. bei KapGes auch Anhang und Lagebericht 4. bei Konzern auch Kapitalflussrechnung, Eigenkapitalspiegel, 5. bei Börsennotierung Segmentbericht	1. Bilanz 2. GuV 3. *notes* 4. Eigenkapitalveränderungsrechnung 5. Kapitalflussrechnung 6. bei börsennotierten Gesellschaften auch Segmentbericht und Ergebnis je Aktie
Gliederung Bilanz	für Personenunternehmen keine, für KapGes streng detaillierte Einzelvorschriften	Bilanz kann mit wenigen Posten auskommen: Untergliederungen und Fristigkeitsangaben wahlweise in Bilanz oder *notes* (IAS 1)

	HGB	IAS/IFRS
ALLGEMEINES		
Gliederung GuV	Gesamtkostenverfahren (GKV) oder Umsatzkostenverfahren (UKV)	In GuV nur wenige Mindestangaben. Weitere Aufgliederung nach *nature-of-expense* (GKV) oder *cost-of-sales* (UKV) wahlweise in GuV selbst oder in den *notes* (IAS 1)
Ergebnis aus einzustellendem Geschäftsbereich	keine Sondervorschriften	gesonderter Ausweis (*discontinuing operations*) (IAS 35)
Vorjahresangaben	Bilanz und GuV	in allen Abschlussbestandteilen, einschließlich *notes*
BILANZ		
Sonderaufwendungen		
Eigenkapital-Beschaffungskosten	Aktivierungsverbot, sofort aufwandswirksam	Aktivierungsverbot, aber nicht Aufwand, sondern Rücklagenverrechnung (IAS 32.35)
Ingangsetzungs- u. Erweiterungsaufwand	Aktivierungswahlrecht	Aktivierungsverbot (IAS 38.57a)
Immaterielles AV		
Entwicklungskosten	Aktivierungsverbot	Aktivierungsgebot; aber faktisches Wahlrecht , da Forschungskosten nicht zu aktivieren und Abgrenzung Ermessensfrage (IAS 38.42 ff.)
Derivativer Goodwill Einzelbilanz	Aktivierungswahlrecht	Aktivierungsgebot (IAS 22.41 ff.)
Derivativer Goodwill Konzern	wahlweise Aktivierung oder Rücklagenverrechnung	Aktivierungsgebot (IAS 22.41 ff.)
Negativer Firmenwert	nur für Konzernbilanz geregelt	für Konzern und Einzelbilanz geregelt (IAS 22.59 ff.)

	HGB	IAS/IFRS
Sachanlagen		
Abschreibung	Übernahme steuerlicher Abschreibungen (umgekehrte Maßgeblichkeit) (nach TransPuG nicht mehr im Konzernbeschluss)	keine Übernahme steuerlicher Abschreibungen
Außerplanmäßige Abschreibung (Theorie)	wiederbeschaffungswertorientiert	absatzmarktorientiert (insbesondere *value in use*) (IAS 36)
Wertaufholung	für KapGes Gebot	Gebot
Neubewertung (durch Gutachten usw.)	verboten	zulässig; Form: Erfolgsneutral gegen Rücklagen (IAS 16)
Tausch	wahlweise Gewinnrealisierung oder Buchwertfortführung	keine Gewinnrealisierung, wenn ohne wirtschaftlichen Gehalt (IAS 16)
Investitionszulagen und -zuschüsse	wahlweise 1. sofortige erfolgswirksame Vereinnahmung 2. AK-Kürzung oder 3. SoPo	Wahlweise 1. AK-Kürzung oder 2. SoPo hingegen nicht sofortige erfolgswirksame Vereinnahmung (IAS 20)
Kriterien für *finance leasing*, d. h. Zurechnung zum Leasingnehmer	1. Spezialleasing 2. Laufzeit über 90 % der Nutzungsdauer 3. günstige Kaufoption 4. günstige Mietverlängerungsoption 5. Sonderregeln Immobilien	1. Spezialleasing 2. Laufzeit überwiegender Teil der Nutzungsdauer 3. günstige Kaufoption 4. Barwert Mindestleasingzahlungen gleich oder größer Zeitwert Leasinggut 5. Sonderregeln Immobilien (IAS 17)
sale-and-operate-lease-back	sofortige Realisierung Buchgewinn	ggf. Abgrenzung des Buchgewinns, wenn Veräußerungspreis über *fair value* (IAS 17)

	HGB	IAS/IFRS
Nicht eigenbetrieblich genutzte Grundstücke und Gebäude	keine speziellen Regelungen	als *investment properties* gesondert geregelt. Wahlweise nach Anschaffungskostenprinzip oder Stichtagszeitwert; im ersten Fall Anhangsangabe zu Zeitwert (IAS 40)
Vorräte		
Gewinnrealisierung bei (langfristiger) Auftragsfertigung	Realisierung bei Abschluss des Auftrages bzw. Abnahme (unter speziellen Voraussetzungen ggf. früher)	Realisierung nach Fertigstellungsgrad (*percentage-of-completion*); dabei Ermittlung Fertigstellungsgrad wahlweise nach Verhältnis Kosten/Gesamtkosten oder Leistung/Gesamtleistung (IAS 11)
Herstellungskosten	Einzel- oder Vollkosten	Vollkosten (IAS 2)
Niederstwertprinzip	teils absatzmarktorientiert, teils beschaffungsmarktorientiert	absatzmarktorientiert
Festwert	zulässig	ggf. zulässig (*materiality*)
GWG-Abschreibung	zulässig	ggf. zulässig (*materiality*)
Fifo, Lifo	beide zulässig	nur Fifo zulässig

	HGB	IAS/IFRS
Finanzvermögen		
Bewertung Anteile an nahe stehenden Unternehmen	Anschaffungskostenprinzip (unter Berücksichtigung des Niederstwertes)	wahlweise Anschaffungskostenprinzip oder *fair value*
Wertpapiere, soweit jederzeit veräußerbar (*available-for-sale*) oder zu Handelszwecken gehalten (*trading*)	Anschaffungskostenprinzip (unter Berücksichtigung des Niederstwertes)	Stichtagszeitwert, auch wenn über Anschaffungskosten Bewertungsergebnis erfolgsneutral gegen EK zu buchen, wenn jederzeit veräußerbar, hingegen erfolgswirksam über GuV, wenn zu Handelszwecken (IAS 39)
Finanzderivate	Wertänderung nur bei Drohverlust zu berücksichtigen	auch im Gewinnfall erfolgswirksam zu Stichtagszeitwert erfassen
Hedge-accounting (Sicherungszusammenhänge)	keine speziellen Regelungen; nach vordringender Auffassung aber gegenläufige Erfolge aus Sicherungs- und Grundgeschäft „saldierungsfähig"	spezielle Regelungen in IAS 39; 1. *cash flow hedge* zukünftiger Zahlungsströme: Derivateerfolg neutral gegen EK; 2. *fair value hedge*: Marktwertänderungen Grundgeschäft und Sicherungsgeschäft sofort erfolgswirksam
Disagio aus Verbindlichkeiten	getrennt von Verbindlichkeit zu erfassen, dabei Aktivierungswahlrecht	im Rahmen des Anschaffungskostenprinzips mit Verbindlichkeit zu erfassen (Kürzung); Aufwand über Laufzeit durch Aufzinsung Verbindlichkeit nach Effektivzinsmethode

	HGB	IAS/IFRS
Eigenkapital		
Abgrenzung von Fremdkapital	1. Verlustteilhabe und 2. Nachrangigkeit in Insolvenz und 3. Langfristigkeit (z. B. häufig bei Genussrechten)	Nichtrückzahlbarkeit, deshalb z. B. auch nachrangige, langfristige Genussrechte mit Verlustteilnahme kein Eigenkapital (IAS 32)
Kosten EK-Beschaffung	(außerordentlicher) Aufwand	Kürzung Kapitalrücklage auf Nach-Steuer-Basis (IAS 32)
Geldwerte Vorteile aus *stock options*	kein Personalaufwand bei Gesellschaft	zukünftig als Personalaufwand der Gesellschaft anzusetzen (ED 2)
Spezielle Bewertungsrücklagen	nicht vorgesehen	u. a. für Neubewertung und für Erfolg aus *available-for-sale*-Wertpapieren
Eigene Anteile	aktivieren	vom Eigenkapital absetzen
EK- Veränderungsrechnung	nur börsennotierte	zwingender Abschlussbestandteil
Rückstellungen		
Aufwandsrückstellungen	Passivierung, z. T. als Wahlrecht	Passivierungsverbot (IAS 37)
Wahrscheinlichkeitsschwelle Verbindlichkeitsrückstellung	unbestimmt (Steuerrecht lt. BFH: „Mehr Gründe für als gegen Inanspruchnahme")	es müssen mehr Gründe für als gegen Inanspruchnahme durch Dritten sprechen (IAS 37.16)
Bewertung Verbindlichkeitsrückstellung	vernünftige kaufmännische Beurteilung	i. d. R. auch dann wahrscheinlichster Wert, wenn anderer Werte höher (IAS 37.40)
Quasi sichere Rückgriffsansprüche	rückstellungskürzend berücksichtigen	separat aktivisch erfassen (IAS 37.53)
Veränderung Rückstellung	keine speziellen Vorschriften	Auflösung nicht benötigter Rückstellung und tatsächliche Inanspruchnahme separat in *notes* darzustellen (IAS 37.84)

	HGB	IAS/IFRS
Abzinsung Verbindlickeitsrückstellung	nur soweit verdeckter Zinsanteil in Verbindlichkeit	immer, wenn Abzinsung Wert wesentlich beeinflusst (IAS 37.45)
Bewertung Drohverlustrückstellung	strittig, ob Teil- oder Vollkosten	vollkostenorientiert
Restrukturierungsrückstellung (Verkauf oder Aufgabe von Bereichen usw.)	keine speziellen Vorschriften	Konkretisierung der allgemeinen Vorschriften durch IAS 37.72 Passivierungsvoraussetzung: 1. Verkauf: bindender Vertrag 2. Aufgabe: detaillierter und bekannt gegebener Plan
Rückstellung Rückbau, Rekultivierung usw.	ratierliche Bildung	volle Einbuchung gegen Erhöhung AK des entsprechenden Anlagegegenstandes (IAS 16.15e)
Pensionsrückstellungen Altzusagen (vor 1997)	Passivierungswahlrecht	Passivierungsgebot
Bewertung Pensionsrückstellungen	i. d. R. auf Basis aktuelles Gehalt; i. d. R. 6 % Abzinsung	auf Basis zukünftigen Gehalts (Karrieretrends); fristenadäquater Zins (IAS 19)
Verbindlichkeiten		
Zugangswert langfristige Verbindlichkeiten	Rückzahlungsbetrag, z. B. keine Kürzung um Disagio	vereinnahmter Betrag, d. h. z. B. Kürzung um Disagio
Folgebewertung langfristige Verbindlichkeiten	Anschaffungskostenprinzip (unter Berücksichtigung von Höchstwert)	amortisierte AK, d. h. bei Differenz von Einnahme und Rückzahlung Aufzinsung nach Effektivzinsmethode
Fremdwährungsverbindlichkeiten	Höchstwertprinzip, d. h. Anschaffungskosten oder höherer Stichtagswert	Stichtagskurs, d. h. Stichtagswert auch dann, wenn Kurs der Fremdwährung gesunken

	HGB	IAS/IFRS
Latente Steuern		
Latente Steuern auslösende Differenzen	*timing differences*, d. h. Periodisierungsabweichungen zwischen handelsrechtlichem und steuerlichem Ergebnis (entstandene Erfolgsunterschiede, die sich in Zukunft umkehren)	*temporary differences*, d. h. sich im Zeitablauf auflösende Wertdifferenzen zwischen IAS- und Steuerbilanz, auch soweit diese nicht erfolgswirksam entstanden sind (IAS 12)
Aktive latente Steuern im Einzelabschluss	Aktivierungswahlrecht	Aktivierungsgebot (IAS 12)
Aktive latente Steuern auf Konsolidierungsmaßnahmen	Aktivierungsgebot	Aktivierungsgebot (IAS 12)
Latente Steuern auf Verlustvorträge	nicht aktivierungsfähig	aktivierungspflichtig, soweit Verwertung durch zukünftiges positives Einkommen wahrscheinlich (IAS 12.36)
Bildung latenter Steuern	über GuV	im Allgemeinen über GuV, jedoch unmittelbar gegen EK, soweit auch zugrunde liegende Wertänderung gegen EK (z. B. Neubewertung) (IAS 12.61)
Saldierung aktive und passive latente Steuern	für Einzelabschluss: umstritten aus Konsolidierungsmaßnahmen: zwingend	bei Aufrechnungslage ggf. zwingend (IAS 12.74)

	HGB	IAS/IFRS
Konzernabschluss		
Aufstellungspflicht	größen- und rechtsformabhängig	unabhängig von Größe und Rechtsform
Konsolidierungskreis	Einbeziehungswahlrechte und -verbote	keine speziellen Einbeziehungswahlrechte, jedoch *materiality*-Grundsatz. Einbeziehungsverbot bei Veräußerungszweck
Erstkonsolidierungszeitpunkt Tochterunternehmen	wahlweise Erwerbszeitpunkt oder erstmalige Einbeziehung in Konzernabschluss	Erwerbszeitpunkt (IAS 22.19)
Stichtag der Konzernbilanz	seit TransPuG wie IAS	Bilanzstichtag des Mutterunternehmens (IAS 27.20)
Währungsumrechnung unselbstständige ausländische Töchter	Zeitbezugsmethode, dabei ggf. Aufwand, aber kein Ertrag	Zeitbezugsmethode, dabei ggf. Aufwand oder Ertrag (IAS 21)
Ausweis Minderheitsanteile	gesonderter Posten innerhalb des EK	gesonderter Posten innerhalb des EK
Vereinfachungen (Konsolidierungskreis, Zwischenergebniseliminierung usw.)	eingeschränkt zulässig	eingeschränkt zulässig

N Arbeitshilfen auf einen Blick

IFRS Arbeits-Bilanz – Aktiva

	IAS/IFRS	HGB
ANLAGEVERMÖGEN		
Immaterielle Vermögenswerte		
Sachanlagen		
Nicht betrieblich genutzte Grundstücke		
Finanzanlagen		
Latente Steuern		
UMLAUFVERMÖGEN		
Vorräte		
Forderungen L + L		
Übrige Forderungen und Vermögenswerte		
Tatsächliche Steuern		
Flüssige Mittel		
SUMME VERMÖGENSWERTE		

IFRS-Arbeitsbilanz – Passiva

	IAS/IFRS	HGB
EIGENKAPITAL		
Eingezahltes Kapital:		
- Gez. Kapital		
- Kapitalrücklage		
Neubewertungsrücklage		
Rücklage Zeitbewertung Finanzinstrumente		
Angesammelte Ergebnisse:		
- Gewinnrücklagen		
- Gewinnvortrag		
Jahresüberschuss		
MINDERHEITSANTEILE KONZERN		
LANGFRISTIGE SCHULDEN		
Langfristige Finanzschulden		
Übrige langfristige Verbindlichkeiten		
Pensionsverpflichtungen		
Andere langfristige Rückstellungen		
Latente Steuern		
KURZFRISTIGE SCHULDEN		
Kurzfristige Finanzschulden		
Verbindlichkeiten L + L		
Übrige kurzfristige Verbindlichkeiten		
Kurzfristige Rückstellungen		
Tatsächliche Steuern		
SUMME EIGENKAPITAL UND SCHULDEN		

Arbeits-GuV

Gesamtkostenverfahren

	IAS/IFRS	HGB
Umsatzerlöse		
Bestandsveränderung Erzeugnisse		
Aktivierte Eigenleistungen		
Sonstige betriebliche Erträge		
Materialaufwand		
Personalaufwand		
Abschreibungen		
Sonstige betriebliche Aufwendungen		
Operatives Ergebnis		
Finanzergebnis		
Jahresüberschuss vor Ertragsteuern		
Ertragsteuern		
Jahresüberschuss		
Gewinnanteil Minderheitsgesellschafter		
Gewinn Eigenkapitalgeber		

Arbeits-GuV

Umsatzkostenverfahren

	IAS/IFRS	HGB
Umsatzerlöse		
Herstellungskosten der zur Erzielung der Umsatzerlöse erbrachten Leistungen		
Bruttoergebnis vom Umsatz		
Vertriebskosten		
Allgemeine Verwaltungskosten		
Sonstige betriebliche Erträge		
Sonstige betriebliche Aufwendungen		
Operatives Ergebnis		
Finanzergebnis		
Jahresüberschuss vor Steuern		
Ertragsteuern		
Jahresüberschuss		
Gewinnanteil Minderheitsgesellschafter		
Gewinn Eigenkapitalgeber		

Equity-Bewertung

Jahr	Beschreibung	Betrag
	Zugangsbewertung:	
.. .. 01	zu Anschaffungskosten	....
	Fortschreibung um Dividenden und Gewinnanteil:	
	- (Vorab-)Ausschüttung in 01 (anteilig)	- ....
	+/- Gewinn-/Verlustanteil 01	+/- ....
	= Zwischensumme	= ....
	Fortschreibung Unterschiedsbetrag:	
	- Abschr. stille Reserven Immaterielle (1/X)*	- ....
	- Abschr. stille Reserven .... (1/Y)*	- ....
	- Abgang stille Reserven Vorräte	- ....
	- Abschreibung Firmenwert (1/Z)*	- ....
31.12.01	**= *at-equity*-Wert**	= ....
Erläuterung i. S. Unterschiedsbetrag:		
Anschaffungskosten Anteile		....
- Anteilig erworbenes EK (Buchwert)		- ....
= Unterschiedsbetrag		= ....
- anteilige stille Reserven Immaterielle (ND = X Jahre)		- ....
- anteilige Stille Reserven Grund und Boden		- ....
- anteilige Stille Reserven .... (ND = Y Jahre)		- ....
- anteilige stille Reserven Vorräte		- ....
= anteiliger Firmenwert (ND = Z Jahre)		= ....
*) d. h. pro rata temporis		

Auftragsfertigung mit Festpreisvereinbarung

	01	02	03	04
ursprünglicher Erlös				
+ Nachtrag wg. Erweiterung				
= gesamter Erlös				
- gesamte Kosten				
= geschätzter Gesamt-Gewinn				
Kosten bis Stichtag				
Fertigstellungsgrad (= kumulierte Stichtagskosten/ Gesamtkosten)	%	%	%	%
kumulierter Erlös (Gesamterlös X % Fertigstellung)				
- davon in Vorjahren				
= Periodenerlös				
kumulierte Kosten (s. o.)				
- davon in Vorjahren				
= Periodenkosten				
Periodengewinn (Ertrag-Kosten)				

Rückstellungsspiegel

Art der Rückstellung	BW 1.1.	Zuführung	Zinseffekt*	Inanspruchn.	Auflösung	BW 31.12.
Summe						

*) Veränderung der Rückstellung wg. Abzinsung, z. B. bei

10 % Zins, vorauss. Fälligkeit 31.12.02 und vorauss. Zahllast von 242

- Buchwert = Barwert 31.12.00: 242/(1,1 x 1,1) = 200
- Zinseffekt 1.1. – 31.12.01: 200 x 0,1 = 20
- Buchwert = Barwert 31.12.01: 200 + 20 = 220 = 242/1,1

Steuerlatenzen

	00			01		
	IAS StB	Pos. Diff.	Neg. Diff.	IAS StB	Pos. Diff.	Neg. Diff.
Goodwill (soweit abschreibbar)						
Sonstiges immater. AV						
Grund und Boden						
Gebäude						
Maschinen						
Sonstige Sachanlagen						
Wertpapiere						
Sonstiges						
Finanzvermögen						
Teilgewinn langfistige Auftragsfertigung						
Pensionsrückstellungen						
Drohverlustrückstellung						
Sonstige Rückstellungen						
Saldo		b1.....	b2.....		a1.....	a2.....
x Steuersatz (z. B.)		X %	X %		Y %	Y %
= passive/aktive latente Steuern (ohne Verl.vortr.)		.....	.....		.....	.....
- Vorjahr						
= Veränderung					.....	.....
- davon erfolgsneutral					.....	.....
= Ertrag/Aufwand					c1.....	c2.....
Aufschlüsselung Veränderung						
wg. Umkehrung Diff.	+ X % von (a – b)					.....
wg. Steuersatz	(Y % - X %) von a					.....
= Veränderung Steuerlatenz (wie oben)						c.....

Anzuwendender und effektiver Steuersatz

GewSt (H = Hebesatz)	H x 5 % =	.........%		
unter Beachtung Abzugsfähigkeit bei sich selbst		/ (1+ H x 0,05)	=	a.....%
KöSt + SolZ	25 % x 1,055 =	26,4 %		
unter Beachtung Abzugsfähigkeit GewSt		x (1-a.....)	=	......%
Anzuwendender Steuersatz				......%
Effektiver Steuersatz (Steuer/Ergebnis vor Steuern)			=	......%

Überleitungsrechnung	
Anzuwendender Steuersatz	......%
Steuerwirkung nicht abziehbare Betriebsausgaben (nicht abziehbare BA/Ergebnis vor Steuern x anzuwendender Steuersatz)	......%
Effektiver Steuersatz	......%

Eigenkapitalveränderungsrechnung

	Gez. Kap.	Kap. RL	Neu-bew. RL	RL Zeit-bew.	Ak-kum. Gew.	Sum-me
Saldo 1.1. ..						
+/- Änderung Bilanzierungs- und Bewertungsmethoden sowie Bilanzkorrektur						
= angepasster Saldo 1.1. ..						
Ergebnis aus Zeitbewertung. Finanzinstrumente (available for sale)						
Überschuss aus Neubewertung von ... (z. B. Grundstücke)						
- Fehlbetrag aus Neubewertung von ... (z. B. Grundstücke)						
= nicht in GuV berücksichtigte Gewinne						
+ Periodenergebnis						
= Gesamteinkommen						
- Dividenden						
+ Kapitalerhöhung						
+ angepasster Saldo 1.1. .. (s. o.)						
= Saldo 31.12. ..						

Aufbau des Anhangs (Vorschlag)

Anhang 1 bis 4: Bilanzierungs- und Bewertungsmethoden

1. Grundlagen (Anwendung IAS usw.)
2. 2.Konsolidierungskreis und -methoden*
3. Währungsumrechnung
4. Bilanzierungs- und Bewertungsmethoden
   a) Ertrags- und Aufwandsrealisierung
   b) Leasing
   c) Herstellungskosten
   d) ...

Anhang 5 bis 14: Erläuterungen zur GuV

5. Erlöse aus ... (Kerngeschäft)
6. Andere Erlöse
7. Sonstige betriebliche Erträge
8. ...
13. Steuern
14. Ergebnis je Aktie**

Anhang 15 bis 29: Erläuterungen zur Bilanz

15. Anlagevermögen, Anlagenspiegel
16. Immaterielle Vermögenswerte
17. Finanzanlagen
18. ...

Anhang 30 bis 35: Sonstige Angaben

30. Ereignisse nach dem Bilanzstichtag
31. Sonstige Verpflichtungen (Bestellobligo usw.)
32. Risikosteuerung, Finanzderivate
33. Segmentbericht**
34. Beziehungen zu nahe stehenden Unternehmen
35. Vorstand und Aufsichtsrat (Mitglieder und Bezüge)

---

*) nur im Konzern.

**) nur börsennotierte Unternehmen (IAS 33 und 14).

Literaturempfehlungen

Quellen:

IAS/IFRS – Rechtsquellen, CD, Standards, Interpretationen, Service, Haufe 2004.

International Financial Reporting Standards (jährlich neu), IASB (www.iasc.org.uk).

International Financial Reporting Standards in amtlicher Übersetzung: Amtsblatt der EU, Nr. L 261 vom 13.10.2003.

DRS Deutsche Rechnungslegungs Standards, DRSC-Committee Loseblattwerk, Schäffer-Poeschel.

IdW Prüfungsstandards, Prüfungsstandards, Stellungnahmen zur Rechnungslegung, Prüfungs- und Rechnungslegungshinweise, Loseblattwerk, IdW-Verlag.

IdW Fachgutachten und Stellungnahmen, Loseblattwerk, IdW-Verlag.

Allgemeine Sekundärliteratur:

Hayn/Waldersee: IAS, US-GAAP, HGB im Vergleich, Synoptische Darstellung, Schäffer-Poeschel, 2003.

Pellens: Internationale Rechnungslegung, Schäffer-Poeschel, 2001.

IAS/IFRS-Kommentar:

Lüdenbach/Hoffmann (Hrsg.): Haufe IAS-Kommentar, 2. Aufl., 2004.

Zu Kapitel A: Strategien einer Anpassung der Rechnungslegung

Bernhard: I(A)S alles klar?, in: Accounting 5/2002, S. 8.

Breker/Naumann/Tielmann: Der Wirtschaftsprüfer als Begleiter der Internationalisierung der Rechnungslegung, in: Wirtschaftsprüfung 1999, S. 140 u. 185.

Freidank: Auswirkungen der EU-Verordnung auf (nicht) kapitalmarktorientierte Unternehmen, in: Accounting 4/2003, S. 8.

Göbel: Internationalisierung der externen Rechnungslegung von Unternehmen, in: Der Betrieb 1999, S. 293.

Hoffmann/Lüdenbach: Beschreiten wir mit der Internationalisierung den Königsweg?, in: Deutsches Steuerrecht 2002, S. 871.

Zu Kapitel B: Struktur und Grundannahmen des IASB-Regelwerks

Leibfried: IAS 2005: Beipackzettel lesen, in: Accounting 9/2002, S. 16.

Lüdenbach/Hoffmann: Imparitätische Wahrscheinlichkeit, in: KoR 2003, S. 5.

Lüdenbach/Hoffmann: Vom Principle-based zum Objective-oriented Accounting, in: KoR 2003, S. 376.

Mandler: IAS und Mittelstand – empirische Ergebnisse, Beilage in: Accounting, 2/2003.

Moxter: Rechnungslegungsmythen, in: Betriebs-Berater 2000, S. 2143.

Schildbach: Öffnung der Jahresabschlüsse für IAS und US-GAAP: ein Fortschritt?, in: Steuern und Bilanzen 1999, S. 421.

Wollmert/Achleitner: Konzeptionelle Grundlagen der IAS-Rechnungslegung, in: Wirtschaftsprüfung 1997, S. 209 u. 245.

Zu Kapitel C: Immaterielles und Sachanlagevermögen

Engel-Ciric: Leasing, in: Haufe IAS-Kommentar, 2. Aufl., 2004, § 15.

Hoffmann: Immaterielle Vermögenswerte, in: Haufe IAS-Kommentar, 2. Aufl., 2004, § 13.

Lüdenbach/Frowein: Der Gooodwill-Impairment-Test aus Sicht der Rechnungslegungspraxis, in: Der Betrieb 2003, S. 217.

Lüdenbach/Hoffmann: Bilanzierungsprobleme des Sach- und immateriellen Anlagevermögens nach IAS und HGB, in: Steuern und Bilanzen 2003, S. 145.

Mellwig: Die bilanzielle Darstellung von Leasingverträgen nach den Grundsätzen des IASC, in: Der Betrieb, Beilage 12/98.

Zu Kapitel D und H: Finanzvermögen und Verbindlichkeiten

Gebhardt/Naumann: Grundzüge der Bilanzierung von Financial Instruments und von Absicherungszusammenhängen nach IAS 39, in: Der Betrieb 1999, S. 1461.

Wohlgemuth/Ständer: Der Bewertungsmaßstab „Herstellungskosten" nach HGB und IAS, Die Wirtschaftsprüfung 2003, S. 203.

Zu Kapitel E: Vorräte, Fertigungsaufträge, Ertragsrealisierung

Küting/Harth: Herstellungskosten von Inventories und Selfconstructed Assets nach IAS und US-GAAP, in: Betriebs-Berater 1999, S. 2343 u. 2393.

Zu Kapitel F: Eigenkapital

Kirsch: IAS-Jahresabschluss für Kommanditgesellschaften, in: Betriebs-Berater 2003, S.143.

Zeimes/Thuy: Aktienoptionen sind als Aufwand zu erfassen, in: KoR 2003, S. 39.

Zu Kapitel G: Rückstellungen

Förschle/Kroner/Heddäus: Ungewisse Verpflichtungen nach IAS 37 im Vergleich zum HGB, in: Wirtschaftsprüfung 1999, S. 41.

Hoffmann: Verbindlichkeiten, Rückstellungen; in: Haufe IAS-Kommentar, 2. Aufl., 2004, § 21.

Lüdenbach: Rückbauverpflichtungen nach internationaler Rechnungslegung und deutschem Bilanzrecht, in: Betriebs-Berater 2003, S. 835.

Moxter: Rückstellungen nach IAS, Abweichungen vom geltenden deutschen Bilanzrecht, in: Betriebs-Berater 1999, S. 519.

Rhiel: Externe Finanzierung von Pensionsverpflichtungen, in: Finanz-Betrieb 2000, S. 296.

Schmidbauer: Bilanzierung umweltschutzbedingter Aufwendungen im Handels- und Steuerrecht sowie nach IAS, in: Betriebs-Berater 2000, S. 1130.

Zu Kapitel I: Tatsächliche und latente Steuern

Klein: Die Bilanzierung latenter Steuern nach HGB, IAS und US-GAAP-Vergleich, in: Deutsches Steuerrecht 2001, S. 1450.

Küting: Latente Steuern in der Unternehmenspraxis: Bedeutung für Bilanzpolitik und Unternehmensanalyse, in: Die Wirtschaftsprüfung 2003, S. 301.

Zu Kapitel J: Weitere Abschlussbestandteile

Bork: Kapitalflussrechnung, in: Haufe IAS-Kommentar, 2. Aufl., 2004, § 3.

Pejic/Meiisel: Discontinuing Operations, Ausweis- und Bilanzierungsvorschriften nach dem neuen Standard des IASC, in: Der Betrieb 1998, S. 2229.

Holzer/Ernst: (Other) comprehensive income and non-ownership movements in equity. Erfassung und Ausweis des Jahresergebnisses und des Eigenkapitals nach US-GAAP und IAS, in: Wirtschaftsprüfung 1999, S. 353.

Zu Kapitel K: Konzernabschluss

Heurung: Kapitalkonsolidierungsmethoden für verbundene Unternehmen im Vergleich zwischen IAS und US-GAAP, in: Der Betrieb 2000, S. 1773.

Lüdenbach: Unternehmenszusammenschlüsse, in: Haufe IAS-Kommentar, 2. Aufl., 2004, § 31.

Zu Kapitel L: Einführung von IFRS

Barthélemy/Willen: Handbuch IAS/IFRS, Vom Projektplan bis zur erfolgreichen Umsetzung am Beispiel SAP R/3©, Haufe, 2003.

Bernhard: Bei Umstellung auf IAS alte Zöpfe abschneiden, in: Accounting 11/2002, S. 13.

Großfeld: Internationalisierung und internationale Rechnungslegung als Führungsaufgabe, in: Die Aktiengesellschaft 1999, S. 155.

Kirsch: Umstrukturierung der Finanzbuchhaltung durch Internationalisierung des externen Rechnungswesen, in: Betriebs-Berater 2002, S. 2219.

Knorr: Standardisierung – Eine europäische Perspektive, in : Accounting 10/2002, S. 16.

Lüdenbach: Bei Bilanzpolitik schon heute auf IAS-Kompatibilität achten, in: Accounting 1/2002, S. 6.

Lüdenbach/Hoffmann: Der Übergang von der Handels- zur IAS-Bilanz gemäß IFRS 1, in: Deutsches Steuerrecht 2003, S. 1498.

www-Adressen

1. International:

European Financial Reporting Advisory Group	*www.efrag.org*
IASC International Accounting Standards Committee	*www.iasc.org.uk*
IFAC International Federation of Accountants	*www.ifac.org*
IOSCO International Organization of Security Commissions	*www.iosco.org*

2. Deutschland:

DRSC Deutsches Rechnungslegungs Standards Committee	*www.drsc.de*
IdW Institut der Wirtschaftsprüfer	*www.idw.de*

3. USA:

American Instititute of Certified Public Accountants	*www.aicpa.org*
Financial Accounting Standards Board	*www.fasb.org*
Security and Exchange Commission	*www.sec.gov*

4. Verlag, Autor, Redaktion:

Haufe Mediengruppe	*www.haufe.de*
Autor	*norbert.luedenbach@bdo.de*
Redaktion	*michael.bernhard@haufe.de*
Haufe Rechnungswesen Office	*www.rechnungswesen-office.de*

Stichwortverzeichnis